U0178885

"十三五"国家重点出版物出版规划项目
国家科学技术学术著作出版基金资助出版

能源化学与材料丛书 总主编 包信和

# 分子筛扩散与工业催化

谢在库 刘志成 王传明 周 健 著

科学出版社

北 京

# 内 容 简 介

沸石分子筛作为一类固体酸/碱催化材料，它在石油炼制、石油化工以及煤化工工业中发挥着重要作用。本书汇集了作者多年来在分子筛催化领域对分子扩散调控与择形催化方面的科学研究与工业创新实践的最新成果。开篇简要介绍分子筛催化材料的特点及其工业催化发展历史，其后对工业分子筛催化剂的扩散分子工程调控与高效择形催化等基本科学问题进行了归纳和系统研究，强调了扩散研究的重要性，提出了扩散研究和扩散调控的新方法。本书核心篇章介绍了分子筛材料的多级孔构建与形貌调控、全结晶多级孔分子筛催化材料、扩散功能强化的分子筛择形催化材料以及它们在若干烯烃与芳烃生产新技术中成功应用的典型案例。最后，对分子筛工业催化的复杂性做了系统分析，对未来研究做了展望。

本书内容丰富、专业性强，对从事化学、化工、催化与材料等专业的科研人员具有重要的参考价值，也可以供相关专业的教师、研究生和高年级本科生参考。

**图书在版编目(CIP)数据**

分子筛扩散与工业催化/谢在库等著. —北京：科学出版社，2022.1
（能源化学与材料丛书/包信和总主编）
"十三五"国家重点出版物出版规划项目
ISBN 978-7-03-070102-2

Ⅰ. ①分… Ⅱ. ①谢… Ⅲ. ①分子筛催化剂-研究 Ⅳ. ①TQ426.99

中国版本图书馆 CIP 数据核字(2021)第 212322 号

丛书策划：杨 震

责任编辑：李明楠/责任校对：杜子昂
责任印制：吴兆东/封面设计：蓝正设计

**科学出版社** 出版
北京东黄城根北街 16 号
邮政编码：100717
http://www.sciencep.com
**北京虎彩文化传播有限公司** 印刷
科学出版社发行 各地新华书店经销
\*
2022 年 1 月第 一 版 开本：720×1000 B5
2022 年 1 月第一次印刷 印张：8 1/2
字数：171 000

**定价：138.00 元**
（如有印装质量问题，我社负责调换）

# 丛书编委会

顾　　问：曹湘洪　赵忠贤

总 主 编：包信和

副总主编：(按姓氏汉语拼音排序)

何鸣元　刘忠范　欧阳平凯　田中群　姚建年

编　　委：(按姓氏汉语拼音排序)

陈　军　　陈永胜　　成会明　　丁奎岭　　樊栓狮
郭烈锦　　李　灿　　李永丹　　梁文平　　刘昌俊
刘海超　　刘会洲　　刘中民　　马隆龙　　苏党生
孙立成　　孙世刚　　孙予罕　　王建国　　王　野
王中林　　魏　飞　　肖丰收　　谢在库　　徐春明
杨俊林　　杨学明　　杨　震　　张东晓　　张锁江
赵东元　　赵进才　　郑永和　　宗保宁　　邹志刚

# 丛 书 序

　　能源是人类赖以生存的物质基础，在全球经济发展中具有特别重要的地位。能源科学技术的每一次重大突破都显著推动了生产力的发展和人类文明的进步。随着能源资源的逐渐枯竭和环境污染等问题日趋严重，人类的生存与发展受到了严重威胁与挑战。中国人口众多，当前正处于快速工业化和城市化的重要发展时期，能源和材料消费增长较快，能源问题也越来越突显。构建稳定、经济、洁净、安全和可持续发展的能源体系已成为我国迫在眉睫的艰巨任务。

　　能源化学是在世界能源需求日益突出的背景下正处于快速发展阶段的新兴交叉学科。提高能源利用效率和实现能源结构多元化是解决能源问题的关键，这些都离不开化学的理论与方法，以及以化学为核心的多学科交叉和基于化学基础的新型能源材料及能源支撑材料的设计合成和应用。作为能源学科中最主要的研究领域之一，能源化学是在融合物理化学、材料化学和化学工程等学科知识的基础上提升形成，兼具理学、工学相融合大格局的鲜明特色，是促进能源高效利用和新能源开发的关键科学方向。

　　中国是发展中大国，是世界能源消费大国。进入 21 世纪以来，我国化学和材料科学领域相关科学家厚积薄发，科研队伍整体实力强劲，科技发展处于世界先进水平，已逐步迈进世界能源科学研究大国行列。近年来，在催化化学、电化学、材料化学、光化学、燃烧化学、理论化学、环境化学和化学工程等领域均涌现出一批优秀的科技创新成果，其中不乏颠覆性的、引领世界科技变革的重大科技成就。为了更系统、全面、完整地展示中国科学家的优秀研究成果，彰显我国科学家的整体科研实力，提升我国能源科技领域的国际影响力，并使更多的年轻科学家和研究人员获取系统完整的知识，科学出版社于 2016 年 3 月正式启动了"能源化学与材料丛书"编研项目，得到领域众多优秀科学家的积极响应和鼎力支持。编撰该丛书的初衷是"凝炼精华，打造精品"。一方面要系统展示国内能源化学和材料资深专家的代表性研究成果，以及重要学术思想和学术成就,强调原创性和系统性及基础研究、应用研究与技术研发的完整性;另一方面,希望各分册针对特定的主题深入阐述,避免宽泛和冗余,尽量将篇幅控制在 30 万字内。

本套丛书于 2018 年获"十三五"国家重点出版物出版规划项目支持。希望它的付梓能为我国建设现代能源体系、深入推进能源革命、广泛培养能源科技人才贡献一份力量!同时,衷心希望越来越多的同仁积极参与到丛书的编写中,让本套丛书成为吸纳我国能源化学与新材料创新科技发展成就的思想宝库!

包信和

2018 年 11 月

# 前　　言

近年来，我国正处于高质量发展的重要时期，能源和材料消费增长较快，能源资源、生态环境保护与可持续发展进入新阶段。而其中，催化材料及其科学技术在能源转化、资源合理开发利用和绿色环保等方面发挥着特别重要的作用。

沸石分子筛作为一类非常重要的固体酸/碱多孔催化材料，在能源化工等方面有着广泛的应用。它具有独特的规整晶体结构和较大的比表面积，并拥有丰富的、均一的 0.3~2.0 nm 孔径的微孔孔道，而且表面分布着较强的酸/碱中心，这些特性使其成为性能优异的催化剂。而在沸石分子筛上进行多相催化反应时，通常受到晶内微孔的限域作用，即孔道的大小和形状对催化反应有选择性而高选择性地生成某些产物，这就是通常所说的择形催化作用；但同时，孔道择形作用又带来孔内分子扩散受限、催化效率较低以及孔内易积碳失活等缺点。催化剂性能中效率与选择性是一对矛盾，因此，若想要开发出高效、高选择性的分子筛催化剂，则不仅需要充分利用其择形催化作用，而且还必须克服微孔内分子扩散受限等缺点。而要实现这个目标，则需要对其中的关键科学问题，包括分子筛中孔道与反应分子的匹配、孔道内差异扩散与择形催化、孔道内扩散与催化效率等，进行充分的研究。而其中的关键核心问题是分子筛孔道中的分子扩散与催化反应的耦合。目前，国内外对此方面的系统论述还比较少。

作者团队多年来致力于工业分子筛催化剂的开发实践，成功开发了甲苯择形歧化催化剂、甲醇制烯烃催化剂、甲苯甲醇制对二甲苯催化剂、低碳烯烃裂解催化剂等。在这些分子筛催化剂的开发中，涉及分子扩散研究方法、分子筛孔道分子工程的多级孔构建、分子筛形貌调控、催化剂全结晶化等方面的方法创新，以及对反应与扩散耦合介尺度催化方面认识的不断深化。本书即结合作者多年来的分子筛择形催化材料的开发实践，对上述科学问题的研究进行归纳总结与系统论述。本书各章节主要内容如下：

第 1 章简要介绍分子筛催化材料的特点及其工业催化发展的历史。

第 2 章提出了分子筛催化分子工程调控需要研究的几个基本问题，并重点强调了分子扩散问题研究的重要性。

第 3 章探讨了分子筛催化中的扩散调控与强化,主要包括分子筛内反应与扩散的耦合原理、扩散与催化效率的测定方法、反应积碳与扩散的理论模拟,以及分子筛晶粒形貌尺寸调控对分子扩散与催化反应效率的影响等。

第 4 章围绕分子筛材料的多级孔构建,研究了微孔-介孔复合、微孔-介孔-大孔复合等多级孔分子筛的合成与调控方法,并通过分子模拟对多级孔道沸石催化剂的扩散性能进行了研究,随后对多级孔分子筛的酸性和活性位的可及性方面进行了物化性质表征,最后展现了多级孔分子筛在甲醇制烯烃、芳烃烷基化等催化反应性能上的优越性。

第 5 章主要介绍了工业分子筛成型催化剂的多级孔、全结晶化的新方法,并展现了它在甲醇制丙烯(MTP)、碳四烯烃催化裂解(OCC)工业催化技术上的应用和优势。

第 6 章主要介绍了扩散功能强化的流化床甲醇制烯烃分子筛催化材料,概述了从甲醇制烯烃 MTO 烃池反应机理,介绍了纳米薄片状 SAPO-34 分子筛催化剂的开发、 S-MTO 快速流化床催化剂、S-MTO 催化剂积碳形成过程、S-MTO 快速流化床反应器和 S-MTO 催化剂技术开发过程与工业应用情况。

第 7 章主要围绕分子筛在芳烃转化的择形催化、甲苯择形歧化(SD)和甲苯甲醇择形烷基化制对二甲苯(MTPX)等工业实践,探讨了分子筛在孔道方面的精细调控,以及通过表面修饰和多级孔构建来实现高选择催化基础上的高效催化。

第 8 章对分子筛工业催化的复杂性做了进一步的分析与阐述,并对分子筛的孔道分子工程调控做了展望。

本书是在总结著者及其团队十余年来主要研究工作成果的基础上写成的,参与本书资料整理工作的还有史静、杨贺勤、任丽萍、齐国祯、王仰东、滕加伟、刘红星、孔德金等;本书出版也得到了中国石化上海石油化工研究院杨为民院长的大力支持。本书的研究工作先后得到了国家重点基础研究发展规划(973 计划)项目(资助号:2003CB61580,2009CB623500)与国家自然科学基金(资助号:20736011,91434102)的资助。著者借此机会一并致谢。

由于著者学识与水平有限,本书不妥之处在所难免,恳请读者指正。

2021 年 8 月于北京

# 目　　录

# 第1章 引　言

## 1.1　沸石分子筛材料

沸石分子筛材料是由瑞典地质学家 Cronstedt 于 1756 年首先发现并命名[1]，他在灼烧辉沸石矿物时发现有起泡现象并放出水汽，于是称之为沸石(zeolite)，其英文名称 zeolite 取自于希腊文 zeo 和 lithios，前者意为"煮沸"而后者意为"石头"。

通常，沸石和分子筛的定义经常混淆。沸石的严格定义是指由硅氧四面体和铝氧四面体通过共用氧桥相互连接构成的一类具有笼形或孔道形的微孔晶体材料。而分子筛(molecular sieve)则是一个较广泛的概念，于 1932 年由 McBain 提出[2]，用来描述一类具有选择吸附性质的材料。因为沸石晶体骨架结构中包含有大量孔径均匀的微米级孔道和孔穴，具有选择性吸附或筛分分子的能力，故它又被称为沸石分子筛[3]。

虽然沸石分子筛最初定义为微孔硅铝酸盐材料，但随着人工合成的发展，已涌现出大量非硅铝组成的结构，如金属磷酸盐、锗酸盐等微孔晶体材料，这些非硅铝材料骨架结构类似于传统沸石分子筛,均以四面体共用顶点的方式连接而成，因此通常这些非硅铝微孔材料广义上也属于沸石分子筛材料，国际沸石分子筛协会(IZA)对其有拓扑结构认定、分类和统计[4]。

沸石分子筛具有独特的规整晶体结构，每一种类型的沸石分子筛都具有一定尺寸、形状的孔道结构体系，并且一般都具有较大的比表面积[5]。其晶体内表面是晶体结构固有的性质，因而在分子筛拓扑结构上是确定的，这一点与无定形材料不同，也与其他致密无孔的晶体材料不同，后者的外表面由于原子配位数与体相不同因而可看作一种缺陷。此外，沸石分子筛的微孔孔径均匀，其大小一般在 3～20Å，与化学工业中人们感兴趣的有机或无机小分子的大小大致相当(对于绝大多数的化工催化反应来说，反应物及产物一般涉及烷烃、烯烃、芳烃、醇、醛、醚、酸、酯等有机分子以及 $H_2$、$O_2$、$CO$、$CO_2$、$H_2O$ 等无机分子，其尺寸一般小于 1 nm)，这一点为这些分子的催化过程中实现分子筛分或择形选择作用带来可能[6](图 1.1)。另外,大部分沸石分子筛表面带有一定数量的阳离子,通过酸或铵离子交换和焙烧后,表面具有较强的酸催化活性中心(Brønsted 酸和 Lewis 酸)。同时沸石分子筛晶体孔道内还有强大的库仑场,对有机小分子可能会起一定的极化作用。以上这些分子筛优异的特性和潜质是其成为优异催化剂的重要因素。

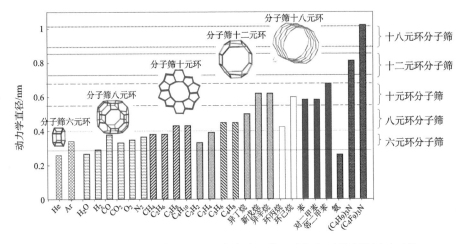

图 1.1　化学催化反应中常见的许多小分子的尺寸与分子筛孔道尺寸对比

## 1.2　分子筛工业催化发展历程

目前 80%以上的化学工业过程涉及催化技术,尤其对炼油及石化工业,催化剂更加至关重要。沸石分子筛作为一类重要的固体酸、碱催化材料,对许多烃类分子的反应如裂化、脱水、聚合、异构化、歧化、烷基化、烷基转移等有高效的催化作用[7]。

沸石分子筛的发展不断推动着炼油及石化工业技术的进步。在 20 世纪 50 年代,炼油催化最早采用磷酸硅藻土、小球或微球硅铝裂化催化剂等。50 年代末,Mobil 石油公司首先发现沸石分子筛的催化作用,这是沸石分子筛催化研究的起点[8]。60 年代初,Weisz 等[9]首次提出了沸石分子筛具有"择形催化"概念,继而发现分子筛在催化裂化反应方面惊人的活性,引起人们极大的关注。1962 年,Mobil 石油公司首次采用 X 型沸石分子筛(FAU)取代无定形硅铝酸盐应用于炼油催化裂化(FCC)催化剂,大幅度提高了汽油产率和原油利用率,从而带来了炼油技术的第一次革命性飞跃[10]。70 年代,沸石工业催化的第二次大发展是与高硅

ZSM-5 沸石分子筛的合成与应用有关[11]，它的应用可使轻烯烃收率大大提高，带来了石油裂化技术的又一次革命性飞跃。由于 ZSM-5 具有择形催化性能、很高的热稳定性、可调的酸性(硅铝比可调变范围大)以及低的积碳失活速率，它作为催化剂或载体已被广泛用于甲苯歧化、烷基化、异构化、芳构化等许多石油化工催化反应过程中[12]；另外，Beta(BEA)、丝光(MOR)、ZSM-11、ZSM-22 等沸石分子筛也相继被开发应用于石油化工催化中，使得分子筛的催化工业应用进入了新的发展阶段[13]。随后，80 年代，超稳 Y 型沸石分子筛(USY)被开发出来并用于 FCC 过程，催化剂热稳定性大大提高，其氢转移活性也被降低了下来，这使裂化汽油中的烯烃含量提高，汽油辛烷值也得到了提高，这为渣油或重油裂化催化剂与高辛烷值汽油裂化催化剂的开发打下了坚实基础[14, 15]。

需要指出的是，沸石分子筛合成方法的发展对其发现、生产与应用起到非常关键的作用。最初，人们采用含有碱金属的活性硅铝酸盐凝胶在水热条件(约 80～200℃和自生压力)下晶化合成沸石分子筛[16,17]，但该方法合成得到的沸石分子筛种类非常有限，只有 A、P、X、MOR 等十余种分子筛。直到 1961 年 Barrer 和 Denny 首次将有机季铵碱阳离子引入合成体系[18]，并作为有机模板剂与分子筛孔道骨架经过静电相互作用与匹配，通过调变有机胺结构导向剂的结构就可能得到不同孔道结构的分子筛。这一合成新方法大大推动了沸石分子筛人工合成的发展；目前大多数新结构、高硅铝比甚至全硅沸石分子筛均是采用该方法合成出来的。

80 年代初，意大利 ENI 公司利用水热法首次将钛原子引入纯硅的 MFI 骨架结构中，制备出杂原子钛硅 TS-1 分子筛[19]，开创了杂原子分子筛及其绿色选择氧化催化应用的新时代。TS-1 分子筛在保持了 MFI 微孔结构及择形选择性的同时，骨架 $Ti^{4+}$ 中心有良好的催化氧化活性。与传统的催化氧化过程相比，TS-1 分子筛催化过程具有原子利用率高、反应条件温和、过程简单安全、产物选择性及收率高、环境友好等优点，成为 80 年代分子筛催化领域的一个里程碑。至今，已有苯二酚生产、环己酮氨肟化和丙烯环氧化等三个选择氧化过程实现了工业应用。

随后，90 年代，Mobil 公司开发了高硅分子筛 MCM-22(结构代码 MWW)[20]。MCM-22 具有分子筛的酸性和稳定性，同时，又具有独特的十元环及十二元环超笼孔道体系及较大的表面孔穴，不仅可以为较大分子的反应或必须经过大分子反应物过渡态的化学反应提供必要的场所，而且，也适用于小分子通过十元环窗口扩散进入内部的正弦孔道和超笼中进行择形催化反应。MWW 型沸石分子筛在芳烃烷基化、烷烃芳构化、烯烃异构化、催化裂化等许多催化反应中表现出优异的性能，并已在苯烷基化生产乙苯、苯与丙烯液相烷基化制异丙苯等技术中实现工业应用[21]。

　　进入 21 世纪，分子筛材料的催化应用从传统石油化工拓展到煤化工与天然气化工领域。这其中涉及磷酸铝系列分子筛的合成与催化应用，它们是分子筛领域的另一重大发展[22]。磷酸铝分子筛骨架由 $AlO_4$ 四面体和 $PO_4$ 四面体连接而成，从概念上讲，中性的磷酸铝骨架可以被认为是作为中性的纯硅分子筛中的两个 $Si^{4+}$ 被一个 $Al^{3+}$ 和一个 $P^{5+}$ 所取代，这突破了硅基分子筛的限制，使分子筛的概念大大扩展。因为磷酸铝骨架的可塑性很大，各种元素都可以进入磷酸铝结构，不同的金属引入骨架将改变磷酸铝的酸性、催化性能及离子交换性质，这些导致了一系列新型磷酸铝分子筛的合成，例如 SAPO-$n$[23]，MeAPO-$n$ 和 MeAPSO-$n$[24]，其中 SAPO-34 分子筛是工业催化应用的典型代表[25]。SAPO-34 分子筛具有 CHA 菱沸石型结构，八元环孔道(孔径 0.43 nm)，结构中含有由 ABC 堆积的 $D6R$ 笼交替组成的笼柱；由于它具有中等强度的酸中心、独特的孔道结构、较好的水热稳定性/热稳定性，非常适合用于甲醇转化制低碳烯烃、低碳烯烃的转化、链烷烃的脱氢环化、芳香烃的异构化等催化反应过程，其中煤基甲醇转化制烯烃技术已在中国率先实现工业应用[26,27]。此外，除了 SAPO-34 分子筛，SAPO-11 和 SAPO-31 等磷酸硅铝分子筛也有工业催化应用的报道。分子筛工业催化发展概况见图 1.2。

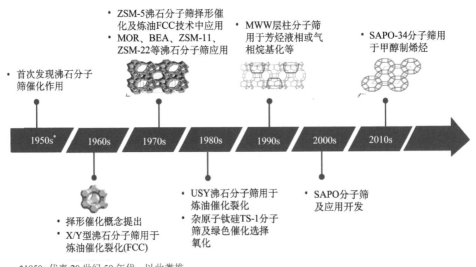

*1950s 代表 20 世纪 50 年代，以此类推

图 1.2　分子筛工业催化发展的里程碑

　　总之，分子筛材料作为一类非常重要的吸附或催化材料，当前已在炼油、石油化工、煤化工、精细化工及环境保护等领域有着广泛的应用。尽管人们对分子筛材料及催化研究方面已经持续了几十年，但是，仍然存在着许多科学问题亟待研究解决，本书主要围绕分子筛工程与高效择形催化方面的科学问题进行研究和探讨。

# 参 考 文 献

[1] Cronstedt A F. On an unknown mineral-species called zeolites [J]. Akad Handl Stockholm, 1756, 17, 120-123.

[2] Macbain J W. The Sorption of Gases and Vapors by Solid, Chapter 5 [M]. London: Rutledge and Sons, 1932.

[3] Breck D W. Zeolite Molecular Sieves[M]. New York: Wiley, 1974.

[4] Baerlocher C H, McCusker L B, Olson D H. Atlas of Zeolite Framework Types[M]. 6th edition. Amsterdam: Elsevier, 2007.

[5] 徐如人, 庞文琴. 分子筛与多孔材料化学[M]. 北京: 科学出版社, 2004.

[6] Chen N Y, William E G, Francis G D. Shape Selective Catalysis in Industrial Applications [M]. New York, Marcel Dekker, Inc., 1996.

[7] 谢在库. 新结构高性能多孔催化材料[M]. 北京: 中国石化出版社, 2010.

[8] 赫格达斯 L L. 催化剂设计: 进展与展望[M]. 彭少逸,郭燮贤,闵恩泽,等译. 北京:烃加工出版社,1989, 164.

[9] Weisz P B, Frilette V J, Maatman R W, Mower E B. Catalysis by crystalline aliminosilicates Ⅱ: Molecular-shape selective reaction[J] J Catal, 1962, 1(4): 307-312.

[10] Plank C J. The invention of zeolite cracking catalysts- a personal viewpoint//Davis B H, Hettinger Jr. W P. Heterogeneous Catalysis [M]. ACS Symposium Series 222. Washington, D C: American Chemical Society, 1983: 253.

[11] Wang R, Zielonka J M. Synthesis of sodium zeolite W-Z. [P] U. S. A: 3649178. 1972-03-14.

[12] Chen N Y. Personal perspective of the development of para selective ZSM-5 catalysts [J] . Ind Eng Chem Res, 2001, 40(20):4157-4161.

[13] Marcilly C R.Where and how shape selectivity of molecular sieves operates in refining and petrochemistry catalytic processes[J]. Top Catal, 2000,13(4):357-366.

[14] 闵恩泽. 石化催化技术的技术进步与技术创新[J]. 当代石油石化, 2002, 10(11): 1-6.

[15] Tanabe Kozo, Holderich W F. Industrial application of solid acid-base catalysts [J]. Appl Catal A, 1999, 181(2): 399-434.

[16] Barrer R M. Synthesis of a zeolitic mineral with chabazite-like sorptive properties[J]. J Chem Soc, 1948: 127-132.

[17] Milton R M, Buffalo N Y. Molecular sieve adsorbents [P]. U.S.A: 2882243. 1959-04-14.

[18] Barrer R M, Denny P J. Hydrothermal chemistry of the silicates. Part IX: Nitrogenous aluminosilicates [J]. J Chem Soc Chem Commum, 1961: 971-982.

[19] Taramasso M, Perego G, Notarir B (Eniriceche). Preparation of porous cystalline synthetic material comprised of silicon and titanium oxides[P]. U.S.A: 4410501. 1983-10-18.

[20] Rubin M K, Chu P. Composition of synthetic porous crystalline material, its synthesis and use[P]. U.S. A: 4954325. 1990-09-04.

[21] Beck J S, Dandekar A B, Degnan T F. Aromatic alkylation : towards cleaner processes// Guisnet M, Jean-Pierre Gilson Zeolites for Cleaner Technologies. Chapter 11.[M]. London: Imperial College Press, 2002, 223-237.

[22] Wilson S T, Lok B M, Messina C A, et al. Aluminophosphate molecular sieves: A new class of microporous crystalline inorganic solids[J]. J Am Chem Soc, 1982, 104(4): 1146-1147.

[23] Lok B M, Messina C A, Patton R L, et al. Silicoaluminophosphate molecular sieves: Another new class of microporous crystalline inorganic solids[J]. J Am Chem Soc, 1984, 106(20): 6092-6093.

[24] Flanigen E M, Lok B M, Patton R L, et al. Aluminophosphate molecular sieves and the periodic table[J]. Pure Appl Chem, 1986, 58(10): 1351-1358.

[25] Ljang J, Li H Y, Zhao S Q. Characteristics and performance of SAPO-34 catalyst for methol-to-olefin conversion [J]. Appl Catal, 1990, 64: 31-40.

[26] Tian P, Wei Y X, Ye M, et al. Methanol to olefins(MTO): From fundamentals to commercialization[J]. ACS Catal, 2015, 5(3): 1922-1938.

[27] 中石化甲醇制烯烃 S-MTO 步入产业化[J]. 乙烯工业, 2011, 2: 6.

# 第 2 章　分子筛催化与扩散调控的科学问题

分子筛催化剂在实际工业催化过程中的应用是一个复杂而系统的多相催化过程，并不单纯是反应分子与表面活性中心相互作用的催化过程，而是经历了从分子筛表面和孔道内活性位上的分子反应，以及分子传质于分子筛晶粒、颗粒、多相流、单元、装置和整个工厂的跨尺度的复杂的时空转化过程[1]。

具体来说，反应物分子在反应器中、催化剂床层上、催化剂颗粒内、分子筛晶粒中将经历多尺度的扩散与催化反应过程[2,3]，大致经历以下十个步骤(如图 2.1)：①反应物分子由气流主体向催化剂颗粒表面的外扩散；②反应物分子由催化剂颗粒外表面向分子筛晶粒扩散；③反应物分子在分子筛微孔孔道内的扩散；④反应物分子在分子筛晶体外表面及微孔内的吸附；⑤吸附的反应物分子与分子筛活性位相互作用，活化形成过渡态或中间体；⑥活化形成的过渡态或中间体进一步转化成产物分子；⑦产物分子从分子筛内外表面脱附下来；⑧脱附下来的产物分子从分子筛微孔孔道中扩散出来；⑨产物分子从分子筛晶粒中向催化剂颗粒外表面扩散出来；⑩产物分子从催化剂颗粒外表面向物流主体扩散出来。在以上多步骤的催化阶段过程不仅涉及表面的反应，还涉及分子的吸附或脱附与分子的传递(或扩散)等诸多因素的竞争与耦合，因而导致其催化过程的很大的复杂性。另外，从各步骤的能量变化来看，分子传输与扩散的能垒一般较小，而化学吸附、活化与反应的能垒较高(如图 2.2)，因此，分子筛催化材料或催化剂的性能不仅与表面反应的本征活性有关，还与原料与产物分子的吸附或脱附性质、分子到达或离开活性中心的传递速率(主要是扩散)密切相关。并且，其中过渡态分子形状和尺寸与分子筛微孔的形状和尺寸的匹配或位阻是影响择形催化选择性的关键因素。另外，由于温度、压力、空速等反应条件对分子筛的反应速率、扩散速率、吸附量与吸附/脱附速率等有较大影响，因此催化性能也会随反应条件变化而改变。

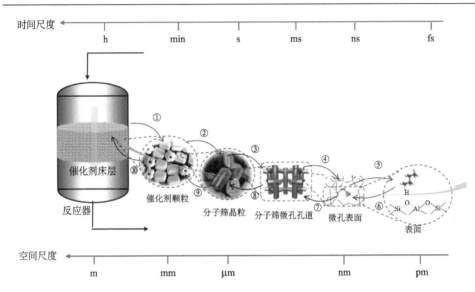

图 2.1　反应器内反应物分子在分子筛催化剂上时空多尺度的扩散与催化反应过程
（该图改编自文献[3]）

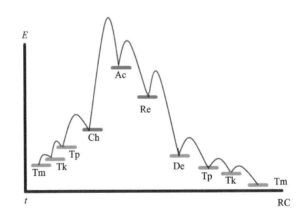

图 2.2　分子筛催化剂上分子扩散、吸/脱附与催化反应过程的十个基本步骤及其能量 $E$ 关于反应坐标 RC 步骤变化的示意图

催化体系能量示意：Tm:宏观外扩散，Tk:催化剂颗粒内扩散，Tp:分子筛微孔内扩散，Ch:化学吸附，Ac:激活(离解)，Re:反应，De: 脱附或解吸

（该图改编自文献[4]）

　　总之，催化反应过程中吸附、反应、扩散诸多因素的耦合与竞争，以及它们对反应条件的敏感性和依赖性是造成分子筛催化复杂性的根本原因。如何科学、系统、定量地描述分子筛催化反应过程及建立它们的构效关系是分子筛工业催化的重要科学问题。

活性、选择性、稳定性是分子筛催化剂的三个主要性能指标。其中，活性反映的是催化剂对反应分子的转化速率，选择性反映的是催化剂转化反应分子到目标产物分子的比例，稳定性反映的是催化剂的失活速率。以上这三个分子筛催化剂的性能，实际上是反应分子、反应中间体、产物分子等与分子筛催化材料在整个催化反应工况条件下、经过复杂相互作用的综合结果。另外，从分子筛的作用来看，分子筛材料既可单独作为催化剂发挥酸催化功能，又可负载铂、钯等金属或金属氧化物等，从而作为具有加氢、氧化或其他作用的双功能催化剂的酸催化组分。因此，在分子筛工业催化剂的研发过程中既要考虑分子筛材料本体的催化性能，又要考虑以分子筛为活性组分的成型催化剂颗粒以及催化剂床层的整体催化性能。

因此，分子筛催化材料的创制与应用研究开发涉及分子工程与过程工程科学[5,6]，包括从分子水平研究产品设计和开发，以及对化工过程的设计与开发[7]。

从分子筛催化剂分子工程设计的角度出发，需要重点研究解决如下几个基本科学问题。

## 2.1　孔道与反应分子的匹配

天然的沸石分子筛自发现以来已有 260 多年的历史，而人工合成沸石分子筛则始于 70 多年前，可追溯到 20 世纪 40 年代，Barrer 通过对天然矿物在热的盐溶液中相态转变的研究，首次实现了沸石分子筛的人工合成[8]。目前，包括天然和人工合成的沸石分子筛种类已经超过 600 种，尤其是随着高通量组合化学技术的出现及计算机模拟技术的不断成熟，大量具有新颖骨架结构的分子筛将继续被合成与表征出来，并不断丰富着分子筛家族。国际沸石分子筛协会(IZA)根据国际纯粹与应用化学联合会(IUPAC)的命名原则，给每个确定的骨架结构赋予一个由三个大写英文字母组成的代码。根据 IZA 统计，至 2019 年年底，已经确定的沸石骨架结构有 248 种之多[9]。但是，在这些沸石结构中，只有二十几种沸石同时具有独特的结构类型、较好的骨架稳定性和足够的孔径大小，可保证甚至是最小的分子可以出入这些最基本的具有工业催化应用前景的分子筛。而且，到目前为止，包括相应的天然沸石(毛沸石、丝光沸石、斜发沸石和菱沸石)在内，作为催化剂在石油炼制及石油化工过程中应用最为广泛的沸石包括Y(FAU)、ZSM-5(MFI)、ZSM-11(AEL)、ZSM-22(TON)、L(LTL)、丝光(MOR)、Beta(BEA)、MCM-22(MWW)、SAPO-11(AEL)、SAPO-31(ATO)、SAPO-34

(CHA)等十余种沸石分子筛。而这其中，则涉及分子筛的孔道与反应分子匹配的基本问题[10]。

从不同工业沸石孔道组成环数及相应孔道直径可以看出(图 2.3)，工业应用的沸石主要具有八元环、十元环及十二元环孔道，相应的孔道直径在 4~7.5Å 分布，而此直径刚好与 $CH_4$ 及 $C_6H_{14}$ 等石油化工中有机分子的动力学直径相吻合。孔道过小(如 SOD 沸石仅由六元环组成，孔道直径为 2.8 Å)使常见石化过程中的反应物无法进入孔道，根本无法发挥沸石分子筛结构的独特优势，催化反应无法进行。合适的孔道直径则在提供反应物与活性中心可接近性的同时，保证了一定的选择性及筛分效应，得到良好的催化效果。

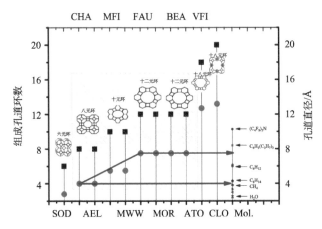

图 2.3　不同工业沸石孔道组成环数、孔道直径及典型分子动力学直径图

(引自文献[11]，版权 2015，经 Royal Society of Chemistry 授权)

表 2.1 即显示了四种典型的工业沸石分子筛，其中 Y 沸石分子筛含十二元环孔道，主要适合用于长链烃分子的催化裂化；ZSM-5 分子筛含十元环孔道，主要适合用于芳烃的择形催化转化；SAPO-34 为小微孔八元环分子筛，主要适合于甲醇转化制乙烯、丙烯或合成气分子催化转化；MCM-22 分子筛，含十元环和十二元环孔道，并且表面含有半超笼，适合于芳烃烷基化的液相催化转化。这些都反映了分子筛孔道与反应物分子尺寸只有较好的匹配，才具有好的应用性能。因此，如何根据孔道与反应匹配关系设计与制备利于主反应的发生并抑制副反应的、合适的分子筛孔道结构已成为分子筛催化需要研究的一个基本科学问题。

表 2.1　四种工业沸石分子筛孔道组成环数及适合的催化反应分子类型

| 分子筛 | Y | ZSM-5 | SAPO-34 | MCM-22 |
|---|---|---|---|---|
| 孔结构单元 | | | | |
| 孔类型 | 大微孔 | 中微孔 | 小微孔 | 双微孔 |
| 孔结构特征 | 十二元环、超笼 | 十元环、二维孔道交叉 | 八元环、笼 | 十与十二元环、半超笼 |
| 适合催化反应 | 长链烃催化裂化 | 芳烃择形催化转化 | 甲醇转化、尾气脱硝 | 芳烃烷基化 |

## 2.2　孔道内差异扩散与择形催化

沸石分子筛包含均一的微孔孔道，孔口直径一般小于 2 nm。反应过程中，小于孔口直径的分子能扩散进入分子筛的晶体内部，而大于此孔径的分子则不能扩散进入分子筛孔道内部，或者在分子筛晶体内较大的笼状空腔中生成的较大尺寸的分子不能扩散出孔口，这就是所谓的分子筛孔道筛分效应。而在分子筛催化过程中，分子筛的孔道或者笼对分子扩散的这种约束作用带来催化上的形状选择性差异即称为择形催化作用[12,13]。目前沸石分子筛的择形催化在石油炼制和石油化工中已经得到了广泛应用，例如甲苯择形歧化 (SD)[14]、甲苯甲醇甲基化、对甲乙苯或对二乙苯的烷基化合成[15,16]、二甲苯异构化、选择重整、M-重整、脱蜡、甲醇制汽油 (MTG)、甲醇制烯烃 (MTO)、烯烃制汽油和馏分油 (MOGD)、轻烃制芳烃 (M$_2$-重整) 等。

根据催化过程中择形控制的目标分子的不同，择形催化一般分为三类[17]：①反应物择形催化[18]；②产物择形催化[19]；③中间过渡状态限制的择形催化[20]。即孔道限制作用主要是分别对反应物分子、产物分子、反应中间过渡态分子的形状或尺寸起选择性限制作用。而实际上，若从分子扩散角度来看，都可以统一看作是在分子筛孔道择形作用下反应分子与产物分子的差异扩散引起的催化选择性差异，即被称为分子差异扩散控制或分子交通控制的择形催化[21]。总的说来，分子筛择形催化是一个扩散与反应动力学调控的过程。而影响分子筛中分子差异扩散的主要因素包括晶粒大小、分子筛孔口孔径、反应介质和物化状态等，其中晶粒大小影响分子的扩散路径，晶粒越大则扩散路径越长，不同分子的差异扩散就越大；分子筛孔口孔径影响不同分子的扩散活化能；反应介质和物化状态影响不同分子扩散的速率与反应速率。

以分子筛催化的环氧乙烷的开环水合反应为例[22]，反应物环氧乙烷和水，目标产物为单乙二醇，它与副产物二乙二醇和三乙二醇的动力学直径和扩散行为存在较大差异。要想高选择性地获得单乙二醇，则需要对分子筛孔口尺寸进行筛选，让反应物环氧乙烷和水分子及目标产物单乙二醇很容易通过沸石分子筛的孔口扩

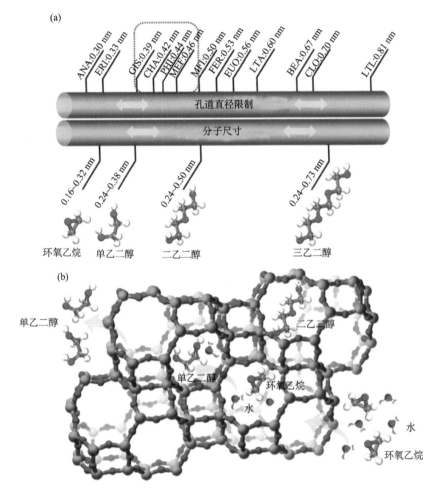

图 2.4　分子筛限域的 Lewis 酸择形催化环氧乙烷水合反应示意图

(a)不同分子筛拓扑结构与反应物或产物分子的择形匹配；(b)CHA 分子筛催化环氧乙烷水合制乙二醇示意图

(引自文献[22]，版权 2016，经 American Chemical Society 授权)

散，而副产物二乙二醇和三乙二醇则不能扩散进出分子筛孔道。作者比较研究了一系列具有不同骨架拓扑结构的、且易于获得的铝硅酸盐分子筛，发现具有 GIS、CHA 和 PHI 结构的分子筛均具有八元环的特征，可能是实现环氧乙烷择形催化水合作用的候选者[如图 2.4(a)]。其中，SSZ-13 是一种具有 CHA 结构的高硅分子筛，其最大直径为 0.8 nm 的椭球形菱沸石笼作为环氧乙烷水化的天然纳米反应器，具有优异的稳定性，是非常有前景的催化材料。作者合成并使用 Sn-SSZ-13 分子筛作为该反应催化剂，在接近化学计量水/环氧乙烷比和常温下，实现了高选择性的择形催化性能，其中环氧乙烷转化率在99%以上，单乙二醇选择性在99%以上。图 2.4(b)显示了通过 CHA 分子筛将环氧乙烷水合为单乙二醇的示意图。反应过程中，反应物环氧乙烷和水分子可通过孔口扩散到沸石笼中，在分子筛笼内发生反应，由于空间位阻，副产物二乙二醇等留在笼内。

这种基于形状差异实现催化反应高度选择性的特点，其实际意义在于有可能通过分子筛孔道的设计与调控，实现复杂反应体系中特定反应路径的选择催化，增加目标产物，抑制或减少副反应的发生，因此开辟了分子工程设计的新途径[23]。因此，如何根据特定的反应分子与产物分子的形状尺寸及反应机理的不同，设计、筛选与调控合适的分子筛孔道，从而实现高选择性的择形催化是当前分子筛择形催化方面需要研究的一个基本科学问题。

## 2.3　孔道内扩散与催化效率

由于沸石分子筛的微孔孔径大小一般小于 2 nm，因此，反应分子在微孔中的内扩散受到微孔孔道很大的限制，属于构型扩散(configuration diffusion)。正是由于微孔内扩散的限制，当催化转化速率大于原料分子扩散到达活性位或产物分子扩散离开活性位的速率时，则扩散速率就对表观反应速率和选择性造成影响。这时，表观反应速率就会比本征反应速率小，而它们的比值就是催化效率因子 $\eta$(数值在 0～1)[25]。分子筛的催化效率因子 $\eta$ 与分子筛的反应与扩散参数(泰勒模数，Thiele modulus)有密切的本质关联[26]，它是泰勒模数 $\varphi$ 的函数(如图 2.5)，对于平板颗粒而言，$\eta = \tanh(\varphi)/\varphi$。当 $\varphi > 1$，则 $\eta$ 小于 1；当 $\varphi$ 很大时，$\eta \approx 1/\varphi$，表观反应速率因扩散效应而降低。因此，在保证分子筛催化剂高选择性择形催化的同时，如何促进扩散并提高催化剂的催化效率也是分子筛催化剂研发需要考虑的另一个重要的基本科学问题[27]，这其中包括扩散的调控与强化而实现活性位的易及性，以及活性位的最优分布等，以实现催化效率的最大化。

对于以上分子筛催化剂的分子工程设计中的三个基本科学问题，归根结底就是分子筛催化中反应与扩散的耦合，其最终目标是追求高效率的择形催化。

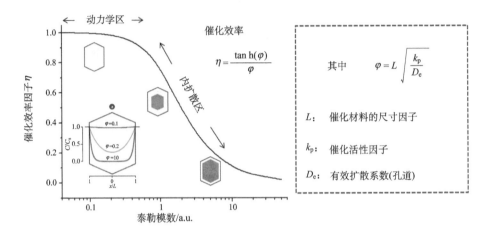

图 2.5　分子筛催化效率与分子筛的反应与扩散参数(泰勒模数)的关系曲线

(图中曲线改编自文献[11,24]，版权 2015，经 Royal Society of Chemistry 授权)

# 参 考 文 献

[1] Grossmann L E, Westerberg A W. Research challenges in process systems engineering[J]. AIChE Journal, 2000, 46(9): 1700-1703.

[2] Dumesic J, Huber G W, Boudart M. Principles of heterogeneous catalysis//Ertle G, Knozinger H, Weitkamp J. Handbook of Heterogeneous Catalysis[M]. Weinheim : Wiley-VCH, 2008, 1: 1-15.

[3] 谢在库,刘志成,王仰东. 孔材料的多级复合及催化//于吉红, 闫文付. 纳米孔材料化学：催化及功能化[M]. 北京：科学出版社, 2013: 70.

[4] Schlögl R. Heterogeneous catalysis[J]. Angew Chem Int Ed, 2015, 54: 3465-3520.

[5] Hippel A V. Molecular engineering [J]. Science, 1956, 123, 315-317.

[6] Drexler K E. Molecular engineering: An approach to the development of general capabilites for molecular manipulation [J]. Proc Natd Acad Sci, 1981, 78(9): 5275-5278.

[7] 胡英,刘洪来. 分子工程与化学工程[J]. 化学进展, 1995, 7(3):235-250.

[8] Barrer R M. Synthesis and reactions of mordenite[J]. J Chem Soc, 1948, 127: 2158-2163.

[9] Database of zeolite structures. http://www.iza-structure.org/databases[OL]. 2019.

[10] 刘志成, 王仰东, 谢在库. 从工业催化角度看分子筛催化剂未来发展的若干思考[J]. 催化学报, 2012, 33(1): 22-38.

[11] Shi J, Wang Y D, Yang W M, et al. Recent advances of pore system construction in zeolitecatalyzed chemical industry processes [J]. Chem Soc Rev, 2015, 44: 8877-8903.

[12] Weisz P B, Frilette V J. Intracrystalline and molecular-shape-selective catalysis by zeolite salts[J]. J Phys Chem, 1960, 64(3): 382-382.

[13] Chen N Y, Kaeding W W, Dwyer F G. Para-directed aromatic reactions over shape-selective molecular sieve zeolite catalysts [J]. J Am Chem Soc, 1979, 101(22): 6783-6784.

[14] Kaeding W W, Chu C C, Young L B, et al. Shape-selective reactions with zeolite catalysts: Ⅱ. Selective disproportionation of toluene to produce benzene and $p$-xylene [J]. J Catal, 1981, 69: 392-398.

[15] Kaeding W W. Shape-selective reactions with zeolite catalysts: Ⅴ. Alkylation or disproportionation of ethylbenzene to produce $p$-diethylbenzene [J]. J Catal, 1985, 95: 512-519.

[16] Kaeding W W, Young L B, Chu C C. Shape-selective reactions with zeolite catalysts: Ⅳ. Alkylation of toluene with ethylene to produce $p$-ethyltoluene [J]. J Catal, 1984, 89: 267-273.

[17] Csicsery S M. Catalysis by shape selective zeolites - science and technology [J]. Pure Appl Chem, 1986, 58(6): 841-856.

[18] Muoz A rroyo J A, Martens G G, et al. Hydrocracking and isomerization of $n$-paraffin mixtures and a hydrotreated gasoil on Pt/ZSM-22: Confirmation of pore mouth and key- lock catalys is in liquid phase[J]. Appl Catal A, 2000, 194(1): 9-22.

[19] Tsai T C, Liu S B, Wang I. Disproportionation and transalkylat ion of alkylb enzenes over zeolite catalysts[J]. Appl Catal A, 1999, 181: 355-398.

[20] Smit B, Maesen T L M. Towards a molecular understanding of shape selectivity [J]. Nature, 2008, 451(7): 671-678.

[21] Derouane E G, Gabelica Z. A novel effect of shape selectivity: Molecular traffic control in zeolite ZSM-5 [J]. J Catal, 1980, 65: 486-489.

[22] Dai W L, Wang C M, Tang B, et al. Lewis acid catalysis confined in zeolite cages as a strategy for sustainable heterogeneous hydration of epoxides [J]. ACS Catal, 2016, 6: 2955- 2964.

[23] Chen N Y, Garwood W E, Dwyer F G. Shape Selective Catalysis in Industrial Applications, Chemical Industries Series[M]. New York: Marcel Dekker, 1989.

[24] Perez-Ramirez J, Christensen C H, Egeblad K, et al. Hierarchical zeolites: Enhanced utilisation of microporous crystals in catalysis by advances in materials design [J]. Chem Soc Rev, 2008, 37: 2530-2542.

[25] Garcia S F, Weisz P B. Effective diffusion in Zeolite [J]. J Catal, 1990,121: 294-311.

[26] Baur R, Krishna R. The effectiveness factor for zeolite catalysed reactions [J]. Catal Today, 2005, 105: 173-179.

[27] 谢在库. 分子筛工程与择形催化[R]. 第六届中国科学院学部学术年会. 北京, 2018-05-31.

# 第3章　分子筛催化中的扩散调控与强化

在分子筛催化中，由于分子扩散在其中扮演着重要的角色，与其催化性能息息相关，因此，若想要了解清楚分子筛材料与催化性能之间的构效关系，或者想要研究开发高性能的分子筛催化材料，则首先需要对分子筛材料的扩散性能表征与调控等方面做深入系统的研究。本章节将对分子筛扩散的测定、扩散模拟计算、扩散调控与强化及对催化的影响等方面做较为系统的论述。

## 3.1　沸石分子筛中的分子扩散类型

当气体分子在分子筛催化材料内扩散时，存在分子与分子间的相互作用和分子与孔壁间的相互作用[1]。一般来说，当扩散分子靠近孔壁时，分子与孔壁间的相互作用起主要作用；当分子靠近中间区域时，分子与分子间的相互作用起主要作用。根据扩散分子的大小与孔道尺寸的关系以及扩散路径的不同，扩散可大致分为四种类型：当分子的平均自由程 $\lambda$ 小于孔道直径 $d$ 时，分子之间的相互作用起主要作用，表现为分子扩散（自由扩散）；当分子的平均自由程 $\lambda$ 大于孔道直径 $d$ 时，分子与孔道之间的相互作用起主要作用，表现为克努森扩散（Knudsen diffusion）；当分子大小与孔道直径相当时，表现为构型扩散[2,3]。

此外，还有第四种扩散形式，被称为"表面扩散（surface diffusion）"[4-6]。因为分子筛中的分子扩散实际上还受表面吸附的影响，尤其是对纳米分子筛、介孔分子筛和多级孔分子筛等外比表面积较大的分子筛来说。所以，在研究介孔分子筛和多级孔分子筛的分子扩散性能时，Fan 课题组 Vattipalli 等发现由于表面吸附对扩散有显著的作用，使其整个扩散的路径比理论预期的要长，因此推测在分子从气相扩散到分子筛微孔内的过程中，先经过表面吸附与迁移的过程，即表面扩散过程（图 3.1）[5]。Lercher 课题组 Gobin 等曾对比研究了大晶粒与小晶粒分子筛吸附与扩散性能，结果表明，对大晶粒分子筛来说晶内扩散是主要的，而对于小于 100 nm 的小晶粒分子筛来说，表面吸附效应对整个扩散过程的影响很大[7]。他们还研究发现，分子筛上用无定形二氧化硅进行表面改性后，可以削弱表面扩散的影响，从而提高分子筛微孔对苯与烷基苯分子的择形差异扩散[8]。

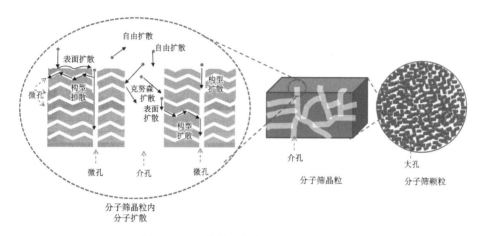

图 3.1　分子筛催化剂中的分子扩散类型

　　在分子筛催化剂中，包含微孔、介孔和大孔。其中，微孔是沸石分子筛晶粒本身所拥有的，孔径一般在 3～20 Å，因此构型扩散是物料分子在微孔中的主要扩散形式；而介孔一般来自于晶间孔或多级孔分子筛中的晶内介孔，孔径在 2～50 nm，其中的分子扩散以克努森扩散为主；大孔一般来自于催化剂成型后有机致孔剂焙烧后留下的孔，孔径大于 50 nm，其扩散表现为自由扩散形式。同时，在介孔与大孔表面同时还存在一定的表面扩散。

　　在微孔、介孔、大孔三种孔道尺寸的扩散中，分子筛微孔中的构型扩散系数最小，因此对沸石分子筛催化剂整体的扩散系数的贡献主要来自于微孔(如图 3.2 扩散系数关系式)，影响其次的是表面扩散，而克努森扩散及自由扩散则基本不影响整体的扩散系数。分子筛的微孔孔径与多数有机小分子的尺寸相当，导致分子在微孔中的扩散传输深受微孔骨架结构的强烈制约，分子筛孔径或者扩散分子直径的微小变化都会导致扩散行为的显著改变。构型扩散一方面为分子筛催化过程带来了"择形催化"，即通过催化剂结构与反应物/产物分子或者反应路径的形状匹配差异而产生的特定选择性[9,10]；但是另一方面，这种严格的扩散限制也阻碍了物料分子在分子筛晶粒内部的快速传输，降低了活性中心的利用率，从而引起催化效率的下降[11-13]，其表现形式为表观反应活化能下降(如图 3.2 反应速率关系式)。因此，开发新一代的择形催化剂的研究目标之一是希望在保证择形催化选择性的同时，提高催化效率[14]。

通常可以通过两种方法达到提高催化效率的目的，其中一种是从分子筛晶粒尺度考虑，通过降低晶粒尺寸和制造晶内介孔等方法来提高催化剂整体的扩散性能[15]。而另一种解决办法是从催化剂成型颗粒尺度考虑，通过在颗粒中构建介孔、大孔来促进克努森扩散，消除催化剂内扩散影响，从而提高催化剂效率。当然，在这个大孔、介孔的构建过程中，有时还要考虑其表面吸附与表面扩散带来的作用，并通过表面改性等方法设法消除表面效应的影响。对于通过促进扩散来提高催化效率的两种方法，过去在催化剂颗粒尺度上研究得较多，在晶粒尺度上研究得较少，另外对如何消除催化剂颗粒中黏结剂的影响的研究也较少，这其中将涉及分子扩散与分子筛中活性中心反应的耦合及其带来的催化效率的问题等，这也正是作者研究分子筛中反应与扩散介尺度耦合原理以及研究开发全结晶多级孔分子筛催化剂的着眼点[16]。

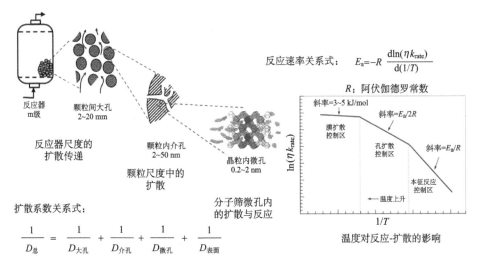

图 3.2　从催化材料颗粒尺度到晶粒尺度的扩散-反应及温度的影响

(其中温度对扩散-反应的影响示意图引自文献[14]，版权 2008，经 John Wiley & Sons Ltd 授权)

## 3.2　分子筛催化中的扩散原理及调控方法

分子筛催化过程是复杂的，但是，归根结底是反应与扩散(传质)两种主导机制的竞争协调，并且它与催化剂的催化性能都有本质的关联。

### 3.2.1　非反应条件下分子筛孔道中的扩散测定

分子扩散系数是研究传质过程、分子筛催化剂优化设计及化工设计开发的重要基础数据[17,18]。不考虑反应,只考虑分子在分子筛催化剂内大孔和介孔中的物理扩散情况,它们分别属于分子扩散和克努森扩散,基本上可以用 Fick 定律(菲克定律)($N_i = -\dfrac{\varepsilon}{\tau} D\nabla C_i$)①和理论推导公式($D = \dfrac{d_0}{3}\sqrt{\dfrac{8RT}{\pi M_i}}$, $d_0$ 为分子直径, $M_i$ 为组分摩尔质量)对扩散系数进行合理的估计[19]。但对于沸石分子筛微孔中包含构型扩散的扩散过程,用上述公式推算出的结果则与实际情况相差甚远,因此是不可行的[20]。因此,这需要发展新的实验技术和计算机模拟来测定沸石分子筛的吸附和扩散性能[21,22]。这里的实验新技术包括两类[23]:宏观法(如瞬态吸附吸收、微重力天平、膜扩散或零柱长色谱法等)和微观法[如准弹性中子散射(QENS)和脉冲场梯度核磁共振(PFG-NMR)等]。宏观法是指在明确边界条件下测量吸附质在分子筛晶体中的扩散行为,扩散数据可根据吸附量随浓度的变化曲线由菲克定律计算得到[24]。宏观法测得的扩散大多是在非稳态的状态下,传质动力为浓度梯度。微观法通常测量的为自扩散系数,以分子筛几个单元的晶胞作为研究对象,通过检测标记分子的移动情况得到扩散系数[25],其传质动力一般为分子布朗运动。与宏观法相比,微观法具有测定时间短、测量范围大、直接探测扩散机理的优点。而对于理论模拟法(计算机分子模拟方法),主要包含分子动力学法(MD)和巨正则蒙特卡罗法(grand canonical Monte Carlo, GCMC)[26-28],通过求解体系中分子的运动方程获得分子的运动速度和运动轨迹,再通过统计平均获得扩散的平衡性质和运动特性,并结合蒙特卡罗法来计算体系的能量变化。

目前,用于定量分子筛扩散系数的方法虽然很多[29-31],但不同测量方法所得的结果存在较大差异[32]。同一系统的测量扩散系数的数量级不同(如图 3.3);用宏观技术测量的扩散系数一般比微观法和理论模拟法的数值要低得多。这些差异可以用测量的尺度效应来解释。在微观技术中,测量的区域小,只探测沸石内部微孔孔隙结构;而在宏观技术中,测量的区域大,表面和内部的屏障也包含其中。因此,这需要注意:用宏观技术测量的扩散系数一般不代表真正的晶内扩散系数,而用微观技术测量的扩散系数则不代表可能包含内部和表面屏障的真实系统。而

---

① 式中, $N_i$ 为组分分子数, $C_i$ 为组分浓度, $D$ 为扩散系数, $\varepsilon$ 为孔隙率, $\tau$ 为曲折度。

对于计算机分子模拟技术，它可以突破表征方法和实验条件的限制，并可与实验结果相结合解释实验机理，但是其数据的准确性与可靠性依然有待提高[33]。

总而言之，上述方法获得的扩散系数是在常温、常压（或真空）、非反应条件下获得的数据，这与真实催化过程有较大差距，真正催化反应过程中的扩散数据还需考虑温度、压力的影响，尤其需考虑反应对它的影响。

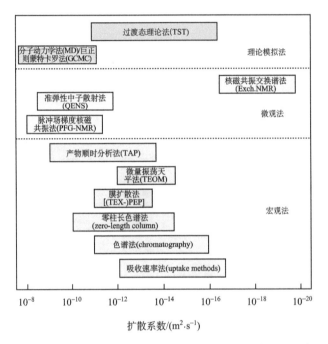

图 3.3　测定分子筛孔内分子扩散系数的三类方法及量级：宏观法、微观法和理论模拟法[34]

## 3.2.2　基于反应-扩散动力学测定分子筛晶粒的催化效率

为研究分子筛催化剂在反应条件下的真实扩散行为，基于催化剂在扩散限制下的反应动力学特征[35-41]，发展了分子筛在晶粒尺度的扩散和效率的测定方法，方法如下。

对于分子筛晶粒内的催化反应，反应与扩散两种作用机制同时作用，由质量守恒定律：

$$\begin{pmatrix} 单位时间扩散进 \\ 微元体的组分A量 \end{pmatrix} - \begin{pmatrix} 单位时间扩散出 \\ 微元体的组分A量 \end{pmatrix} = \begin{pmatrix} 单位时间在微元体内 \\ 反应掉的组分A量 \end{pmatrix} \quad (3\text{-}1)$$

具体为:

$$D_{e外表面}\left[\left(\frac{dC_A}{dZ}\right)_Z + \frac{d}{dZ}\left(\frac{dC_A}{dZ}\right)dZ\right] - D_{e外表面}\left(\frac{dC_A}{dZ}\right)_Z = k_P C_{A外表面}dZ \ , \ 即 \ \frac{d^2C_A}{dZ^2} = \frac{k_P}{D_e}C_A$$

(3-2)

式中, $C_A$ 为 $A$ 组分的浓度, $Z$ 为沿扩散方向的扩散距离, $D_e$ 为有效扩散系数, $L$ 为晶粒厚度, $k_P$ 为以催化剂颗粒体积为基准的反应速率常数。其中, 浓度单位为 $mol \cdot L^{-1}$; $Z$ 和 $L$ 单位为 m; $D_e$ 单位为 $m^2 \cdot s^{-1}$; $k_P$ 单位为 $mol \cdot L^{-1} \cdot s^{-1}$。对于厚度为 $L$ 的分子筛晶粒, 其边界浓度条件为 $Z=L$, $C_A=C_{AS}$(实际浓度); $Z=0$, $\frac{dC_A}{dZ}=0$

解微分方程, 得到分子筛晶粒内反应物的浓度分布方程为:

$$C_A = \frac{C_{AS}}{\exp(\varphi)+\exp(-\varphi)}\exp\left(\varphi\frac{Z}{L}\right) + \frac{C_{AS}}{\exp(\varphi)+\exp(-\varphi)}\exp\left(-\varphi\frac{Z}{L}\right), \ 也即 \quad (3-3)$$

$$\frac{C_A}{C_{AS}} = \frac{\exp\left(\varphi\frac{Z}{L}\right)+\exp\left(-\varphi\frac{Z}{L}\right)}{\exp(\varphi)+\exp(-\varphi)} = \frac{\cosh\left(\varphi\frac{Z}{L}\right)}{\cosh(\varphi)}$$

(3-4)

式中, $\varphi$ 为泰勒模数[29]。因此, 反应物分子在分子筛晶粒内呈现外层浓度高、中间浓度低的梯度分布介尺度结构(如图 3.4 模拟所示)。其中泰勒模数 $\varphi$ 代表表面反应速率与内扩散速率之比:

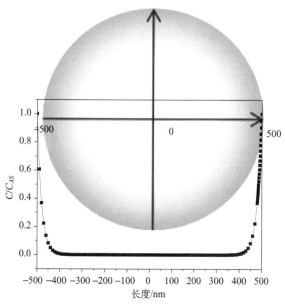

图 3.4　分子筛晶粒内反应物浓度分布图(模拟参数: $L$=500 nm; $\varphi$=25)

$$\varphi^2 = L^2 \frac{k_P}{D_e} = \frac{aLk_P C_{AS}}{D_{e外表面}(C_{AS}-0)/L} = \frac{表面反应速率}{内扩散速率} \tag{3-5}$$

式中，$a$ 为扩散面积，$m^2$。

此时的平均反应速率 $\langle r_A \rangle$：

$$\langle r_A \rangle = \frac{1}{L}\int_0^L k_P C_A \mathrm{d}Z = \frac{1}{L}\int_0^L k_P C_{AS} \frac{\cosh\left(\varphi\frac{Z}{L}\right)}{\cosh\varphi}\mathrm{d}Z = \frac{\tanh(\varphi)}{\varphi} k_P C_{AS} \tag{3-6}$$

正是由于分子筛催化剂晶粒内的浓度不均匀性，造成分子筛晶粒内部的一部分区域中反应分子触及很少(如图 3.4 模拟所示，当 $\varphi$=25 时，1μm 大小晶粒内，只有约表层 100 μm 是反应物分子可及区域)，因此这就会带来催化效率的问题。

催化效率 $\eta$ 定义为：

$$\eta = \frac{内扩散对过程有影响时的反应速率}{内扩散对过程无影响时的反应速率} \tag{3-7}$$

则

$$\eta = \frac{\langle r_A \rangle}{r_{A0}} = \frac{\frac{\tanh(\varphi)}{\varphi} k_P C_{AS}}{k_P C_{AS}} = \frac{\tanh(\varphi)}{\varphi} \tag{3-8}$$

对于催化效率的数学表达式(3-8)，催化效率随泰勒模数变化示意图如图 3.5 所示。当 $r_{反应} \ll r_{扩散}$，$\eta$ 接近于 100%，催化过程由表面反应速率主导；当 $r_{反应} \gg r_{扩散}$，$\eta$=1/$\varphi$，催化效率 $\eta$ 与泰勒模数 $\varphi$ 呈反比，催化过程由分子扩散速率主导；当 $r_{反应}$ 与 $r_{扩散}$ 接近时，催化效率 $\eta$=tanh($\varphi$)/$\varphi$。

结合式(3-5)泰勒模数 $\varphi$ 和式(3-8)催化效率 $\eta$ 的表达，从扩散系数的角度考虑，在晶粒尺寸和反应速率一定的情况下，扩散系数 $D$ 越大，则 $\varphi$ 越小，催化效率(或有效利用率)$\eta$ 就越大(如图 3.5)。因此从理论上来说，提高扩散系数 $D$ 均有利于提高催化效率。其中，提高扩散系数 $D$ 可通过构建晶内介孔(mesopores)或多级孔(hierarchical pores)来实现[42,43]。

根据式(3-4)计算显示，随着扩散系数 $D$ 提高，同一深度的分子浓度提高，并且反应分子达到分子筛晶粒内的可及深度也随之提高，如图 3.6 所示，$D$ 提高到原来的 4 倍，可及深度提高约 100 nm；$D$ 提高到原来的 9 倍，可及深度提高约 200 nm，则分子筛有效利用率将随之提高。

根据催化效率 $\eta$ 的定义[式(3-7)]，它是有内扩散存在时与无内扩散存在时的反应速率之比，那问题是它是否可以通过实验测出呢？而实际上，直接测定是非常困难的，其中对有内扩散存在时的反应速率可以直接测定宏观的反应速率，但

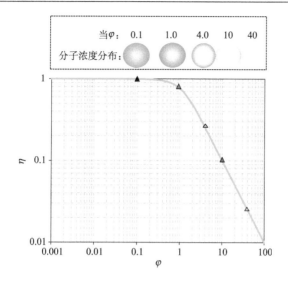

图 3.5　分子筛晶粒内反应物浓度梯度分布与催化效率随泰勒模数变化示意图

从左到右：$\varphi$ = 0.1, 1.0, 4.0, 10 和 40

是，困难主要来源于无内扩散存在时的本征反应速率，即如何能使活性中心充分暴露而消除内扩散的影响？

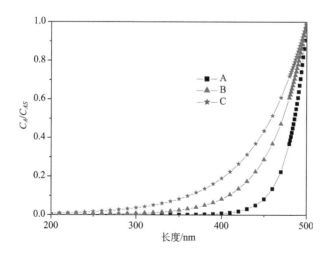

图 3.6　提高扩散系数 $D$ 后分子筛晶粒内反应物浓度分布对比，模拟参数：$L$=500 nm

A：$D=D_0$，$\varphi$=25；B：$D=4D_0$，$\varphi$=12.5；C：$D=9D_0$，$\varphi$=8.3

分子筛外表面的活性中心的反应可以认为是没有内扩散影响的，实际上，作者通过将钠型分子筛用选择性离子交换(有机铵阳离子)的方法[44]，可以得到仅外表面带活性中心的分子筛催化剂(图 3.7)，以此分子筛催化剂可以测定出的是仅有外表面活性中心的反应速率。但是外表面的反应速率并不能代表总的本征反应速率，因为其外表面活性中心数量并不等于分子筛总活性中心数量。如何解决这一问题呢？

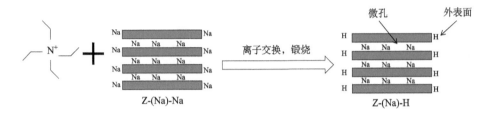

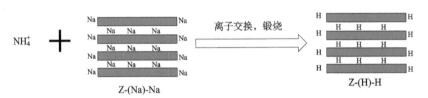

图 3.7　选择性离子交换法合成仅外表面带活性中心的分子筛催化剂

(引自文献[44]，版权 2014，经 Royal Society of Chemistry 授权)

对于这一难题，作者通过从测定反应速率转为测定反应活化能来解决[44]，因为反应活化能是与反应活性中心数量无关的量。而在扩散限制条件下，反应的表观活化能与泰勒模数存在函数关联[45]，反应活化能的数值则随着扩散阻力的变化而改变[如式(3-9)]。因此如果能够准确测得无扩散限制下的本征活化能和扩散限制条件下的反应活化能，通过活化能-效率因子-扩散阻力的函数关系就可以基于反应动力学反推出分子筛晶粒中的扩散阻力与催化效率。基于此，作者通过分别测定常规分子筛与仅外表面带酸性的分子筛反应活化能数据，并分别作为扩散限制条件下的反应活化能和无扩散限制下的本征反应活化能，即得到表观反应活化能 $E_{app,a}$ 与本征反应活化能 $E_{int,a}$ 的比值，然后通过图 3.8 中的函数关联推算出分子筛晶粒中的扩散阻力与催化效率 $\eta$。

$$\frac{E_{app,a}}{E_{int,a}}=\frac{1}{2}+\varphi\frac{1-\tanh^2(\varphi)}{2\tanh(\varphi)}=\frac{\tanh(\varphi)}{\varphi}\quad(3\text{-}9)\ \Longrightarrow\ \varphi\ \Longrightarrow\ \eta=\frac{\tanh(\varphi)}{\varphi}\quad(3\text{-}8)$$

图 3.8　多孔催化剂效率因子、泰勒模数与反应活化能数据之间的关系

如图 3.9 为常规 ZSM-5 微孔分子筛(ConvZ)及多级复合孔 ZSM-5 分子筛

(HierZ)在异丙苯裂解探针反应上的表观反应速率与仅带外表面酸催化中心的反应速率随温度的变化，通过阿伦尼乌斯公式拟合，可得到反应活化能的比值 $E_{app,a}/E_{int,a}$，然后先后根据图 3.8 的方程式(3-9)，可分别计算出泰勒模数因子 $\varphi$，再根据方程式(3-8)可计算出效率因子 $\eta$，如图 3.10 所示。

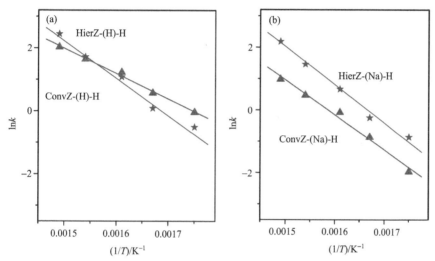

图 3.9　常规 ZSM-5 微孔分子筛(ConvZ(▲))及多级复合孔 ZSM-5 分子筛(HierZ(★))在异丙苯裂解探针反应上，包含内外表面酸催化中心的分子筛的表观反应速率(a)与仅带外表面酸催化中心的反应速率(b)随反应温度的变化

(引自文献[44]，版权 2014，经 Royal Society of Chemistry 授权)

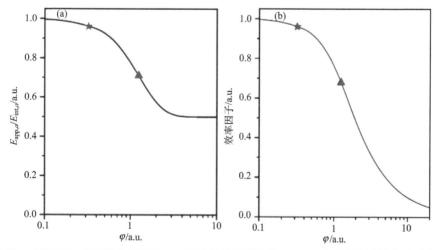

图 3.10　常规 ZSM-5 微孔分子筛 ConvZ(▲)及多级复合孔 ZSM-5 分子筛(★)的表观反应活化能 $E_{app,a}$ 与本征反应活化能 $E_{int,a}$ 的比值(a)和效率因子 $\eta$(b)

(引自文献[44]，版权 2014，经 Royal Society of Chemistry 授权)

### 3.2.3　反应条件下测定分子筛晶粒中的分子扩散系数

在分子筛扩散性能的研究中，测定目标分子在分子筛中的扩散数据，包括扩散系数和扩散活化能等是扩散性能研究的前提。但是，常规测量扩散数据的方法包括吸附法、色谱法、光谱法等，通常都是在常温下或小于 100℃ 的较低温度下进行的，而分子筛催化剂的气固相反应温度常常都在 200℃ 以上，因而低温下测得的扩散数据通常不能直接在高温反应条件下应用。因此，如何有效而准确地获取高温反应下的扩散数据是一项值得研究的课题，并且具有非常大的挑战性。

根据 3.2.2 节中效率因子的公式推导，如果能通过评价反应动力学数据，获取表观速率常数 $k_v$ 和本征速率常数 $k_{int}$，从而得出催化剂的效率因子 $(\eta = k_v/k_{int})$，则借助效率因子与泰勒模数$[\eta = \tanh(\varphi)/\varphi]$计算出泰勒模数的数值，然后根据泰勒模数的定义式$[\varphi = L(k/D)^{1/2}]$，带入晶粒尺寸获得的 $L$ 和反应速率常数 $k$，就可计算出扩散系数 $D$，即

$$D = k L^2/\varphi^2 \tag{3-10}$$

其中，需要指出的是，无扩散限制下的本征速率常数 $k_{int}$ 是很难直接测定的，这里，作者采用了一个新方法来获得本征速率常数 $k_{int}$，即：首先实验合成含有机铵模板剂的沸石分子筛，然后让它在惰性气体保护下高温处理，则微孔孔道内的有机铵模板剂分子就会原位碳化，从而堵塞微孔孔道；若把这样分子筛作催化反应评价，则由于反应分子进入不了微孔孔道，只能在外表面反应，因此它不受扩散限制，这样就可以实验测出外表面活性中心上的本征速率常数 $k'_{int}$。若假设内、外表面的活性中心反应速率相同且和表面积成正比，则整个分子筛的本征速率常数为：

$$k_{int} = k'_{int} (S_{外} + S_{内})/S_{外} \tag{3-11}$$

其中，$S_{外}$ 与 $S_{内}$ 分别对应分子筛的外表面积和内表面积。

作者合成了晶粒大小均一(约 470 nm)、孔内含有机铵模板剂的 ZSM-5 分子筛(如图 3.11)，通过异丙苯裂解反应评价装置，分别测定出了碳化堵孔分子筛和焙烧去除有机铵模板剂的 ZSM-5 分子筛的异丙苯裂解反应动力学数据(如图 3.12)，并通过以上方法，可计算出该分子筛的效率因子及泰勒模数，例如，在 300℃ 反应温度下，测定出效率因子为 0.38，根据式(3-8)，可得到泰勒模数 $\varphi$ 为 2.56，再根据式(3-10)，就可计算出该温度下的异丙苯分子扩散系数为：$1.33 \times 10^{-13}$ m$^2 \cdot$ s$^{-1}$，从

图 3.11　孔内含有机铵模板剂的 ZSM-5 分子筛

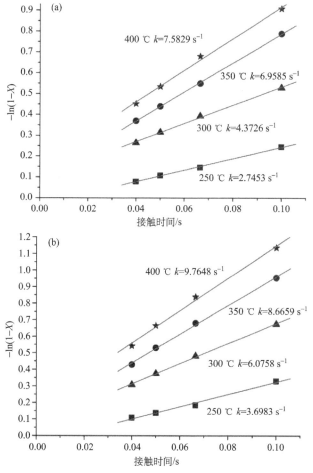

图 3.12　不同反应温度下 ZSM-5 分子筛的异丙苯裂解反应动力学数据

(a)：碳化堵孔分子筛；(b)：焙烧去除有机铵模板剂的分子筛

数量级上看这一扩散系数仍属于构型扩散。而通过吸附红外光谱[46]或微重力天平吸附法[47]等方法测出的扩散系数在常温下一般为 $10^{-14}$ 数量级,而这里测出是 300℃下的扩散系数数量级为 $10^{-13}$,这恰好反映了高的温度下扩散系数也较高的规律。因此,通过这一方法测出了反应温度条件下的扩散系数。

另外,若把实验测得的不同温度下的反应速率常数和扩散系数分别通过阿伦尼乌斯公式拟合(如图3.13),即可获得其反应活化能约为 22.56 kJ/mol,扩散活化能约为 16.40 kJ/mol,其反应活化能大于扩散活化能,可以推断出温度对反应的影响大于对扩散的影响。值得一提的是,该扩散活化能数据与微重力天平吸附法测得的数据[48]基本接近,说明两种方法具有一定的可比性。

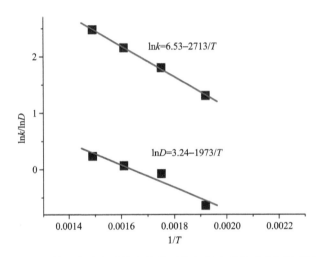

图 3.13　ZSM-5 分子筛反应速率常数和扩散系数与温度的关系及阿伦尼乌斯公式拟合

### 3.2.4　不同形貌分子筛的分子扩散与催化研究

根据以上章节中的分析,分子筛的催化效率、选择性与稳定性等催化性能与晶粒尺寸、反应速率常数、扩散系数有密切的关系,因此,分子筛催化剂设计与调控的手段则可以相对应地考虑:①分子筛晶粒形状和尺寸调控;②孔道调控:选择适合的孔道体系,调控孔道的形状和尺寸,包括构建通畅的多级孔道体系;③活性中心调控:包括活性位的性质和数量的调控。

有研究表明,氨基团数目增多,得到沸石厚度增加,而烷基链过短易导致大块沸石产生,同时氨基团之间的空间大小必须合适才可有效地控制沸石形貌[49,50]。

基于此，作者研究了不同含氨基团有机铵结构导向剂来调控分子筛形貌与尺寸。通过使用不同氨基数、不同烷基链长度的含氮物质作为添加剂，利用高通量进行实验，得到不同形貌和尺寸的 ZSM-5 分子筛样品（如图 3.14）。实验发现，球形形貌最易获得，只有合适极性、合适官能基团分子的加入可以有效改变晶面表面能，控制形貌，可得到薄片状的 ZSM-5[51] 和纳米片状的 SAPO-34 分子筛等[52]。

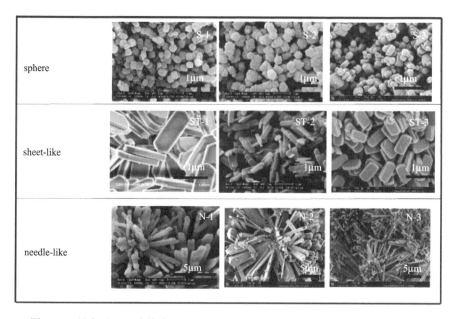

图 3.14　具有不同尺寸的球形（sphere），片状（sheet-like）和棒/针状（needle-like）
形态的 ZSM-5 沸石

（引自文献[51]，版权 2018，经 Royal Society of Chemistry 授权）

利用异丙苯裂解反应，通过表观活化能及本征活化能推导，作者对不同形貌沸石的泰勒模数与效率因子进行了测定，如图 3.15 所示，研究结果表明：从催化效率来看，片状形貌＞棒/针状形貌＞球形形貌。作者还考察了上述不同形貌样品的碳四烯烃催化裂解（OCC）反应催化性能[51]，如图 3.16 所示，结果表明，无论从烯烃产率还是催化稳定性来看，均显示片状形貌＞棒/针状形貌＞球形形貌。有文献也曾报道 ZSM-5 纳米片分子筛在 MTG 催化反应中表现为高积碳容量，寿命提高 3～5 倍[53]。以上结果说明，片状形貌分子筛因为扩散路径最短、扩散限制最少、酸中心活性位利用效率最高，因此产品收率和抗积碳催化稳定性最好。综上所述，片状分子筛形貌可作为优良分子筛调控追求的目标。

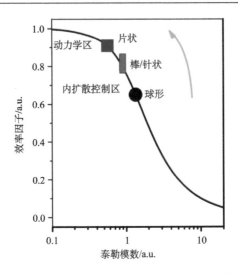

图 3.15　具有不同形貌的球形、棒/针状和片状 ZSM-5 沸石的催化效率

（引自文献[51]，版权 2018，经 Royal Society of Chemistry 授权）

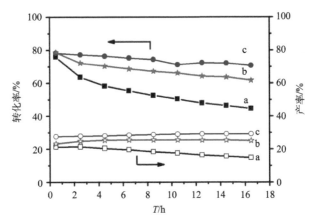

图 3.16　具有不同形貌的球形、棒/针状和片状 ZSM-5 沸石的 OCC 反应催化性能

a：球形；b：棒/针状；c：片状

（引自文献[51]，版权 2018，经 Royal Society of Chemistry 授权）

# 3.3　多级孔分子筛的扩散模拟计算

作者与相关合作人员采用硬球-拟颗粒(HS-PPM)耦合的分子模拟计算方法[54]，研究了分子在 MFI 沸石分子筛中的扩散及分子筛晶体内的多级孔对扩散性能的

影响[55,56]。

　　基于随机生长四参数生成法基本原理，构建多级孔道分子筛结构模型：在给定的三维区域内将催化剂看作是由固体相和空隙相两相构成。初始相全部为空隙相，然后令固体相为生长相进行随机生长。经过反复地随机生长过程，构建了由 ZSM-5 沸石所形成的多级复杂孔道结构的催化剂颗粒。如图 3.17 所示的就是孔隙率为 0.35 的催化剂颗粒，固相部分都是由 ZSM-5 沸石晶体构成的，内部含有气体分子。

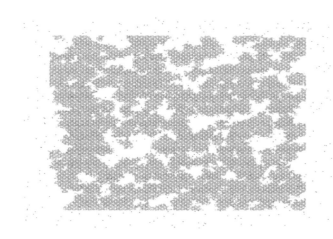

图 3.17　多级孔结构的 ZSM-5 分子筛结构模型(包含一定量的气体分子)

　　作者模拟计算甲烷、甲醇、乙烯、丙烯等不同分子在多级孔道结构中的扩散系数，结果见表 3.1。模拟体系为包含多级孔道结构的沸石催化剂，其中晶粒尺寸：$x$，$y$ 和 $z$ 三个方向分别为 100.11 nm，99.50 nm 和 66.92 nm，孔隙率为 0.35。

表 3.1　模拟计算不同分子在多级孔沸石分子筛孔道中的扩散系数(450℃)

| 扩散分子 | $D_x$ $\times10^{-9}m^2/s$ | $D_y$ $\times10^{-9}m^2/s$ | $D_z$ $\times10^{-9}m^2/s$ | $D$ $\times10^{-9}m^2/s$ |
|---|---|---|---|---|
| $CH_4$ | 18.78 | 16.39 | 23.01 | 16.95 |
| $CH_3OH$ | 11.30 | 11.44 | 13.13 | 7.33 |
| $CH_2{=}CH_2$ | 10.66 | 14.01 | 12.93 | 5.04 |
| $CH_2{=}CHCH_3$ | 5.50 | 6.23 | 7.16 | 3.10 |

由模拟计算结果可知，随着甲烷、甲醇、乙烯、丙烯分子尺寸的增加，扩散系数随之降低。另外，在 $x$，$y$ 和 $z$ 三个方向中，一般 $z$ 轴方向的扩散系数最高，因为在 MFI 分子筛结构中，该方向的孔道属于直孔道，分子扩散相对比较容易。

作者还模拟了介孔孔隙率为 0.1、0.2、0.35 和 0.45 时的总扩散系数及 $x$，$y$ 和 $z$ 三个方向分量的扩散系数 $D_x$、$D_y$ 和 $D_z$（如图 3.18 所示）。结果表明，随着孔隙率的增加，总的扩散系数呈现快速增加的趋势。这是因为孔隙率越大，气体扩散收到的阻碍减小，更有利于扩散。同时，沿着三个方向的扩散系数也都随着孔隙率的增加而增大。

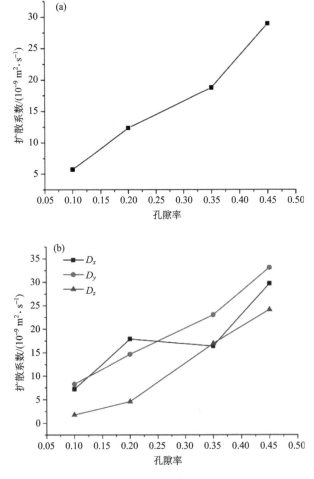

图 3.18　分子筛晶粒中总的扩散系数(a)和沿 $x$、$y$、$z$ 不同方向的扩散系数
(b)随孔隙率的变化

　　另外，为了研究分子筛晶粒尺寸对扩散性能的影响，模拟体系中设定多级孔沸石分子筛(孔隙率 0.35)保持 $x$ 和 $y$ 两个方向的尺寸分别为 100.11 nm 和 99.50 nm 不变，改变 $z$ 方向尺寸，作者模拟了总扩散系数及 $x$，$y$ 和 $z$ 三个方向的分量 $D_x$、$D_y$ 和 $D_z$ 随 $z$ 方向尺寸变化的关系图(如图 3.19 所示)。结果表明，随着 $z$ 方向尺寸的增加，总的扩散系数基本上呈现先增加后减小的趋势；当 $z$ 方向尺寸达到约 40 nm 以后，沿三个方向的扩散系数将基本相同且不再变化，意味着整个体系的扩散性能达到各向同性。

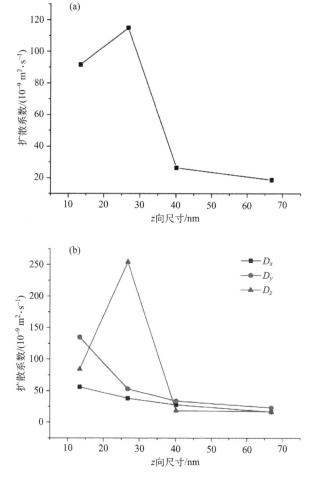

图 3.19　分子筛晶粒中总的扩散系数(a)和沿 $x$、$y$、$z$ 不同方向的扩散系数(b)随 $z$ 方向尺寸的变化

通过以上对多级孔道分子筛催化剂的模拟计算结果表明：

(1)沸石微孔结构不同方向的扩散系数有差异，具有明显的各向异性，一般沿 $b$ 轴方向(或 $z$ 轴方向)的扩散系数最大，沿 $c$ 轴方向的扩散系数最小。

(2)含有多级孔道结构的分子筛扩散系数比微孔分子筛的要大，而且多级孔的孔隙率越大，扩散系数越大。

(3)随分子筛晶粒尺寸的增加，扩散系数一般随之减小，这对小晶粒尤其明显，但继续增加晶粒尺寸后，如 40~60 nm 以后，其扩散系数的变化很小，基本保持稳定，这就与传统认为扩散系数与晶粒尺寸无关的认识相一致。

## 3.4　不同形貌分子筛的反应积碳与扩散模拟计算

分子筛催化剂在反应过程中，随着反应时间的延长，分子筛孔道中会有积碳生成，而积碳会堵塞孔道，阻止反应分子的扩散以及与活性中心的接触反应，进而会影响催化剂的反应活性。那么，反应积碳对分子筛孔道中的分子扩散如何影响？分子筛的晶粒形貌对积碳与扩散有何影响？什么样形貌的分子筛的分子扩散行为受积碳的影响小、寿命长？

围绕上述问题，作者采用动力学蒙特卡罗法(KMC)模拟了分子在分子筛孔道内的扩散行为[57,58]。模拟中将分子筛晶体结构简化为由一系列吸附位点组成的三维网格模型。以 SAPO-34 分子筛(CHA 结构)为研究对象，将其简化为由立方体基本单元(描述一个分子筛笼结构)组成的长方体结构。设定吸附分子在各单元网格中的吸附性质完全相同，吸附分子之间没有相互作用，其以一定的跳跃频率由一个吸附位跳跃到相邻的吸附位。跳跃频率与温度和活化能之间符合阿伦尼乌斯关系(根据扩散系数估算乙烯在 CHA 结构分子筛中的跳跃频率在 $10^8$ 左右)，为方便起见，将跳跃频率简化为 1。

对于 KMC 模拟中的每一构型，首先通过计算每个吸附分子的可能跳跃路线从而得到总的跳跃频率以及进程单，然后根据概率选择一步可能的跃迁和需要的时间，并更新进程单。通过一定步数的模拟，就可以通过统计方法计算得到吸附分子的扩散行为与分子筛形貌和积碳的关系。

固定网格模型的体积(8000)，作者针对立方体、片状和针状分子筛三种形貌，计算不同模型结构下扩散出来的分子个数与积碳之间的关系，如图 3.20 所示。其中蓝色表示的是片状晶粒形貌，红色是针状晶粒形貌，黑色为立方体晶粒形貌。结果显示：在 $80 \times 50 \times 2$ 的网格模型中，分子的扩散几乎不受积碳的影响，这是因为在此模型中，所有的吸附分子都处于模型的表面，都可以扩散出模型。在片状结构模型中，随着厚度的增大，一方面扩散出来的分子个数逐步降低，同时容碳量也在降低。在两个方向尺度较小的针状模型的扩散性能要优于片状结构。由此可见，分子扩散和积碳与晶粒某一维度最小尺寸有关，也就是说，同样的体积下，片状和针状分子筛的分子扩散更容易，抗积碳能力更强，催化剂寿命更长。这一计算结果与分子筛形貌对催化性能的影响的实验结果相类似。

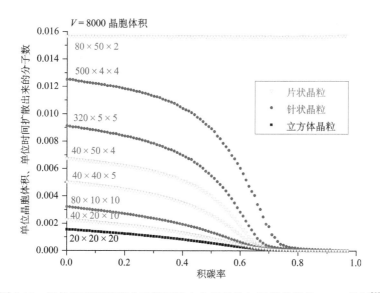

图 3.20　同体积不同形貌分子筛网格中分子扩散与积碳关系的 KMC 模拟[57]

　　综合以上对分子筛扩散的理论模拟计算与实验研究结果，可以得出结论：调控分子筛形貌、减小分子筛的晶粒尺寸或构建多级孔道体系是改善分子筛扩散性能、提高分子筛抗积碳性能的有效手段，这也为高效分子筛催化剂的设计提供了理论指导或设计依据。

## 参 考 文 献

[1] Xiao J, Wei J. Diffusion mechanism of hydrocarbons in zeolites（Ⅰ）: Theory[J]. Chem Eng Sci, 1992, 47（5）: 1123-1141.

[2] Weisz P B. Zeolites-new horizons in catalysis [J].Chem tech, 1973, 3（8）: 498-505.

[3] Post M F M. Diffusion in zeolite molecular sieves//Bekkum H V, Flanigen E M, Jansen J C. Introduction to Zeolite Science and Practice[M].（Studies in surface science and catalysis）. Amsterdam: Elsevier,1991, 58: 391-443.

[4] Zhou J, Fan W, Wang Y D, et al. The essential mass transfer step in hierarchical zeolite: Surface diffusion [J]. Nat Sci Rev, 2020,7(11): 1630-1632.

[5] Vattipalli V, Qi X D, Dauenhauer P J, et al. Long walks in hierarchical porous materials due to combined surface and configurational diffusion[J]. Chem Mater, 2016, 28: 7852-7863.

[6] Galarneau A, Guenneau F, Gedeon A, et al. Probing interconnectivity in hierarchical microporous/mesoporous materials using adsorption and nuclear magnetic resonance diffusion[J]. J Phys Chem C, 2016, 120: 1562-1569.

[7] Gobin O C, Reitmeier S J, Jentys A, et al. Comparison of the transport of aromatic compounds in small and large MFI particles [J]. J Phys Chem C, 2009, 113: 20435-20444.

[8] Reitmeier S J,Gobin O C, Jentys A, et al. Influence of postsynthetic surface modification on shape selective transport of aromatic molecules in HZSM-5 [J]. J Phys Chem C, 2009, 113: 15355-15363.

[9] Csicsery S M. Shape-selective catalysis in zeolites[J]. Zeolites, 1984, 4(3): 202-213.

[10] Zhou J, Liu Z C, Wang Y D, et al. Shape selective catalysis in methylation of toluene: Development, challenges and perspectives[J]. Front Chem Sci Eng, 2018, 12(1): 103-112.

[11] Spiegler K S. Diffusion of gases across porous media[J]. Ind Eng Chem Fund, 1966, 5(4): 529-532.

[12] Xiao J, Wei J. Diffusion mechanism of hydrocarbons in zeolites—Ⅱ. Analysis of experimental observations[J]. Chem Eng Sci, 1992, 47(5): 1143-1159.

[13] Schuring D. Diffusion in zeolites: Towards a microscopic understanding[D]. Netherlands: Eindhoven University of Technology, 2002.

[14] Dumesic J, Huber G W, Boudart M. Principles of heterogeneous catalysis//Ertle G, Knozinger H, Weitkamp J. Handbook of Heterogeneous Catalysis[M]. Weinheim : Wiley-VCH, 2008, 1: 1-15.

[15] 谢在库,刘志成,王仰东. 孔材料的多级复合及催化//于志红, 闫文付. 纳米孔材料化学: 催化及功能化[M]. 北京: 科学出版社, 2013: 69-122.

[16] 滕加伟, 谢在库.无黏结剂复合孔分子筛催化烯烃裂解制丙烯技术[J]. 中国科学: 化学,2015, 45(5): 533-540.

[17] Jost W. Diffusion in Solids, Liquids and Gases [M]. New York: Academic Press,1960.

[18] Kärger J, Ruthven D M. Diffusion in Zeolites and Other Microporous Solids[M]. New York: John Wiley&Sons, 1992.

[19] Bergh J V D, Gascon J, Kapteijn F. Diffusion in zeolites – impact on catalysis//Cejka J, Corma A, Zones S I. Zeolites and Catalysis, Synthesis, Reactions and Applications [M]. Weinheim: WILEY-VCH, 2010.

[20] 朱伟东, 钟依均, 张富民, 等. 沸石分子筛吸附和扩散: 研究现状、存在问题和展望[J]. 浙江师范大学学报, 2010, 43(4): 369-376.

[21] Smit B, Maesen Theo L M. Molecular simulations of zeolites: Adsorption, diffusion, and shape selectivity [J]. Chem Rev, 2008, 108: 4125-4184.

[22] 李丽媛, 陈奕, 许中强, 等. 烃类分子在分子筛中扩散行为研究进展[J]. 化工进展, 2014,

33 (3) : 655-659.

[23] 兰学芳, 赵瑞玉, 赵愉生, 等. 分子筛晶内扩散系数测定方法的研究进展[J].化工进展, 2012, 31 (1) : 62-68.

[24] Auerbach S M, Kärger J, Vasenkov S. Diffusion in Zeolites [M]. New York: Marcel Dekker, 2003.

[25] Krishna R. Diffusion in porous crystalline materials [J]. Chem Soc Rev, 2012, 41: 3099-3118.

[26] Sastre G, Catlow C R A, Corma A. Diffusion of benzene and propylene in MCM-22 zeolite. A molecular dynamics study [J]. J Phy Chem B, 1999, 103 (25) : 5187-5196.

[27] Fernandez M, Karger J, Freude D. Mixture diffusion zeolites studied MAS PFG NMR molecular simulation[J]. Micropor Mesopor Mater, 2007, 105 (1-2) : 124-131.

[28] Granato M A, Jorge M, Vlugt T J H. Diffusion of propane, propylene and isobutane in 13X zeolite by molecular dynamics[J]. Chem Eng Sci, 2010, 65 (9) : 2656-2663.

[29] Ruthven D M. Diffusion in Zeolite Molecular Sieves [M]. Chapter 21. (Studies in Surface Science and Catalysis). Amsterdam: Elsevier, 2007,168: 737-785.

[30] Xiao J, Wei J. Diffusion mechanism of hydrocarbons in zeolites- II. Analysis of experiment observations [J]. Chem Eng Sci, 1992, 47 (5) : 1143-1159.

[31] Masuda T, Fujikata Y, Nishida T, et al. The influence of acid sites on intracrystalline diffusivities within MFI-type zeolites[J]. Micropor Mesopor Mater, 1998 , 23:157-167.

[32] Talu O, Sun M S, Shah D B. Diffusivit ies of $n$-alkanes in silicalite by steady-state single-crystal membrane technique[J]. AIChE J , 1998 , 44: 681-694.

[33] 刘立凤, 赵亮, 陈玉, 等. 分子在分子筛上扩散行为的分子模拟研究进展[J].化工进展, 2011, 30 (7) : 1406-1415.

[34] Schuring D. Diffusion in Zeolites: Towards a Microscopic Understanding[D]. Eindhoven: Technische Universiteit Einghoven, 2002.

[35] Weisz P B, Frilette V J, Maatman R W, et al. Catalysis by crystalline aliminosilicates II : Molecular-shape selective reaction[J]. J Catal, 1962, 1 (4) : 307-312.

[36] Chen N Y, Lucki S J, Mower E B. Cage effect on product distribution from cracking over crystalline aluminosilicate zeolites[J] . J Catal, 1969, 13: 329-332.

[37] Weisz P B, Butter S A, Kaeding W W.Shape selective reactions with zeolite catalysis[J]. Pure Appl Chem, 1980, 52: 2091-2103.

[38] Young L B, Butter S A, Kaeding W W. Shape selective reactions with zeolite catalysts: III. Selectivity in xylene isomerization, toluene-methanol alkylation, and toluene disproportionation over ZSM-5 zeolite catalysts[J]. J Catal, 1982, 76 (2) : 418-432.

[39] Haag W O, Lago R M, Weisz P B. Transport and reactivity of hydrocarbon molecules in a shape-selective zeolite[J]. Faraday Discuss Chem Soc, 1981, 72: 317-330.

[40] Garcia S F, Weisz P B. Effective diffusivities in zeolites: 2. Experimental appraisal of effective shape-selective diffusivity in ZSM-5 catalysis [J]. J Catal, 1993, 142 (2) : 691-696.

[41] Weisz P B. Molecular Diffusion in microporous materials: Formalisms and mechanisms[J]. Ind Eng Chem Res, 1995, 34 (8) : 2692-2699.

[42] Xie Z K, Liu Z C, Wang Y D, et al. Applied catalysis for sustainable development of chemical industry in China [J]. Natl Sci Rev, 2015, 2(3): 167-182.

[43] Perez-Ramirez J, Christensen C H, Egeblad K, et al. Hierarchical zeolites: Enhanced utilisation of microporous crystals in catalysis by advances in materials design [J]. Chem Soc Rev, 2008, 37: 2530-2542.

[44] Zhou J, Liu Z C, Wang Y D, et al. Enhanced accessibility and utilization efficiency of acid sites in hierarchical MFI zeolite catalyst for effective diffusivity improvement [J]. RSC Adv, 2014, 4: 43752-43755.

[45] Rajadhyaksha R A, Doraiswamy L K. Falsification of kinetic parameters by transport limitations and its role in discerning the controlling regime[J]. Catal Rev Sci Eng, 1976, 13: 209-258.

[46] Roque-Malherbe R, Wendelbo R, Corma A. Diffusion of aromatic hydrocarbons in H-ZSM-5，H-*Beta* and H-MCM-22 zeolites[J]. J Phys Chem, 1995, 99: 14064-14071.

[47] 李丽媛，陈奕，许中强，等. 均三甲苯在 MCM-22 和 MCM-56 分子筛上的吸附和扩散[J].工业催化, 2013, 21(7):30-34.

[48] Zhao L, Shen B J, Gao J S, et al. Investigation on the mechanism of diffusion in mesopore structured ZSM-5 and improved heavy oil conversion[J]. J Catal, 2008, 258: 228-234.

[49] Bonilla G, Díaz I, Tsapatsis M, et al. Zeolite(MFI)crystal morphology control using organic structure-directing agents [J].Chem Mater, 2004, 16(26): 5697-5705.

[50] Park W, Yu D, Na K, et al. Hierarchically structure-directing effect of multi-ammonium surfactants for the generation of MFI zeolite nanosheets[J]. Chem Mater, 2011, 23(23): 5131-5137.

[51] Shi J, Zhao G L, Teng J W, et al. Morphology control of ZSM-5 zeolites and their application in Cracking reaction of $C_4$ olefin [J]. Inorg Chem Front, 2018, 5: 2734-2738.

[52]刘红星，谢在库，陆贤，等. 含氧化合物转化为低碳烯烃的催化剂: CN, 200810043287.0[P]. 2011-05-18.

[53] Choi M, Na K, Kim J, et al. Stable single-unit-cell nanosheets of zeolite MFI as active and long-lived catalysts [J]. Nature, 2009, 461: 246-250.

[54] Zhang C L, Shen G F, Li C X, et al. Hard-sphere/pseudo-particle modelling(HS-PPM)for efficient and scalable molecular simulation of dilute gaseous flow and transport [J]. Mol Simulat. 2016,42: 1171-1182.

[55] Li Y P, Zhang C L, Li C X, et al. Simulation of the effect of coke deposition on the diffusion of methane in zeolite ZSM-5[J]. Chem Eng J, 2017,320: 458-467.

[56] Huang W L, Li J H, Liu Z C, et al. Mesoscale distribution of adsorbates in ZSM-5 zeolite[J]. Chem Eng Sci, 2019,198: 253-259.

[57] 谢在库. 从催化导向性基础研究到工业应用的若干创新思路与实践——庆祝闵恩泽先生九十华诞[J]. 催化学报, 2013, 34: 209-216.

[58] Wang C M, Li B W, Wang Y D, et al. Insight into the topology effect on the diffusion of ethene and propene in zeolites：A molecular dynamics simulation study [J]. J Energy Chem, 2013, 22(6): 914-918.

# 第4章 分子筛材料多级孔的构建

"多级孔(Hierarchical pores)"[1]是指分子筛材料中同时包含微孔、介孔和大孔,或其二者以上的复合孔。其中,微孔孔道为反应物提供活泼的活性中心和反应的场所,而介孔/大孔孔道为反应物和产物提供足够的扩散通道,从而可提高活性中心的可及性和分子的传输效率[2]。同时,分子筛的多级孔道对催化剂的抗积碳能力及寿命影响也很大,这正如城市的道路交通一样,如果一个城市道路全是小道路,则交通情况就会容易堵塞,而具有大、中、小多级交叉道路系统的交通会比较畅通。对于分子筛催化剂也是一样,包含了微孔、介孔或大孔的多级孔道体系,则其分子扩散传递效率就会得到加强,催化剂寿命也会延长。因此,分子筛材料的多级孔构建是提高分子筛催化剂寿命的重要手段之一[3]。

本章介绍三种分子筛材料多级孔的构建方法,并对其性质进行表征,分析总结其催化性能。

## 4.1 多级孔分子筛的合成与调控

### 4.1.1 纳米软/硬模板法合成微孔-介孔复合分子筛

碳模板法是目前应用广泛的一种合成介孔沸石的方法,所使用的介孔模板基本上是多孔性的碳材料,如炭黑[4]、碳纳米管[5,6]、碳纤维[7]和介孔碳材料[8,9]等。此类碳基材料的共同特征是:在这些基体中都存在着比较发达的介孔孔道。沸石晶化时,硅溶胶先在这些孔内成核,随着沸石晶体的进一步生长,沸石晶体将整个碳颗粒包裹起来形成复合物。焙烧掉共生在晶体内的碳颗粒后从而在沸石晶体中产生一定数目的介孔。作者采用粒径为20 nm的炭黑材料为模板合成了介孔ZSM-5沸石,发现合成中的操作过程和步骤对纳米炭黑发挥模板效应有着非常重要的影响。作者先将铝酸钠、四丙基氢氧化铵及水混合均匀,然后在此混合液中加入正硅酸乙酯,并不断地搅拌使正硅酸乙酯水解完全形成硅溶胶;在此硅溶胶前驱体中加入一定量的纳米炭黑，并使硅溶胶与纳米炭黑均一混合；最后再将此混合物装入到水热反应釜中进行水热合成。表征结果显示：通过该步骤合成所得到的 ZSM-5 沸石晶体中不含介孔，为常规的 ZSM-5 沸石。显然该操作方法的沸石合成中纳米炭黑在沸石的晶化中并没有被包裹到沸石的晶体中，很可能是由于正硅酸乙酯水解后形成的硅溶胶的黏度比较大，而不容易被毛细管作用力吸附到炭黑的纳米孔中，因此后续水热晶化时二氧化硅就不能在炭黑的孔道中成核与结晶，所以会出现沸石产物和纳米炭黑的相分离的结果。因此，要使炭黑起到模板作用，那么必须要保证沸石在炭黑的介孔中成核。合适的操作过程是，先在纳米炭黑的孔道中吸附上碱溶液，然后再将炭黑浸渍到正硅酸乙酯中，在毛细管作用力下正硅酸乙酯就能够被传输到纳米炭黑的孔道中。随后，吸附到炭黑孔道中的正硅酸乙酯在碱溶液的作用下逐步水解形成硅溶胶，在水热条件下在炭黑的孔道中成核，并包裹纳米炭黑生长。因此，以纳米炭黑为模板合成介孔沸石时必须要保证二氧化硅进入炭黑的介孔中，然后再成核、生长，才能有效合成出纳米炭黑嵌入晶体内部的分子筛材料，进而焙烧去除炭黑后可形成晶内介孔（如图 4.1）。

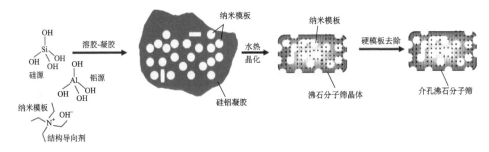

图 4.1　纳米硬模板法合成介孔沸石示意图
（纳米硬模板包括纳米炭黑、介孔碳、纳米碳酸钙等）

作者还尝试了采用纳米碳酸钙为模板合成介孔沸石分子筛[10]。作者在制备沸石晶化的前驱体胶体中加入一定量的纳米碳酸钙，并且在强力搅拌下或者超声波振荡下使纳米颗粒在前驱体中分散均匀。将所得到的混合物在反应釜中水热晶化 12～72 h，水热反应得到的沸石经水洗后烘干，然后用稀醋酸浸泡，洗涤此结晶产物以除去包裹在晶体中的纳米碳酸钙颗粒，合成出含介孔的沸石分子筛材料。

除了采用纳米炭黑、介孔碳、纳米碳酸钙等纳米硬模板，作者团队采用水溶性淀粉[11,12]、水溶性高分子（聚乙烯醇[13]、聚乙烯醇缩丁醛[14,15]等），以及 Xiao

等[16]采用水溶性聚电解质等作为造孔模板剂，也可以合成出含介孔-微孔复合的沸石分子筛材料。这些水溶性的高分子可以参与分子筛的晶化生长过程，通过有机-无机相互作用诱导沸石分子筛晶体自组装，并起纳米软模板作用填充造孔。而与纳米硬模板相比，用这些纳米软模板造出的介孔更细密、更均匀(如图 4.2)。这些分子筛与这些纳米模板的分子结构与尺寸是相关的。

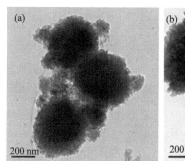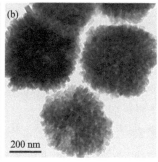

图 4.2　以聚乙烯醇缩丁醛等为模板合成的介孔沸石分子筛的透射电镜显微照片：(a)介孔
ZSM-5；(b)介孔 ZSM-11；(c)介孔 Beta 分子筛

((a)引自文献[15]，版权 2009，经 Elsevier 授权；(b)和(c)引自文献[14]，版权 2008，经 American Chemical Society
授权)

通过在沸石的晶化合成体系加入介孔模板剂，在微孔沸石分子筛形成过程中同时形成晶内介孔结构，实现微孔-介孔复合。研究中，作者认识到上述合成思路的实现需要注意几个关键点：①介孔模板剂尺寸须小于沸石晶粒；②介孔模板剂能与沸石合成凝胶，形成较好的交联，而不产生相分离；③介孔模板剂可简单被除去而不破坏沸石晶体结构。另外，值得一提的是，不管是纳米硬模板方法还是纳米软模板方法合成得到的介孔-微孔复合分子筛，其介孔的大小是与纳米模板的结构与尺寸相关的，而其包含的介孔的数量是可以通过加入模板的比例多少而调节的，一般来说，加入的纳米模板的比例越高，分子筛中介孔的含量就越高。

### 4.1.2　可控化学刻蚀法合成微孔-介孔复合分子筛

刻蚀法二次造孔技术是最早且是目前应用最广泛的一种多级孔分子筛的合成方法，它一般是通过水蒸气、酸、碱和其他化学试剂($SiCl_4$, EDTA, $(NH_4)_2SiF_6$等)对分子筛材料进行水热或蒸气处理，从而造成微孔晶体骨架中硅、铝、钛、硼等原子的脱除和局部的破坏，进而在微孔晶体内形成不规则的介孔孔洞。

　　高温脱铝法是其中较常见的一种方法：沸石分子筛经过高温焙烧，有部分铝会从分子筛骨架中脱除，形成超骨架铝[17]，然后通过温和的酸洗可将超骨架铝溶解出来[18]，在分子筛结构中超骨架铝脱除的位置即会形成介孔[19]。

　　高温水蒸气脱铝法是工业上得到应用的、简易的一种产生晶内介孔的方法[20,21]，通常用来合成介孔 Y、USY 和 ZSM-5 沸石等，该方法比高温脱铝法产生的介孔更多。

　　在碱性条件下处理沸石分子筛同样也能产生一些介孔，不同的是此条件下硅原子被选择性地溶解掉了，而同时微孔结构得到一定程度的保持。对于碱处理刻蚀法，碱的种类、浓度和处理条件等对刻蚀结果影响很大。通常用 NaOH 做碱处理试剂，但由于其碱性很强，调控比较难。为了可控地控制刻蚀的程度，作者采用弱碱 $Na_2CO_3$ 溶液作为碱处理试剂，对 ZSM-5 分子筛进行温和碱处理，结果得到了 ZSM-5 介孔单晶空心微囊[22]，其中，由于硅铝分子筛晶体结构中铝的分布并不均匀，从颗粒的中心到边缘，铝元素的含量逐渐增大，因此在碱溶液处理时，晶体边缘的硅原子受到了更多 $AlO_4^-$ 的"保护"而得以保留，而内核则"选择性脱硅"逐渐被刻蚀，最终在沸石分子筛微球的内核中形成空心结构(如图 4.3)。进一步的研究发现，虽然碱处理后 ZSM-5 空心分子筛的比表面积有所降低，但介孔孔容和比表面积增加，大孔孔容增加尤其明显，这和空心分子筛大的空腔结构相对应。异丙苯裂化和蒎烯异构化探针催化反应结果显示，与相同酸密度的常规分子筛相比，空心分子筛具有更高的活性，这可能与空心分子筛的纳米级壳壁导致扩散性能大大提高有关。

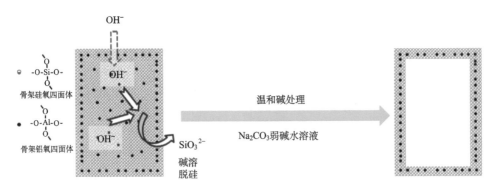

图 4.3　温和碱处理法合成介孔空心 ZSM-5 分子筛示意图

### 4.1.3　整体柱材料转晶法合成微孔-介孔-大孔复合分子筛

近年来，介孔/大孔结构硅胶整体柱材料受到了研究人员的关注[23-26]，这种材料同时含有纳米级介孔和贯穿整个材料的微米级大孔孔道，因此具有很好的扩散和分离性能[27,28]。但是由于其孔壁为无定形而非晶体，因此酸催化活性低、活性中心不稳定，从而限制了它在石油化工领域的应用。作者的合成策略是首先合成介孔/大孔结构硅基整体柱材料，然后将其进行干凝胶蒸气转化处理，将其孔壁转晶为微孔分子筛晶体，从而得到微孔-介孔-大孔复合的多级孔分子筛材料（如图 4.4）。

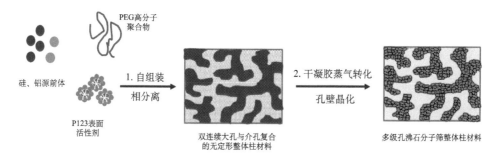

图 4.4　多级孔分子筛合成策略：介孔/大孔整体柱材料转晶法

具体来说，第一步，首先需要合成出具有介孔与大孔复合孔道的硅基整体柱材料，采用双模板法来制备复合孔硅铝氧化物材料[29]，即通过烷氧基硅烷的水解-缩聚反应及其溶胶-凝胶自组装合成过程中加入两种表面活性剂，让 P123 等非离子型表面活性剂和硅物种相互作用，导向固相骨架中有序介孔的生成，同时通过第二个模板剂，即在聚乙二醇(PEG)的作用下，诱导相分离的发生，进而形成双连续的大孔结构。

与以往溶胶-凝胶法所采用的单一模板体系相比，双模板体系能分别控制大孔和介孔结构的形成，通过对反应物组成、体系 pH、老化温度等合成条件的调变，能够获得同时具有双连续大孔结构和介孔孔道的复合孔硅铝氧化物整体材料。

例如，在原料配比为 5.0 g TMOS(正硅酸甲酯)∶1.0 g P123∶$x$ g PEG: 11 g HNO₃(0.5 mol)的条件下，考察了 PEG 添加量对整体材料大孔结构的影响[30]。

图 4.5 给出了不同 PEG 添加量制备的硅铝氧化物整体材料的 SEM 照片。从图中可以看出：当 PEG/SiO$_2$ 的质量比小于 0.25 时，得到的产物是具有颗粒堆积结构的整体材料；增加 PEG 的添加量，当 PEG/SiO$_2$ 的质量比处于 0.30～0.45 时，得到的产物是具有双连续大孔结构的整体材料；继续增加 PEG 的添加量，当 PEG/SiO$_2$ 的质量比高于 0.50 时，所得到的产物是具有凝胶结构的整体材料；此外，从 SEM 照片中还可以看出，随着 PEG 添加量的增加，双连续大孔的孔径逐渐减小。通过进一步研究可以发现，之所以在以上硅铝氧化物整体材料合成过程中形成不同大孔形貌，是因为溶胶-凝胶转化和相分离发生的相对速率对整体材料的大孔形貌起着决定性的作用：当溶胶向凝胶转化的速率远远大于相分离发生的速率时，溶质相在体系中占据的体积分数较大，所得到的材料呈现致密的凝胶结构；反之，当溶胶向凝胶转化的速率远远小于相分离发生的速率时，此时溶剂相占据的体积分数较大，所得到的材料为颗粒堆积的结构；只有当溶胶向凝胶转化的速率与相分离发生的速率相当时，所得材料才具有贯通的大孔结构形貌（如图 4.6 所示）。

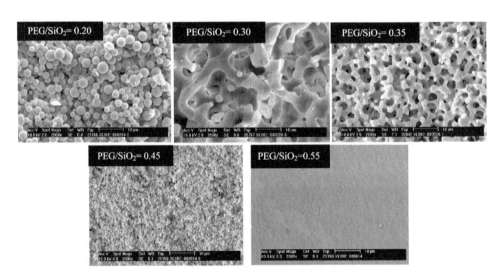

图 4.5　不同 PEG 添加量制备的硅铝氧化物整体材料的 SEM 照片

（引自文献[30]，版权 2010，经 Elsevier 授权）

第二步，作者采用干凝胶气相晶化转化技术使介孔/大孔硅铝氧化物整体材料的无定形孔壁沸石化[31]。具体来说，干凝胶转化法如图 4.7 所示，它是将硅铝氧化物整体材料浸渍有机铵模板剂，烘干，然后让它在反应釜内、含有水蒸气的密闭环境内气相晶化，以使无定形的孔壁转晶为微孔沸石分子筛。而在其晶化过程中，需要控制一定的条件，以使介孔与大孔的孔道得到一定的保持，从而获得同时拥有微孔、介孔和大孔的多级孔沸石分子筛材料。

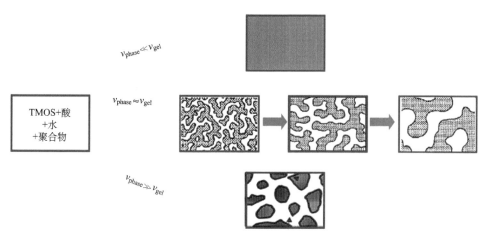

图 4.6　溶胶–凝胶和相分离发生的相对速率对整体材料的大孔形貌的影响

(改编自文献[30]，版权 2010，经 Elsevier 授权)

图 4.7　双连续大孔形貌的硅铝氧化物整体材料经干凝胶转化法进行转晶

图 4.8 给出了采用四乙基氢氧化铵为模板剂下转晶前后的 XRD 谱图，从图中可以发现，无定形硅铝氧化物整体材料经过干凝胶转化处理后，有 Beta 分子筛晶体生成，只是衍射峰的强度与传统的常规 Beta 分子筛相比有所降低。图 4.9 给出的晶化后产物的 TEM 照片，进一步说明：无定形硅铝氧化物整体材料经过气相晶化处理后，大孔的孔壁上有尺寸为 20 nm 左右的 Beta 纳米晶粒生成。另外，从孔结构表征数据(见表 4.1)可以看出，相对于常规 Beta 沸石，多级孔 Beta 沸石具有较大的比表面积和介孔孔容。

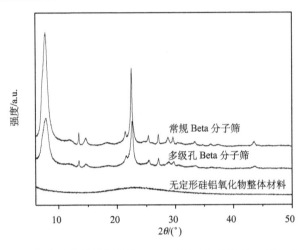

图 4.8　干凝胶转化前后样品的 XRD 谱图及与常规 Beta 沸石的对比

(引自文献[31]，版权 2010，经 Elsevier 授权)

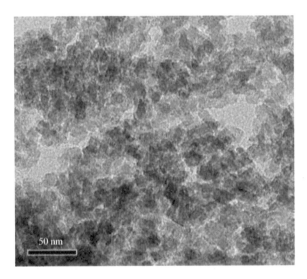

图 4.9　原位晶化后样品的 TEM 照片

(引自文献[31]，版权 2010，经 Elsevier 授权)

表 4.1　多级孔结构 Beta 沸石与常规 Beta 沸石的孔结构参数[31]

| 样品 | $S_{BET}/(m^2/g)$ | $S_{Micro}/(m^2/g)$ | $S_{Meso}/(m^2/g)$ | $V_{Micro}/(cm^3/g)$ | $V_{Meso}/(cm^3/g)$ |
| --- | --- | --- | --- | --- | --- |
| 多级孔 Beta 分子筛 | 732 | 355 | 377 | 0.18 | 1.2 |
| 常规 Beta 分子筛 | 450 | 364 | 86 | 0.17 | 0.15 |

采用类似的合成方法,多级孔钛硅分子筛与多级孔结构 SAPO-34 分子筛[32]整体材料也可以被合成出来。

## 4.2  多级孔分子筛的表征及催化性能

### 4.2.1  多级孔分子筛的表征

作者曾采用多种表征手段对多级孔 ZSM-5 分子筛与常规 ZSM-5 分子筛的物化性质进行表征[33]。首先,这两种分子筛从微晶粒相貌上有较大差异,常规 ZSM-5 分子筛为板状颗粒,晶粒尺寸在 1～3 μm,晶粒表面光滑,界面清晰;对于多级孔 ZSM-5 分子筛而言,它的微晶粒整体呈球形颗粒,尺寸在 500～800 nm,但是其表面毛糙,这是由于其包含晶内介孔所致[34]。

从 XRD 图谱对分子筛进行结晶度表征来看[如图 4.10(a)所示],常规 ZSM-5 的衍射峰较为尖锐,而多级孔结构 ZSM-5(Hier-ZSM-5)的峰强度明显较弱,并且大部分衍射峰出现了展宽的现象。这是由于多级孔分子筛晶体中包含介孔,因此晶体的长程有序性受到了一定的破坏,因此会出现衍射峰强度减弱、峰宽增大的现象。

从低温氮气吸附/脱附等温线[图 4.10(b)]可以看到,较常规 ZSM-5 分子筛,多级孔结构 ZSM-5 在相对压力较高处出现了尖锐的突跳和明显的滞后环,这是材料中存在介孔结构的典型特征。

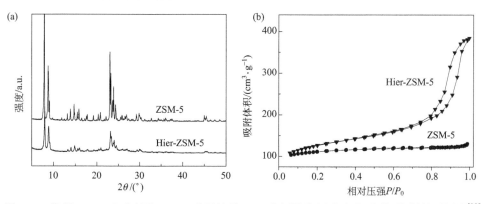

图4.10  常规ZSM-5和多级孔ZSM-5分子筛的XRD表征图谱(a)与氮气吸附/脱附等温线(b)[33]

作者还利用智能重量分析仪(IGA)的方法研究了异丙苯在多级孔 ZSM-5 分子筛中的吸附与扩散性能(图 4.11)。结果显示,多级孔结构的引入不仅大大加快了异丙苯分子在 ZSM-5 分子筛中的扩散吸附速率，而且较大的孔径使异丙苯分子之间发生了较强的相互作用，从单层吸附过渡到多层吸附，甚至发生了毛细凝聚，因此 ZSM-5 分子筛对异丙苯的吸附量明显提高。

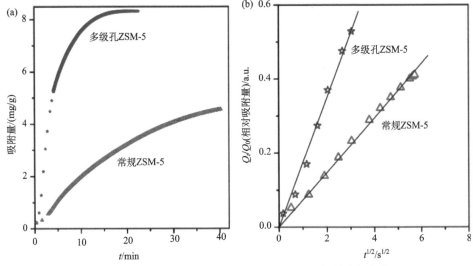

图 4.11　常规 ZSM-5 和多级孔 ZSM-5 的吸附扩散表征曲线

(引自文献[34]，版权 2014，经 Royal Society of Chemistry 授权)

NH₃-TPD 是表征分子筛酸强度与酸量的重要手段[35]，图 4.12 给出了具有相近硅铝比的多级孔结构和常规 ZSM-5 分子筛的 NH₃-TPD 曲线，多级孔结构 ZSM-5 的 NH₃ 脱附温度较低，峰的面积也有下降，说明多级孔结构 ZSM-5 的表面酸中

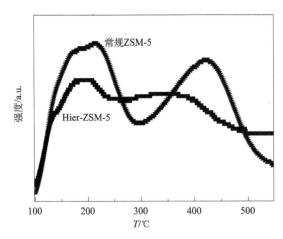

图 4.12　常规 ZSM-5 分子筛和多级孔分子筛(Hier-ZSM-5)的 NH₃-TPD 图谱[33]

心与 NH₃ 分子之间的作用力明显弱于常规 ZSM-5 分子筛，这是多级孔结构的引入降低了 ZSM-5 分子筛结晶度的一个证据[36]。整体而言，若以脱附曲线覆盖的面积为活性中心浓度的量值，则多级孔结构 ZSM-5 仅为常规 ZSM-5 分子筛的 80% 左右。因此，多级孔结构的引入使 ZSM-5 分子筛材料的结晶度有所降低，也在一定程度上减少了表面酸中心浓度。

吡啶吸附红外光谱是表征分子筛催化材料表面酸性中心种类的一种非常重要的技术手段，具有碱性的吡啶分子可以吸附在具有酸中心的固体表面[37,38]，并在波数为 1540 cm⁻¹ 和 1450 cm⁻¹ 处形成特征吸附峰，分别对应于固体酸表面的 Brønsted 酸（B 酸）和 Lewis 酸（L 酸）活性中心[39]。图 4.13 是常规 ZSM-5 和多级孔 ZSM-5（Hier-ZSM-5）的吡啶吸附红外谱图（Py-IR 谱图）。从中可以看出，两者在波数为 1540 cm⁻¹ 和 1450 cm⁻¹ 两处均有明显的吸附峰，这说明它们都具有丰富的 B 酸和 L 酸活性中心。具体的差异是，多级孔 ZSM-5 的 L 酸量明显多于常规 ZSM-5，但是 B 酸量却相对较少，因此前者的 B 酸与 L 酸的强度之比（B/L）明显减小，这说明多级孔结构带来晶体表面的“缺陷”增多，并“暴露”了更多的 Al 原子，而且部分 B 酸活性中心的 Al 脱离沸石分子筛的硅氧骨架，转变为裸露的 L 酸中心。此外，图中 1490 cm⁻¹ 处峰的强度体现了分子筛的总酸量，可以看出，多级孔 ZSM-5 的强度明显弱于常规 ZSM-5，表明多级孔结构的引入，会降低分子筛的结晶度，并使其总酸强度减弱，这与上述 NH₃-TPD 的结果是一致的。

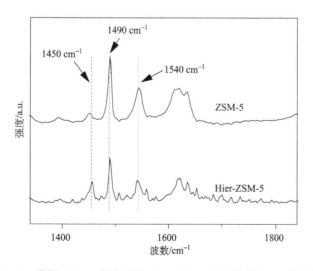

图 4.13　常规 ZSM-5 和多级孔 Hier-ZSM-5 分子筛的 Py-IR 谱图[33]

　　作者还考察了两种分子筛的 2,6-二叔丁基吡啶吸附红外谱图(图 4.14)。2,6-二叔丁基吡啶吸附的红外光谱表征与上述吡啶吸附的红外光谱表征的原理基本相同,不同点在于,吡啶分子可以进入 ZSM-5 微孔孔道从而被孔内表面酸活性中心吸附,而 2,6-二叔丁基吡啶因为分子尺寸大于 ZSM-5 分子筛的微孔孔道尺寸,空间位阻效应使吸附剂分子仅仅可以吸附到分子筛的外表面,而不能进入到微孔孔道中[40],因此,常规 ZSM-5 分子筛在波数为 1616 cm$^{-1}$ 处基本没有吸收峰。然而,对于多级孔 ZSM-5 分子筛,2,6-二叔丁基吡啶分子可以通过其丰富的介孔进入到分子筛晶粒内部,与晶粒内部的表面酸性中心相吸附,从而在波数为 1616 cm$^{-1}$ 处可观察到一个明显的吸附峰。上述实验结果说明,常规分子筛虽然具有大量的微孔内表面活性中心,但是由于微孔的限制,较大的分子无法触及内部酸中心,而多级孔分子筛在引入介孔结构后,则大大增加了晶体内部可触及的表面酸性中心的数量。正是由于以上原因,具有多级孔结构的介孔沸石分子筛在一些较大分子参与的反应中表现出更好的扩散传质性质和催化活性[41,42]。

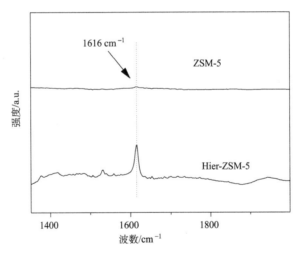

图 4.14　常规 ZSM-5 和多级孔 Hier-ZSM-5 分子筛的 2,6-二叔丁基吡啶吸附红外谱图[33]

　　综合以上表征结果,可以得出以下结论:①由于介孔结构的引入形成了多级孔结构,在一定程度上破坏了分子筛晶体的长程有序性,降低了沸石分子筛的结晶度,使介孔沸石分子筛的总体酸强度弱于常规沸石分子筛;②就活性中心的种类而言,多级孔沸石分子筛中由骨架铝形成的 B 酸活性中心有所减少,这种四配位的骨架铝转变为三配位或者六配位的铝,形成 L 酸活性中心,因此其 L 酸活性中心数量高于常规分子筛；③更重要的是，介孔结构的引入使更多活性中心"暴露"在外表面，因此多级孔分子筛的外表面酸活性中心数量远高于常规分子筛，这是两者活性中心在空间分布上最大的区别。因此，多级孔结构的引入虽然并未增加分子筛的酸活性中心总量，但是可以在一些大分子参与的反应中使更多的表面活性中心得到利用，从而可以使其催化活性大大提高。

## 4.2.2　多级孔分子筛的催化性能

目前工业上一般采用 Y 型分子筛和 Beta 分子筛作为多异丙苯烷基化转移反应的催化剂。基于复合孔结构的 Beta 分子筛整体材料具有优异的传质性能，将其应用到多异丙苯烷基化反应中，考察其催化反应性能[31]。图 4.15 给出了不同催化剂上二异丙苯烷基化转移的反应性能。对于工业化的 Beta 分子筛催化剂，在反应的初始阶段，二异丙苯的转化率非常低，当反应进行了 60 h 左右时，二异丙苯的转化率才达到较高的水平并趋于稳定；而对于复合孔结构 Beta 沸石整体材料，在反应的初始阶段就表现出较高的活性，并一直保持着较好的稳定性。究其原因，主要是由于复合孔结构 Beta 沸石整体材料中的双连续大孔和丰富的介孔提高了材料的扩散性能和传质性能，而且使沸石晶粒充分暴露，大大提高了其在催化反应中的可接触性和利用率，从而有效改善了催化剂的催化性能。

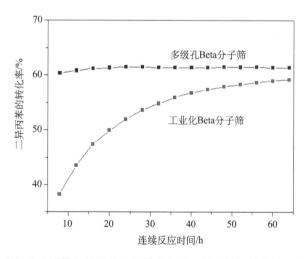

图 4.15　多级孔分子筛与常规分子筛催化剂上二异丙苯烷基化转移的反应性能

此外，研究还表明，多级孔沸石分子筛催化材料在超临界甲苯歧化反应[43]和重芳烃烷基转移[14]等反应中表现出良好的性能，在较大分子的重芳烃转化率上及催化剂的稳定性方面均有较大提高。

图 4.16 给出了分别以传统 SAPO-34 分子筛和多级孔结构 SAPO-34 分子筛为催化剂，在甲醇转化制低碳烯烃的反应中，反应时间对 $C_2 \sim C_4$ 产物的影响[32]。从反应结果可以看出，以传统的 SAPO-34 分子筛为催化剂，当反应进行到 2 h 时，$C_2 \sim C_4$ 产物的收率开始下降。而以多级孔结构 SAPO-34 分子筛为催化剂，反应进行到 5 h 时，$C_2 \sim C_4$ 产物的收率才开始下降，其稳定性相当于传统 SAPO-34 分子筛的 2.5 倍。另外，从空速的影响来看，对于传统的 SAPO-34 分子筛催化剂，当空速超过 3 $h^{-1}$ 时，乙烯和丙烯的收率随着空速的增加急剧下降，而以多级孔结构的 SAPO-34 分子筛为催化剂时，空速达到 5 $h^{-1}$ 时，乙烯和丙烯的收率才开始下降。这些都显示出多级孔 SAPO-34 分子筛在扩散性能及催化性能上的优越性。

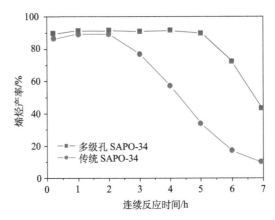

图 4.16  多级孔分子筛与传统分子筛催化剂上甲醇制低碳烯烃催化反应性能
(引自文献[32]，版权 2010，经 Royal Society of Chemistry 授权)

综上所述，在多相催化反应中，多级孔分子筛较常规分子筛表现出了较为优越的性能，尤其表现在催化剂活性有较大提高，并且催化剂的容碳能力及稳定性方面均有较大提升，而这些突出的表现与多级孔分子筛结构中多级通畅的孔道、分子扩散性能的提高，以及有效活性中心利用率的增加有紧密的关联。可以说，多级孔构建是提高分子筛催化性能的重要调控手段。

# 参 考 文 献

[1]  Su B L, Sanchez C, Yang X Y. Hierarchically Structured Porous Materials: From Nanoscience

to Catalysis, Bomedicine, Optics and Energy[M]. Germany: Wiley-VCH, 2011.

[2] Kortunov P, Vasenkov S, Kärger J, et al. The role of mesopores in intracrystalline transport USY zeolite: PFG NMR diffusion study various length scales[J]. J Am Chem Soc, 2005, 127(37): 13055-13059.

[3] 谢在库,刘志成,王仰东. 孔材料的多级复合及催化//于吉红, 闫文付. 纳米孔材料化学: 催化及功能化[M]. 第 3 章. 北京: 科学出版社, 2013: 69-122.

[4] Kustova M. Egeblad. K. Christensen C H, et al. Hierarchical zeolites: Progress on synthesis and characterization of mesoporous zeolite single crystal catalysts[J]. Stud Surf Sci Catal, 2007, 170: 267-275.

[5] Schmidt I, Boisen A, Gustavsson E, et al. Carbon nanotube templated growth of meso-porous zeolite single crystals[J]. Chem Mater, 2001, 13, (12): 4416-4418.

[6] Boisen A, Schmidt I, Carlsson A, et al. TEM stereo-imaging of mesoporous zeolite single crystals[J]. Chem Commun, 2003: 958-959.

[7] Janssen A H, Schmidt I, Jacobsen C J H, et al. Exploratory study of mesopore templating with carbon during zeolite synthesis[J]. Micropor Mesopor Mater, 2003, 65(1): 59-75.

[8] Yang Z, Xia Y, Mokaya R. Zeolite ZSM-5 with unique supermicropores synthesized using mesoporous carbon as a template[J]. Adv Mater, 2004, 16(8): 727-732.

[9] Tao Y, Kanoh H, Kaneko K. Comment: Questions concerning the nitrogen adsorption data analysis for formation of supermicropores in ZSM-5 zeolites[J]. Adv Mater, 2005, 17(23): 2789-2791.

[10] Zhu H B, Liu Z C, Wang Y D, et al. Nanosized $CaCO_3$ as hard template for creation of intracrystal pores within silicalite-1 crystal[J]. Chem Mater, 2008, 20: 1134-1139.

[11] 刘志成, 谢在库, 孔德金, 等. 介孔与微孔多级孔复合的 ZSM-5 沸石材料: 中国, 200810043877.3 [P]. 2010-06-09.

[12] 刘志成, 孔德金, 王仰东, 等. 淀粉模板法合成介孔 ZSM-5 沸石研究[J]. 石油学报(石油加工). 2008, 24: 124-128.

[13] 谢在库, 朱海波, 刘志成, 等. 介孔沸石的合成方法: 中国, 200910056811.2 [P]. 2010-07-07.

[14] Zhu H B, Liu Z C, Kong D J, et al. Synthesis and catalytic performances of mesoporous zeolites templated by polyvinyl butyral gel as the mesopore directing agent [J]. J Phys Chem C, 2008, 112(44): 17257-17264.

[15] Zhu H B, Liu Z C, Kong D J, et al. Synthesis of ZSM-5 with intracrystal or intercrystal mesopores by polyvinyl butyral templating method [J]. J Coll Inter Sci, 2009, 331:432-438.

[16] Xiao F S, Wang L F, Yin C Y, et al. Catalytic properties of hierarchical mesoporous zeolites templated with a mixture of small organic ammonium salts and mesoscale cationic polymers[J]. Angew Chem Int Ed, 2006, 45(19): 3090-3093.

[17] Hong Y, Fripiat J J. Microporous characteristics of HY, H-ZSM-5 and H-mordenite dealuminated by calcination[J]. Micropor Mater, 1995, 4(5): 323-334.

[18] Marques J P, Gener I, Ayrault P, et al. Semi-quantitative estimation by IR of framework, extraframework and defect Al species of HBEA zeolites[J]. Chem Commun, 2004: 2290-2291.

[19] Zhang C, Liu Q, Xu Z, et al. Synthesis and characterization of composite molecular sieves with mesoporous and microporous structure from ZSM-5 zeolites by heat treatment[J].Micropor Mesopor Mater, 2003, 62(3): 157-163.

[20] Choi-Feng C, Hall J B, Huggins B J, et al. Electron microscope investigation of mesopore formation and aluminum migration in USY catalysts[J]. J Catal, 1993, 140(2): 395- 425.

[21] Janssen A H, Koster A J, de Jong K P. On the Shape of the mesopores in zeolite Y: A three-dimensional transmission electron microscopy study combined with texture analysis [J]. J Phys Chem B, 2002, 106: 11905 -11909.

[22] Mei C S, Liu Z C, Wen P Y, et al. Regular HZSM-5 microboxes prepared via a mild alkaline treatment[J]. J Mater Chem, 2008, 18: 3496-3500.

[23] Minakuchi H, Nakanishi K, Soga N. Effect of skeleton size on the performance of octadecylsilylated continuous porous silica columns in reversed-phase liquid chromatography [J]. J Chromatogr A, 1997, 762: 135-142.

[24] Ishizuka N, Minakuchi H, Nakanishi K. Designing monolithic double-pore silica for high-speed liquid chromatography [J]. J Chromatog A, 1998, 797(1-2): 133-137.

[25] Nakanishi K, Soga N. Phase separation in silica sol-gel system containing polyacrylic acid Ⅰ. Gel formaation behavior and effect of solvent composition [J]. J Non-Cryst Solids, 1992, 139: 1-13.

[26] Minakuchi H, Nakanishi K, Soga N. Effect of skeleton size on the performance of octadecylsilylated continuous porous silica columns in reversed-phase liquid chromatography [J]. J Chromatogr A, 1997, 762: 135-142.

[27] Nakanishi K. Porous gels made by phase separation: recent progress and future directions [J]. J Sol-Gel Sci. Technol, 2000, 19: 65-70.

[28] Kato M, Sakai-Kato K, Toyooka T. Silica sol-gel monolithic materials and their use in a variety of applications [J]. J Sep Sci, 2005, 28(15): 1893-1908.

[29] 刘茜, 谢在库, 杨贺勤, 等. 复合孔结构沸石分子筛独石的制备方法: 中国, 200910047378.6 [P]. 2010-09-15.

[30] Yang H Q, Liu Q, Liu Z C, et al. Controllable synthesis of aluminosilica monoliths with hierarchical pore structure and their catalytic performance [J]. Micropor Mesopor Mater, 2010, 127: 213-218.

[31] Yang H Q, Liu Z C, Gao H X, et al. Transalkylation of diisopropylbenzenes with benzene over hierarchical Beta zeolite[J]. Appl Catal A, 2010, 379: 166-171.

[32] Yang H Q, Liu Z C, Gao H X, et al. Synthesis and catalytic performances of hierarchical SAPO-34 monolith [J]. J Mater Chem, 2010, 20: 3227-3231.

[33] Zhou J, Liu Z C, Li LY, et al. Hierarchical mesoporous ZSM-5 zeolite with increased external surface acid sites and high catalytic performance in o-xylene isomerization [J]. Chin J Catal,

2013, 34(7): 1429-1433.

[34] Zhou J, Liu Z C, Wang Y D, et al. Enhanced accessibility and utilization efficiency of acid sites in hierarchical MFI zeolite catalyst for effective diffusivity improvement [J]. RSC Adv, 2014, 4: 43752-43755.

[35] Lónyi F, Valyon J. On the interpretation of the NH₃-TPD patterns of H-ZSM-5 and H-mordenite[J]. Micropor Mesopor Mater, 2001, 47: 293-301.

[36] 韩宇, 肖丰收. 由沸石纳米粒子自组装制备具有高催化活性中心和水热稳定的新型介孔分子筛材料[J]. 催化学报, 2003, 24(2): 149-158.

[37] Topsøe N Y, Pedersen K, Derouane E G. Infrared and temperature-programmed desorption study of the acidic properties of ZSM-5-type zeolites [J]. J Catal, 1981, 70: 41-52.

[38] Groen J C, Pfeffer L A A, Moulijin J A, et al. On the mesoporosity in zeolites upon desilication in alkaline medium [J]. Micropor Mesopor Mater, 2006, 69: 29-42.

[39] Xie Z K, Cheng Q L, Zhang C F, et al. Influence of citric acid treatment on the surface acid properties of zeolite Beta [J]. J Phys Chem B, 2000, 104: 2853-2859.

[40] Musilova-Pavlackova Z, Zones S I, Cejka J. Post-synthesis modification of SSZ-35 zeolite to enhance the selectivity in p-xylene alkylation with isopropyl alcohol [J]. Top Catal, 2010, 53: 273-282.

[41] Christensen C H, Johannsen K, Schmidt I, et al. Catalytic benzene alkylation: Improving activity and selectivity with a new family of porous materials[J]. J Am Chem Soc, 2003, 125(44): 13370-13371.

[42] Choi M, Na K, Kim J, et al. Stable single-unit-cell nanosheets of zeolite MFI as active and long-lived catalysts[J]. Nature, 2009, 461: 246-249.

[43] 刘志成, 王仰东, 孔德金, 等. 介孔沸石的芳烃烷基转移反应研究//王静康. 现代化工、冶金与材料技术前沿, 中国工程院第七届学术会议论文集(上册)[M]. 北京: 化学工业出版社, 2009: 557-559.

# 第5章 全结晶多级孔分子筛催化材料

沸石分子筛呈粉末状，尺寸从几十纳米到几十微米不等，在实际应用中需要通过成型工艺，将粉末沸石分子筛制备成具有一定外形(球形、条形、片状或空心状等)和一定机械强度的颗粒状催化剂[1]。

但是，成型过程对催化剂性能带来的负面影响不容忽视。工业分子筛催化剂中不仅含有有效的催化活性组分，黏结剂通常也是必不可少的助剂组分之一(高达20%～40%)[2]。常用的黏结剂包括氧化铝和二氧化硅等一些氧化物及高岭土等一些黏土质矿物[3-5]。引入黏结剂会降低有效沸石分子筛组分的含量，而且可能会部分堵塞沸石分子筛孔口，造成吸附能力减弱并增加了扩散限制，从而在催化反应中表现为活性和选择性下降，甚至还可能会引发一些副反应[6,7]。

为了消除成型过程中的黏结剂对分子筛催化剂的负面影响，科研人员很早就提出无黏结剂沸石分子筛催化剂的设想[8-10]，即通过液固相转化法、气固相转化法、组装成型法等制备手段[11]，使沸石分子筛颗粒中不含惰性黏结剂或含有少量黏结剂，沸石晶粒间依靠自支撑或共晶交互生长的相互作用而形成一定的抗压强度。

近年来，作者围绕碳四烯烃催化裂解(OCC)制丙烯技术、甲醇制丙烯(MTP)等技术，发展了无黏结剂沸石分子筛制备方法，并提出了全结晶多级孔分子筛材料的概念，开发出了全结晶多级孔分子筛催化剂，在此基础上，开发了低碳烯烃裂解制丙烯的成套工艺技术，以及低阻力降甲醇制丙烯固定床反应工艺技术等。本章围绕 MTP 与 OCC 反应工艺技术，着重介绍这一全结晶多级孔分子筛催化材料的合成与应用。

## 5.1 全结晶多级孔分子筛催化剂的制备与表征

### 5.1.1 全结晶多级孔分子筛催化剂的制备及机理解析

全结晶多级孔分子筛[12]催化材料的制备过程为：①通过常规的水热合成方

法，制备出小晶粒的 ZSM-5 分子筛；②在催化剂的成型过程中，在分子筛粉体 (Z-Powder) 中添加黏结剂 (binder) 和高分子模板，挤条成型，其中通过对溶胶、凝胶、相分离过程的控制，实现相分离速率与溶胶凝胶转变速率的匹配，从而创造出大孔；③对黏结剂的成型催化剂进行气固相转晶处理，使成型催化剂中的黏结剂完全晶化为分子筛，最终制备出无黏结剂、多级孔 (微孔、介孔、大孔) 的催化材料，该催化剂包含更多活性中心与介孔 (后面会通过表征结果说明)。

其中，第③步是关键步骤，作者在系统研究气固相转晶动力学的基础上，发展了晶核诱导、消除浓度梯度等关键技术[13,14]，解决了气相转晶速率慢、结晶度低的问题，将无定形的 $SiO_2$ 黏结剂完全转化为具有催化活性的分子筛晶体。

为了研究其转晶的机理以及转晶的效果，作者通过扫描 (SEM) 和透射 (TEM) 电子显微镜对转晶前后的分子筛催化剂的微观形貌与结构作了详细的观察对比 (如图 5.1)。其中，常规成型的分子筛催化剂样品表示为 Con-Cat，经转晶处理的全结晶多级孔分子筛催化剂样品表示为 Fch-Cat。

结果显示：催化剂成型前，分子筛粉体中晶粒基本均一，为长方片状 [如图 5.1 (a) 和 (d)]；催化剂成型后，可以观察到小颗粒状的黏结剂均匀地附着在长方片状分子筛晶粒周围 [如图 5.1 (b) 和 (e)]。而在转晶后，小颗粒状的黏结剂完全消失 [如图 5.1 (c) 和 (f)]，同时分子筛晶粒呈现一定的取向生长，并且相互联结更加紧密。

进一步分析比较分子筛成型体在转晶前后的孔道结构变化，可以发现分子筛原粉中分子筛晶粒松散地堆积形成晶间孔或缝隙，而在成型后由于黏结剂颗粒的加入，黏结剂/黏结剂之间以及黏结剂/分子筛晶粒之间相互形成了比较紧密的堆积孔。而将分子筛成型体经过二次转晶晶化后，随着黏结剂的消失，黏结剂间的堆积孔也消失了。另外发现，在各个分子筛晶粒的外层还多出了许多晶内介孔 [图 5.1 (f)]，推测这是由于附着在分子筛晶粒上的黏结剂颗粒在转晶为分子筛晶体后遗留形成的一些凹孔或孔洞，而这部分介孔将可能有利于提高分子筛的扩散及催化性能。

另外，从电镜照片中随机选取 100 个分子筛晶粒的尺寸进行统计与平均，结果发现：转晶后分子筛晶粒在沿晶胞的 $a$、$b$、$c$ 轴三个方向上平均尺寸均有增大 [图 5.1 (g) 和 (h)]。据此推测，应该是黏结剂在转晶过程中溶解并顺着原有的分子筛晶粒的晶面外延结晶生长的结果。不仅如此，由于黏结剂的主要成分是 $SiO_2$，如果它在原晶粒外层外延生长，那么外层组成也应主要也是 Si 和 O，铝含量应该很低。而对分子筛晶粒中的铝元素扫描分析结果证实了这一点，铝元素分布在晶粒内部和外层确实不一致，的确是晶粒内部铝含量较高，外层很低。

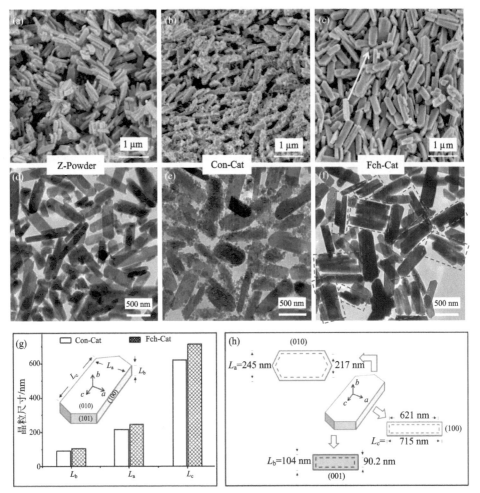

图 5.1　气固相转晶前后分子筛催化剂的 SEM 与 TEM 照片及转晶过程晶粒尺寸变化
(引自文献[12]，版权 2016，经 Elsevier 授权)

　　基于上述的电子显微镜等表征结果，作者推测全结晶多级孔分子筛的形成机理如下(如图 5.2 示意图)：有机铵碱在加热后形成蒸气，成型体的缝隙为这些有机碱蒸气的毛细凝聚提供了空间，随后黏结剂颗粒就逐渐被毛细凝聚的碱液所溶解，而在高浓度的碱液环境中，分子筛的边缘同样会被刻蚀，并由此在晶体表层逐渐形成许多凹孔、介孔等[15]。另一方面，在高浓度碱液体系中，被溶解的黏结剂和分子筛硅铝物种会作为前驱体重新参与分子筛结晶，而被溶解物种的再结晶难以重新在成核后形成新的晶粒，而是会顺着原有分子筛晶粒的外表面外延生长。因此最终结果是，黏结剂完全转化为分子筛（所以被称为"全结晶"），在原分子筛晶粒基础上长大并有一定粘连，并且分子筛晶粒外层铝含量低于晶粒内部。

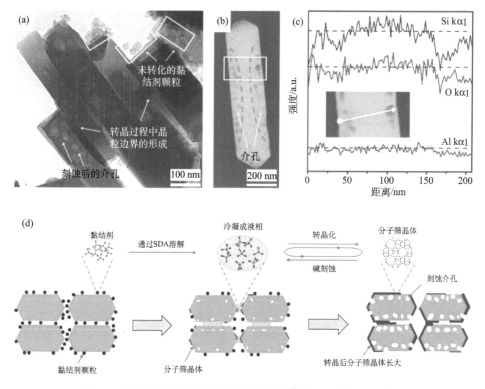

图 5.2　全结晶多级孔分子筛的转晶过渡状态和形成机理示意图

(引自文献[12]，版权 2016，经 Elsevier 授权)

## 5.1.2　全结晶多级孔分子筛催化剂的物化表征

作者又对全结晶多级孔分子筛催化剂的比表面积、孔大小与分布、孔道连通性等作了详细的物化表征。

对转晶前、后分子筛催化剂的低温氮气吸附等温线与孔径分布表征如图 5.3 所示。结果显示：首先，与分子筛原粉相比，常规分子筛成型催化剂在 $0.2\sim0.6\ P/P_0$ 压力区间的微孔吸附量明显较低，而在 $0.6\sim1.0\ P/P_0$ 压力区间出现一个较大的吸附-脱附滞后环，这些现象是与常规分子筛催化剂中的小颗粒黏结剂所导致晶间孔的孔径分布是有直接关联的[17]。其次，对全结晶多级孔分子筛成型催化剂，它在 $0.1\sim 0.2\ P/P_0$ 压力区间存在一个台阶式的吸附-脱附滞后环，以及 $0.2\sim0.6\ P/P_0$ 压力区间微孔吸附量高于原粉的吸附量数值，这些现象与全结晶分子筛成型催化剂存在晶内介孔及不含有黏结剂、结晶度较高是有密切关联的，而且孔径分布曲线中也相对应地显示有较大的微孔与介孔的孔径分布。

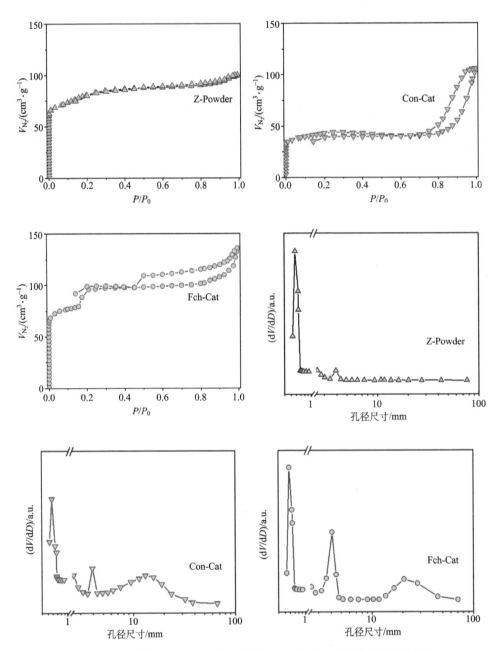

图 5.3　分子筛粉体、常规分子筛催化剂、全结晶多级孔分子筛催化剂的
低温氮气吸附等温线及孔径分布对比

(引自文献[12]，版权 2016，经 Elsevier 授权)

表 5.1 列出了各对比样品的主要孔结构表征参数的数值。总的说来，相对于常规的分子筛成型催化剂，全结晶多级孔分子筛成型催化剂的相对结晶度、比表面积、微孔与介孔孔容，以及机械强度等都有较大的提高。而这些正是由于催化剂中黏结剂全部转晶为分子筛的全结晶化的过程带来的。

**表 5.1　分子筛粉体、常规分子筛成型催化剂和全结晶多级孔分子筛成型催化剂的主要物化参数**

| 样品 | 相对结晶度 /%[a] | 比表面积[12] /(cm²/g)[b] | 微孔孔容[12] /(cm³/g)[b] | 介孔孔容 /(cm³/g)[b] | 总 Al 量[12] /%[c] | 压碎强度[12] /(N/cm) |
|---|---|---|---|---|---|---|
| Z-Powder | 100 | 382 | 0.10 | 0.11 | 0.282 | — |
| Con-Cat | 80 | 315 | 0.05 | 0.22 | 0.251 | 24.1 |
| Fch-Cat | 102 | 406 | 0.09 | 0.16 | 0.254 | 46.2 |

注：a 表示由 XRD 的相对峰强度来计算；b 表示低温氮气吸附等温线表征；c 表示 ICP-AES 表征结果。

进一步，作者采用邻二甲苯的吸附[18]和 Xe 原子的吸附扩散[12]来表征孔道的连通性。从邻二甲苯的吸附等温线来看(图 5.4)，常规分子筛成型催化剂在低压区间对邻二甲苯的吸附量很小，这很可能是由于催化剂中黏结剂堵塞了分子筛表面的孔口而引起的；而转晶后，由于全结晶分子筛催化剂黏结剂完全转晶了，不存在堵孔的现象，因此它对于邻二甲苯的吸附量大大提高。此外，$^{129}$Xe NMR 可以用于研究不同孔道中 Xe 原子的状态以及传递扩散等信息[19,20]，结果发现全结晶分子筛成型催化剂中晶粒表层的介孔与晶内的微孔是连通性的[12]。

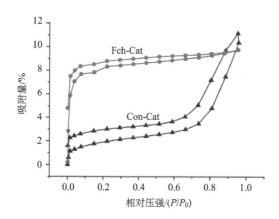

图 5.4　采用智能重量分析仪(IGA)分析获得常规分子筛催化剂(Con-Cat)与全结晶多级孔分子筛催化剂(Fch-cat)的邻二甲苯的吸附等温线[18]

### 5.1.3　全结晶多级孔分子筛催化剂催化反应动力学与有效酸中心评价

作者以甲醇制丙烯(MTP)固定床反应作为探针反应,对比测试了分子筛粉体(Z-Powder)、常规分子筛成型催化剂(Con-Cat)和全结晶多级孔分子筛成型催化剂(Fch-Cat)在不同温度下的反应速率常数及反应动力学拟合情况[12],结果如图 5.5 所示。

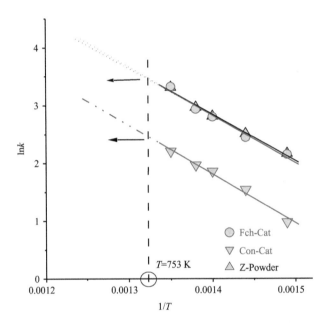

图 5.5　分子筛粉体、常规分子筛催化剂、全结晶多级孔分子筛催化剂的不同温度 MTP 反应速
率常数测定及阿伦尼乌斯方程拟合

(引自文献[12],版权 2016,经 Elsevier 授权)

(MTP 催化反应评价条件:纯甲醇为原料,温度 $T$=480℃,空速 WHSV=6 h$^{-1}$ )

从图 5.5 中还可以发现,三者用阿伦尼乌斯方程$\left[\ln k = -\dfrac{E_a}{R}\left(\dfrac{1}{T}\right) + \ln A\right]$拟合的直线斜率基本相同,这说明它们的催化反应活化能非常相近,即说明三个催化剂的酸中心性质是非常相近的[21,22]。另一方面,直线在 $y$ 轴的截距代表了催化剂的指前因子,它与有效酸中心的数量是正相关的[21]。而图中全结晶多级孔分子筛催化剂与分子筛原粉的拟合直线的截距几乎一致,这说明两者不仅性质相近,有效酸中心数量也基本接近;而相较而言,常规成型的分子筛催化剂截距则较低,

这是由于其中黏结剂的存在使得其可接近的有效活性中心数量较低的缘故。另外，若将经过拟合后的直线反推至 MTP 的正常反应温度 480℃时 (或 753K) 时，可推算出全结晶多级孔分子筛催化剂的反应速率常数 $k$ 约是常规的分子筛成型催化剂的 2.59 倍。

## 5.2 　全结晶多级孔分子筛成型催化剂在工业催化新技术中的应用

### 5.2.1 　在低碳烯烃催化裂解技术中的应用

我国的 $C_4/C_5$ 轻烃资源丰富，$C_4$ 资源总量达到 1900 万 t/a，这些 $C_4/C_5$ 轻烃的化工利用率低，急需高效利用和提升价值的新途径。烯烃裂解技术是利用具有独特择形性和酸性的 ZSM-5 催化剂，把 $C_4/C_5$ 烯烃转化为乙烯和丙烯的新工艺[23]，近年来受到国内外能源化工公司的关注[24]。许多研究机构对该技术开展了研究[25-30]，其中，Omega 工艺和 OCP 工艺分别于 2006 年和 2013 年实现了工业化[31,32]。中国石化上海石油化工研究院也开展了碳四烯烃催化裂解(OCC)制丙烯技术的研究[33-36]，经过十年的持续创新和攻关，关键技术方面取得了突破，并于 2009 年实现了工业应用[32,37]。

碳四烯烃催化裂解具有非常复杂的反应网络，包含异构化、聚合、裂解、芳构化、氢转移等多种反应，每种反应在不同的反应温度下进行程度大不相同。一些研究者已对碳四烯烃催化裂解反应体系提出了相似的反应网络[38,39]，但对网络中各种反应随温度的变化规律并没有做出进一步研究。作者对 ZSM-5 分子筛用于碳四烯烃催化裂解的反应情况在较大的温度区间(250～650℃)内进行了详细研究，进一步阐明各种产物的主要来源通道，提出碳四烯烃催化裂解反应的宏观机理，从反应的角度为目标产物的工艺设计提供指导。

从裂解反应角度来看，要打断 $C_4/C_5$ 轻烃中的碳碳键，一方面需要高温提供能量，更重要的是开发高性能的催化剂，降低碳碳键断裂的反应活化能。理论研究表明[40]，$C_4$ 烯烃裂解的能垒高于长链烃裂解的能垒(图 5.6)。因此，要实现 $C_4$ 烯烃的转化，就要求催化材料具有高的酸强度和酸量，以保持催化剂较高的活性。而在分子筛催化剂中酸强度和酸量与骨架铝的含量紧密相关，通常情况下，分子筛存在两类骨架铝[41]：①一类是孤立铝，即 Al-O-(Si-O)$_{n>2}$-Al，它是一种高分散的活性中心，有利于生成丙烯；②另一类是邻近铝，即 Al-O-$(Si-O)_{1,2}$-Al，它的活性中心相对较近，往往是氢转移、聚合结焦等副反应的活性中心。过去常规烯烃裂解技术通常采用催化剂为较高铝含量的分子筛，存在的主要问题是邻近铝含量高、孤立铝含量低，因而造成副反应多、丙烯选择性差，这在工艺上需要加入稀释剂、频繁再生来解决稳定性差的问题，导致经济性差、装置操作难度高。

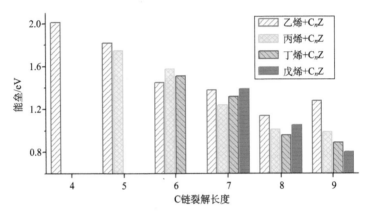

图 5.6　$C_4$烯烃催化裂解反应能垒与碳链裂解长度的关系
(引自文献[40]，版权 2013，经过 Elsevier 授权)

综上所述，开发 $C_4$/$C_5$ 烯烃高效转化制丙烯全新的技术路线，需克服的主要技术难点及技术关键包括：创制高性能分子筛催化材料，使它具有更多有效活性中心；提高分子筛的扩散性能，使它有效抑制副反应和积碳，保持高选择性和稳定性；工艺上设计和开发高效节能、技术经济性好的全新工艺流程，包括实现大型反应器的低床层阻力降等。

实际上，根据反应原料中是否使用水蒸气作稀释剂，OCC 反应工艺分为含水汽工艺和无水汽工艺两种。两种工艺对催化剂有不同的要求。其中，含水汽工艺的丙烯单程收率高，但能耗高，并对分子筛催化剂的水热稳定性要求较高，因此，作者曾针对此含水汽工艺的催化剂对分子筛修饰改性等做了深入研究[35,42,43]，大大提高了催化剂的水热稳定性等性能。而对于无水汽工艺，由于其分离等经济性方面的优势，是当前主要采用的工艺，但是因为无水汽工艺催化剂需要频繁再生，所以需要它具有较好的抗积碳性能。针对此难点，作者采用了含孤立铝居多的高硅铝比分子筛为主体催化材料，并针对常规分子筛催化剂普遍使用黏结剂，存在有效活性中心少、活性低、不利于大分子扩散、稳定性差等关键问题，采用

5.1 节中的制备技术，开发了适合 OCC 反应特点的全结晶多级孔分子筛催化材料[42,44]。该全结晶分子筛中，原来催化剂中的黏结剂全部转晶成了分子筛，它具有比常规催化剂更多的有效活性位、更高的总酸量和孤立铝的含量，从而活性有了很大提高；同时该催化剂中还包含有多级孔，因此可以促进反应物及产物的扩散性能。

从实验室的催化性能评价来看，与常规的分子筛催化剂(Con-Cat)相比，使用全结晶多级孔分子筛催化剂(Fch-Cat)能使 C$_4$ 烯烃转化率提高 10%，丙烯收率提高约 7%～8%，催化剂的抗积碳性能也有很大提高。

另外，对低碳烯烃催化裂解反应研究发现，产物中含有大量烯烃及少量芳烃产物，这些不饱和烃产物在酸性的分子筛催化剂表面非常容易结焦或积碳，而高的床层压力降或较长的停留时间会使催化剂的结焦或积碳加剧。因此，为了延缓催化剂结焦或积碳，提高催化剂寿命，作者开发了大直径、薄床层反应器[45]，并针对薄床层反应器气体均布的技术难题，采用三维流场模拟结合大型冷模试验，开发了具有锥形导流结构和非均匀开孔的气体预分布器[18]，形成比较均匀的气体分布，并确定了反应器高径比、上部均化空间和下部发展空间等结构参数(图 5.7)。该反应器与催化剂异型成型技术集成，实现了反应器的低阻力降的理想效果：在 30 h$^{-1}$ 的超高重量空速下，床层压降小于 10 kPa。

反应器分布器流场　　　　冷模试验　　　　大直径、薄床层反应器

图 5.7　大直径、薄床层、低阻力降反应器应用于 OCC 工业装置中[18]

采用项目开发的全结晶多级孔分子筛催化新材料及全新成套工艺技术[46-49]，2009 年 11 月，在中原石化建成 60 kt /a 碳四烯烃催化裂解 OCC 工业装置，并一次开车成功。这是中国首套、世界第二套同类装置[18]。2010 年 5 月，相关技术人员共同对 60 kt /a OCC 工业试验装置进行了 72 h 的考核标定。标定结果表明，在反应器进口温度 549～554℃、混合 C$_4$ 空速 31 h$^{-1}$、装置设计负荷能力的 104%的工艺条件下，　OCC-100 烯烃裂解催化剂的单程丙烯、乙烯收率分别为 28.1%

和 8.0%,未转化的丁烯部分循环利用后,OCC 装置丙烯和乙烯的双烯收率达到 45.3%。此后,第二个 OCC 工厂于 2016 年开工,第三个 OCC 工厂于 2019 年开工。图 5.8 为其中位于鄂尔多斯的 OCC 工业装置连续运行一年的负荷情况,装置运行平稳,催化剂寿命可超过 1 年。

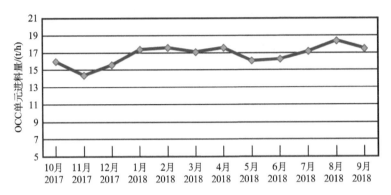

图 5.8 位于鄂尔多斯的 OCC 装置从 2017 年 10 月至 2018 年 9 月工业运行 1 年的负荷情况[50]

在烯烃裂解 OCC-100 催化剂的基础上,本团队还进一步开发了更高活性和更高选择性的新一代 OCC-200 催化剂以及完成了新工艺 OCC-Plus 的设计[50]。新一代催化剂通过调节全结晶 ZSM-5 分子筛的酸强度和酸量,可以抑制重质烃的生成。新工艺技术具有丙烯和乙烯收率高、原料适应性好、空速高、能耗低等特点,进一步提高了 OCC 制丙烯工艺路线的先进性、经济性和应用价值。首个采用 OCC-Plus 工艺设计的 OCC 装置已于 2020 年建成投产,在优化的工艺条件下,丙烯和乙烯的典型收率约为 75%(以原料烯烃含量计),其他副产品包括汽油和极少量的 $C_1 \sim C_4$ 烃。

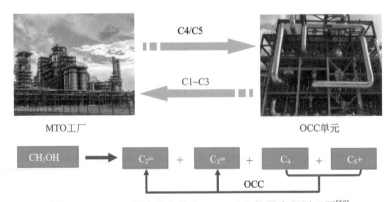

图 5.9 MTO 工业流程中整合 OCC 工艺装置流程原理图[50]

值得一提的是，本团队开发的 OCC 工艺技术具有优异的原料适应性，炼厂、乙烯厂和 MTO 装置副产的 $C_4/C_5$ 烯烃都可以被高效转化，原料烯烃的浓度可在 40%～90%变化，硫含量最高可达 50 mg/kg。目前，OCC 工艺已成功整合应用于 MTO 工业流程中(如图 5.9)，可增加约 7%的乙烯和丙烯产量[50]。

## 5.2.2 在甲醇制丙烯技术中的应用

对于甲醇制丙烯(MTP)催化技术，高性能催化剂是其核心与关键[51]，目前，MTP 技术中最有效的催化剂首推具有 MFI 结构的沸石分子筛(或称为 ZSM-5)。其中乙烯/丙烯双烯选择性和催化剂的稳定性是最为关键的技术指标。如前所述，MTP 反应受反应和扩散等动力学因素影响较大[52]。MTP 反应中催化剂性能和烯烃产物分布受分子扩散的限制影响显著，并且扩散传质的受限通常会带来严重的积碳结焦[53]。国内外的研究工作已经表明，MTP 技术中 ZSM-5 分子筛的积碳结焦是导致催化剂失活的主要原因[54,55]，积碳结焦失活过快会使催化剂循环再生的频率大大加快，这严重制约了该技术的进一步推广。通常 MTP 工艺中 ZSM-5 分子筛催化剂的寿命只有一个月左右。

目前国内外针对调控 ZSM-5 分子筛的酸中心、形貌及孔结构的性质以改善扩散性能、减少积碳和提高催化剂寿命已经开展了许多研究工作[56,57]，中国石化研制的 S-MTP 催化剂及反应工艺技术，采用经过特殊改性的 ZSM-5 分子筛催化剂，在 MTP 分子筛催化剂的研究方面主要解决了两个关键问题：①酸性调节[58]。催化剂酸量过多，生成的产物会发生二次反应，生成过多汽油、烷烃等副产物，目的产物丙烯的选择性低；催化剂酸量过少，甲醇转化不完全，催化剂再生周期也会变短。②提高催化剂扩散性能[59,60]。在反应过程中，丙烯能否及时扩散出反应孔道成为影响丙烯收率及催化剂稳定性的一个重要原因。研究发现[61]，分子筛的孔道越短、孔口越大，晶内扩散越容易。因此，纳米小晶粒、薄片状等扩散路径短的分子筛成为了 MTP 催化剂研究的重点。

作者以小晶粒薄片状分子筛粉体，采用 5.1 节的制备技术，合成出成型的全结晶多级孔分子筛催化剂，并考察了全结晶分子筛成型催化剂在 MTP 催化反应中的稳定性，并与常规方法制备的商业分子筛催化剂作了对比。实验结果发现，普通商业催化剂的单程寿命大约为 700 h，而全结晶多级孔分子筛成型催化剂的单程寿命则可大幅度延长到 2000 h 以上，并且丙烯收率保持稳步上升(图 5.10)。

在完成小试和中试的基础上，中国石化上海石油化工研究院在扬子石化建成 5000 t/a 的 MTP 工业侧线试验装置，2012 年 12 月底投料开车[62]，将上述全结晶多级孔分子筛催化剂于低空速条件下用于 MTP 反应，催化性能达到：甲醇转化率大于 99%，双烯碳基选择性为 70%，汽油组分选择性为 18%～24%，并验证了 2000 h 以上的稳定性结果。

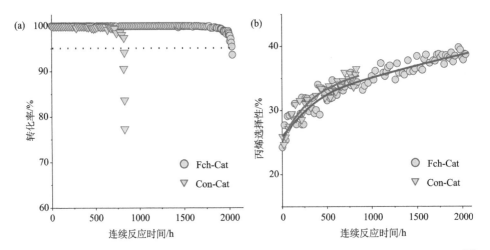

图 5.10　全结晶多级孔分子筛成型催化剂与常规分子筛催化剂在 MTP 中的催化性能对比[12]
(a)：转化率随时间变化；(b)：丙烯选择性随时间变化
(催速老化反应评价条件：纯甲醇为原料，温度 $T$=480℃，空速 WHSV=0.7 h$^{-1}$)

以上介绍了全结晶多级孔分子筛的制备方法、性质表征与工业催化应用实例。总之，全结晶多级孔分子筛是在无黏结剂分子筛的基础上发展而来，它是黏结剂完全转化为分子筛的一种最优状态，保持了催化剂成型的强度，消除了黏结剂的不良影响，而且提高了催化剂的结晶度、扩散性能及活性中心数量。全结晶多级孔分子筛这一概念目前已逐渐被世界许多研究组所接受[63,64]。另外，作者团队还研究过它们在乙醇胺胺化制乙二胺[65]、芳构化[66]、芳烃液相烷基化[67]等其他催化反应中的效果，总的说来，不管是无黏结剂分子筛还是全结晶多级孔分子筛，它们的吸附与催化性能都有很大提高[10]。

# 参 考 文 献

[1] Stiles A B, Koch T A. Catalyst Manufacture[M]. New York: Marcel Dekker Inc., 2005.

[2] Kraushaar B, Müller S P. Shaping of Solid Catalysts//de Jong K P. Synthesis of Solid Catalysts [M]. Chapter 9. Weinheim: Wiley-VCH, 2009: 173-199.

[3] Corma A, Grande M, Fornés V, et al. Gas oil cracking at the zeolite–matrix interface[J]. Appl Catal, 1990, 66: 247-255.

[4] Corma A, Martínez C, Sauvanaud L. New materials as FCC active matrix components for maximizing diesel(light cycle oil, LCO)and minimizing its aromatic content [J]. Catal Today, 2007, 127: 3-16.

[5] Whiting G T. Binder effects in SiO₂- and Al₂O₃-bound zeolite ZSM-5-based extrudates as studied by microspectroscopy [J]. ChemCatChem, 2015, 7: 1312-1321.

[6] Mitchell S, Michels N L, Perez-Ramírez J. From powder to technical body: The undervalued science of catalyst scale up [J]. Chem Soc Rev, 2013, 42: 6094-6112.

[7] Lange J P, Mesters Carl MAM. Mass transport limitations in zeolite catalysts: The dehydration of 1-phenyl-ethanol to styrene[J]. Appl Catal A, 2001, 210(1-2): 247-255.

[8] Grace W R & CO(公司). Process for the preparation of shaped zeolite bodies.(A shaped binderless cryst. Zeolite, Z-12): Britain, GB 1159816 [P]. 1969-07-30.

[9] Hermann Gebr(公司). Binder-free, synthetic, zeolitic molecular sieves: France, FR 1586249 [P]. 1970-02-13.

[10] 王德举, 刘仲能, 杨为民, 等. 无黏结剂沸石分子筛的制备和应用进展[J].石油化工, 2007, 36(10): 1061-1066.

[11] 王华英, 杨赞中, 卢艳龙, 等. 利用天然硅酸盐矿物制备无黏结剂沸石分子筛的研究进展 [J].硅酸盐通报, 2011, 30(4): 845-849.

[12] Zhou J, Teng J W, Ren L P, et al. Full-crystalline hierarchical monolithic ZSM-5 zeolites as superiorly active and long-lived practical catalysts in methanol-to-hydrocarbons reaction[J]. J Catal, 2016, 340: 166-176.

[13] 谢在库, 金文清, 滕加伟. 烯烃催化裂解生产丙烯、乙烯的催化剂: 中国, 200510028788.8 [P]. 2007-02-21.

[14] 滕加伟, 赵国良, 金文清.无黏结剂 ZSM 型分子筛的制备方法: 中国, 200510029462.7 [P]. 2007-03-14.

[15] 谢在库,刘志成,王仰东. 孔材料的多级复合及催化//于吉红, 闫文付. 纳米孔材料化学: 催化 及功能化[M]. 北京: 科学出版社, 2013: 70-123.

[16] Brouwer D H, Enright G D. Probing local structure in zeolite frameworks: Ultrahigh-field NMR measurements and accurate first-principles calculations of zeolite ²⁹Si magnetic shielding tensors [J]. J Am Chem Soc, 2008, 10(10): 3095-3105.

[17] Mitchell S, Michels N L, Kunze K, et al. Visualization of hierarchically structured zeolite bodies from macro to nano length scales[J]. Nat. Chem. 2012, 4: 825-831.

[18] 滕加伟, 谢在库.无黏结剂复合孔分子筛催化烯烃裂解制丙烯技术[J]. 中国科学: 化学, 2015, 45(5): 533-540.

[19] Liu Y, Zhang W P, Liu Z C, et al. Direct observation of the mesopores in ZSM-5 zeolites with hierarchical porous structures by laser-hyperpolarized ¹²⁹Xe NMR[J]. J Phys Chem C, 2008, 112: 15375-15381.

[20] Zhu K K, Sun J M, Liu J, et al. Solvent evaporation assisted preparation of oriented nanocrystalline mesoporous MFI zeolites[J]. ACS Catal, 2011,1: 682-690.

[21]Xie X W, Li Y, Liu Z Q, et al. Low-temperature oxidation of CO catalysed by $Co_3O_4$ nanorods[J]. Nature, 2009, 458(7239):746-749.

[22] Haag W O, Lago R M, Weisz P B. The active site of acidic aluminosilicate catalysts[J]. Nature, 1984, 309: 589-591.

[23] 白尔铮, 胡云光. 四种增产丙烯催化工艺的技术经济比较[J].工业催化, 2003, 11(5)：7-10.

[24] Bussler E J, Gong G, Tryjankowski D A, et al. Upgrade by catalytic process technology[J]. Hydrocarbon Eng, 1999, 4(7):36-40.

[25]Asahi Kasei begins commercial-scale Omega process at Mizushima[J]. Focus on Catalysts, 2006, 9: 4(新闻来自 Japan Chemical Week, 2006-06-29, 47(2373), 5).

[26] 角田隆, 关口光弘. 生产乙烯和丙烯的方法: 中国, 1274342[P]. 2000-03-02.

[27] Voskoboynikov T V, Pelekh A Y, Senetar J J. OCP catalyst with improved steam tolerance: US Patent, 20110143919[P]. 2011-06-16.

[28] Alexander D J. Production of olefins: US Patent, 20030062291[P]. 2003-04-03.

[29] Koss U. Producing propylene from low valued olefins [J]. Hydrocarb Eng, 1999, 5: 66-68.

[30] Bolt H V, Glanz S. Increase propylene yields cost-effectively[J]. Hydrocarb Process, 2002, 81: 77-80.

[31] 旭化成化学公司将在水岛建 Omega 法生产丙烯新装置[J]. 石油化工, 2005, 4:363.

[32] 王秋红, 董政. 烯烃催化裂解增产丙烯技术进展[J]. 石化技术, 2012, 19(1)：56.

[33] 滕加伟, 赵国良, 谢在库, 等. ZSM-5 分子筛晶粒尺寸对 $C_4$ 烯烃催化裂解制丙烯的影响[J]. 催化学报, 2004, 25: 602-606.

[34] Teng J W, Xie Z K. OCC process for propylene production[J]. Hydrocarb Asia, 2006, 16: 26-32.

[35] Zhao G L, Teng J W, Xie Z K, et al. Effect of phosphorus on HZSM-5 catalyst for $C_4$-olefin cracking reactions to produce propylene[J]. J Catal, 2007, 248: 29-37.

[36] 赵国良, 何万仁, 袁志庆, 等. ZSM-5 分子筛的碳四裂解性能及积碳研究[J]. 石油化工, 2013, 42: 1207-1212.

[37] 石理.中原石化建设 60kt/a 催化裂解制丙烯项目[J].石油化工技术与经济, 2008, 24(6)：28.

[38] 刘俊涛, 钟思青, 徐春明, 等.碳四烯烃催化裂解制低碳烯烃反应性能的研究[J]. 石油化工, 34(1)：9-13.

[39] 朱向学, 宋月芹, 李宏冰, 等. 丁烯催化裂解制丙烯/乙烯反应的热力学研究 [J]. 催化学报, 26(2)：11-17.

[40] Wang C M, Wang Y D, Xie Z K. Insights into the reaction mechanism of methanol-to-olefins conversion in HSAPO-34 from first principles: Are olefins themselves the dominating hydrocarbon pool species? [J]. J Catal, 2013, 301: 8-19.

[41] Dědeček J, Kaucký D, Wichterlová B, et al. $Co^{2+}$ ions as probes of Al distribution in the framework of zeolites. ZSM-5 study[J]. Phys Chem Chem Phys, 2002, 4: 5406-5413.

[42] 谢在库. 新结构高性能多孔催化材料[M]. 北京: 中国石化出版社, 2010.

[43] Xue N H, Chen X K, Nie L, et al. Understanding the enhancement of catalytic performance for olefin cracking: Hydrothermally stable acids in P/HZSM-5[J]. J Catal, 2007, 248: 20-28.

[44] 夏华, 任丽萍, 赵国良, 等. 全结晶 ZSM-5 分子筛催化剂研究及工业应用[J]. 工业催化, 2017, 25(10): 58-63.

[45] Xie Z K, Liu J T, Yang W M, et al. Process for producing lower olefins by using multiple reaction zones: US Patent, 11502520 [P]. 2010-04-06.

[46] 滕加伟, 赵国良, 宋庆英, 等. 碳四及其以上烯烃催化裂解生产丙烯的方法: 中国, 01131947.X [P]. 2003-04-30.

[47] 滕加伟, 赵国良, 金文清, 等. 碳四及其以上烯烃催化裂解生产丙烯的方法: 中国, 200310108178.X[P]. 2005-05-04.

[48] 谢在库, 滕加伟, 金文清, 等. C4 烯烃催化裂解生产丙烯的方法: 中国, 200510028787.3[P]. 2007-02-21.

[49] 滕加伟, 谢在库, 赵国良, 等. 刘俊涛. 丙烯的生产方法: 中国, 200610027911.9 [P]. 2007-12-26.

[50] Teng J W, Shi J, Xie Z K. Advances in the OCC process for propylene production [J]. Hydrocarbon Processing, 2020, 99(3): 27-30.

[51] Olsbye U, Svelle S, Bjørgen M, et al. Conversion of methanol to hydrocarbons: How zeolite cavity and pore size controls product selectivity [J]. Angew Chem Int Ed, 2012, 51(24): 5810-5831.

[52] Svelle S, Joensen F, Nerlov J, et al. Conversion of methanol into hydrocarbons over zeolite H-ZSM-5: Ethene formation is mechanistically separated from the formation of higher alkenes[J]. J Am Chem Soc, 2006, 128: 14770-14771.

[53] Schulz H. "Coking" of zeolites during methanol conversion: Basic reactions of the MTO-, MTP- and MTG processes[J]. Catal Today, 2010, 154: 183-194.

[54] Bleken F L, Barbera K, Bonino F, et al. Catalyst deactivation by coke formation in microporous and desilicated zeolite H-ZSM-5 during the conversion of methanol to hydrocarbons[J]. J Catal, 2013, 307: 62-73.

[55] 温鹏宇, 梅长松, 刘红星, 等. 甲醇制丙烯过程中 ZSM-5 催化剂的失活行为[J]. 石油学报 (石油加工), 2008, 24(4): 446-450.

[56] Chang C D, Chu C T W, Socha R F. Methnol conversion to olefins over ZSM-5: Effect of temperature and zeolites $SiO_2/Al_2O_3$[J]. J Catal, 1984, 86(2): 289-296.

[57] Zhao T, Takemoto T, Tsubaki N. Direct synthesis of propylene and light olefins from dimethyl ether catalyzed by modified H-ZSM-5[J]. Catal Commun, 2006, 7(9): 647-650.

[58] 温鹏宇, 梅长松, 刘红星, 等. ZSM-5 硅铝比对甲醇制丙烯反应产物的影响[J]. 化学反应工程与工艺, 2007, 23(5): 385-390.

[59] Mei C S, Wen P Y, Liu Z C, et al. Selective production of propylene from methanol: Mesoporosity development in high silica HZSM-5[J]. J Catal, 2008, 258: 243-249.

[60] 温鹏宇, 梅长松, 刘红星, 等. 甲醇分压和 ZSM-5 晶粒大小对甲醇制丙烯的影响[J]. 化学

反应工程与工艺, 2007, 23(6): 451-456.

[61] 任丽萍, 滕加伟, 杨为民. ZSM-5 分子筛在 MTP 反应中的催化性能[J]. 工业催化, 2016, 24(7): 53-58.

[62] 陶炎. 固定床甲醇制丙烯中试成功——开辟煤炭经气化生产丙烯新工艺[J]. 中国石油和化工, 2014, 3: 50.

[63] Přech J, Kim J, Mazur M, et al. Nanosponge TS-1: A Fully Crystalline Hierarchical Epoxidation Catalyst [J]. Adv. Mater. Interfaces, 2020, 8(4): 2001288.

[64] Luan H M, Lei C, Wu Q M, et al. Sustainable one-pot preparation of fully crystalline shaped zeolite catalysts [J]. Catal.Sci. Tech., 2021, Advance Article (Doi:10.1039/D1CY00948F).

[65] 王德举, 刘仲能, 杨为民. 无黏结剂氢型丝光沸石催化乙醇胺胺化制备乙二胺[J]. 精细化工, 2017, 34(6): 601-606.

[66] 李玉宁, 任立萍, 李亚男, 等. 无黏结剂成型的 Zn-ZSM-5 催化剂上混合碳四烃类芳构化反应性能[J]. 催化学报, 2011, 32(6): 992-996.

[67] 李娜, 王振东, 张斌, 等. 无黏结剂 MCM-2 2 分子筛催化剂制备及其催化性化学[J]. 反应工程与工艺, 2016, 32(3): 198-202.

# 第6章 扩散功能强化的流化床甲醇制烯烃分子筛催化材料

甲醇制烯烃(methanol-to-olefins,简称 MTO)工艺是指由煤或天然气为原料经合成气生产甲醇,然后甲醇在催化剂作用下生成乙烯、丙烯等低碳烯烃的技术。MTO 技术开拓了从非常规石油资源出发制取化工产品的一条新工艺路线,备受国内外产业界关注[1]。

经研究发现,甲醇制烯烃反应通常认为是烃池(hydrocarbon pool)反应机理[2],涉及脱水、裂解、聚合、氢转移、芳构化等反应步骤,而催化材料的扩散性能对反应产物烯烃的收率影响很大,若催化材料的扩散性能差,则副反应就会增加。因此,提高催化材料扩散性能是提高烯烃收率的关键之一。

本章介绍作者研究团队在甲醇制烯烃片状分子筛催化剂及反应工艺技术方面的研究开发新进展,包括 MTO 烃池催化反应机理的研究新进展、SAPO-34 分子筛的片状形貌调控、快速流化床反应工艺开发,以及最新工业应用等情况。

## 6.1 甲醇制烯烃 MTO 烃池反应机理研究

MTO 催化反应研究最早由 Chang 等于 20 世纪 70 年代报道[3],他们发现沸石 H-ZSM-5 可以将甲醇和其他含氧化合物转化为碳氢化合物。从那时起,MTO 反应逐渐引起了学术界和工业界的广泛关注。MTO 催化反应采用含 Brønsted 酸的固体酸分子筛催化剂,其中磷酸硅铝酸盐 HSAPO-34 分子筛(菱沸石结构)由于具有适宜的笼型孔道结构和适中的固体酸强度,对 MTO 反应具有非常好的催化活性和选择性,并在工业上得以应用。

MTO 催化产物主要以乙烯和丙烯为主,副产物主要是 $C_4$ 以上烯烃、烷烃和芳烃。产物分布的多样性使 MTO 催化反应网络非常复杂。大量实验结果表明,在 MTO 催化反应中,催化剂结构如孔道结构、晶粒大小、酸强度、酸密度,反应条件如反应温度、原料空速、反应压力等诸多因素均可影响催化活性和选择性[4-11]。因此,为了理解实验现象,实现催化剂的优化设计与调控,并进一步提高 MTO 的催化活性和双烯选择性等性能,深入研究催化活性中心结构和 MTO 催化反应机理非常必要[12-14]。

密度泛函理论(DFT)第一性原理计算是用于研究多相催化中识别活性位点和揭示复杂体系反应机理不可缺少的方法[15-17]。近年来,作者研究组通过 DFT 计算研究,对分子筛催化作用下的 MTO 反应机理开展了深入系统的工作[18]。

通常认为,MTO 化学反应过程按以下五个步骤进行:①反应物甲醇、二甲醚和水之间的平衡过程;②新制备催化剂上的诱导反应过程;③烯烃生成过程;④部分烯烃通过缩聚、环化、脱氢、烷基化、氢转移等过程转化为其他碳氢化合物如石蜡、芳烃和高碳烯烃的二次反应过程;⑤催化剂失活过程。其中生成烯烃的过程是整个反应中最为关键的步骤,在这一过程中需要知道生成的第一个含有C—C 键的物种是什么,以及 C—C 键形成机理等问题。到目前为止,已经提出有超过 20 种不同的反应机理,而目前普遍认为 MTO 的转化是通过间接的烃池机理进行的[19],而其中,所谓的"烃池"最早由 Dahl 和 Kolboe 在 20 世纪 90 年代提出[20,21],指的是在分子筛孔道中起催化作用的有机烃类活性物种,他们认为无机的酸性沸石分子筛和有机烃池物种共同组成的杂化结构是催化 MTO 转化的活性中心。如图 6.1 为 MTO 催化反应过程中烃池作用示意图。

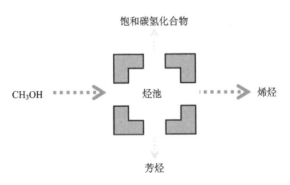

图 6.1　MTO 催化反应过程中烃池作用示意图[18]

(图中灰色板块代表分子筛骨架,组成笼型孔道)

因为实验发现反应后的分子筛催化剂中有芳烃物种[22,23],并且与乙烯、丙烯产物有一定关联,所以早期的烃池机理[24,25]提出多甲基苯(MBs)为代表的芳烃可能是有机烃池的活性中心。因此,作者早些时候围绕多甲基苯为烃池物种的芳烃循环机理开展了理论计算研究工作[26],计算结果显示:673 K 温度下,在 H-SAPO-34 孔道中,1,2,4,5-四甲基苯(TMB)应是主要的烃池物种,而分子筛骨架对五甲基苯和六甲基苯烃池物种有限域效应，因而较难生成。根据这一论点，可以解释为什么随着反应温度的升高低取代的多甲基苯会增多等一些实验现象。

进一步，作者以此均四甲苯(TMB)为代表的芳烃有机活性中心为基础，研究了甲醇通过侧链路线(side chain route)或者缩环扩环路线(paring route)生成乙烯或丙烯产物[27]。进一步的计算研究结果显示，乙基侧链的形成是 H-SAPO-34 芳基侧链循环的决速步[28,29]，由此可推测在芳香基侧链循环中乙烯比丙烯优先生成。此外，作者还计算研究了缩环扩环的机理路线，结果显示其能垒比芳烃侧链机理路线的高，由此可以认为缩环扩环机理在 MTO 转化中起的作用较小[30]。

尽管芳烃烃池机理有一定的合理性，但是除了多甲基苯可作为烃池有机活性中心外，是否还有其他可能的烃池有机活性中心呢？

答案是肯定的。作者设想，除了多甲基苯为有机活性中心的机理，是否烯烃本身也可以作为活性中心？当我们对芳烃循环侧链烃池机理进行重新审视时可以发现，引入外环双键仅仅是为了侧烷基链的生长；因此，如果我们把 TMB 的苯环替换成最简单的双键，相应地就得到了四甲基乙烯(TME)。则以该 TME 为代表的烯烃为烃池活性中心，则同样可以构建类似的烯烃循环路线生成低碳烯烃[28]。由于烃池机理的本质是碳链的增长和消除，作者计算了链的增长和断裂的热力学和动力学性质，考察了简单烯烃本身作为有机活性中心的可能性。研究结果表明[31]，烯烃路线的 Gibbs 自由能垒明显低于芳烃路线(如图 6.2 所示)，即从动力学上来看，烯烃路线明显优于芳烃路线。由此可以推断，烯烃更有可能是 MTO 反应的烃池活性中心[28]。

基于以上计算结果与理论分析，作者首次提出了以烯烃路线为基础的完整甲醇制烯烃催化反应网络，核心是烯烃甲基化和裂解过程[32]。

通过分析四甲苯和四甲基乙烯作为代表性烃池结构，可以认为烯烃烃池路线和芳烃烃池路线在形式上是相似的、本质上是相通的[18,28]。这两条路线均涉及烷基(侧)链的生成和裂解，区别在于裂解前驱体为环状碳正离子还是非环状碳正离子(图 6.3)。该研究解释了实验支持芳烃活性中心的原因，因此证实稳定性较差的非环状碳正离子的存在是证明烯烃活性中心的关键。从该机理出发，可以同时就 MTO 选择性、水的作用、多甲基苯分布预测等问题给出分子水平的理解和认识。

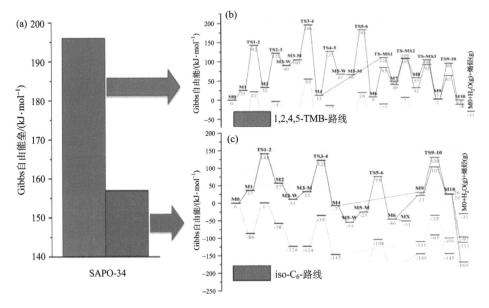

图 6.2　673K 下芳烃四甲基苯路线（TMB）(b) 和烯烃路线（C$_6$）(c) 的总 Gibbs 自由能垒对比 (a)

（此图改编自文献[31]，版权 2016，经 Royal Society of Chemistry 授权）

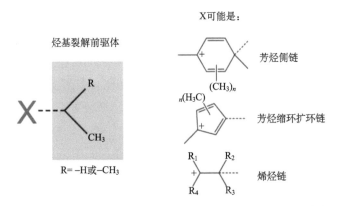

图 6.3　MTO 催化反应芳烃路线和烯烃路线的形式一致性[18]

　　虽然从理论上预测了烯烃是烃池活性中心，但实验上还需要寻找直接的实验证据。利用固体核磁和模拟计算等技术，作者首次发现，在 H-SAPO-34 催化 MTO 反应生成多甲基苯之前，确认了二烯烃、甲基环丙烷等中间物种的存在（表 6.1），而这些物种正是上述基于"烯烃活性中心"概念的 MTO 催化反应网络的中间体，因此证实了"烯烃活性中心"概念以及烯烃路线的重要性[33]。此外，碳正离子是超强酸中烃转化的重要中间体，容易表征和识别。但是在弱酸分子筛体系中，通常只能观察到环状碳正离子等稳定性较高的结构，因此表征识别烯烃路线涉及的非环状碳正离子中间体面临诸多挑战。结合原位 ¹H MAS NMR 固体核磁表征技术和 DFT 模拟计算，作者利用 NH₃ 固定捕捉碳正离子的方法，研究了异丁烯分子在酸性沸石上的可能存在的吸附态与表面物种(图 6.4)，首次在 H-ZSM-5 分子筛中证实了叔碳四正离子(tert-$C_4^+$)的存在[34](图 6.5)。

表 6.1　反应中间体的实验验证：NMR 表征证据[33]

| 物种类别 | 化学位移 $\delta_{1H}$ 和 $\delta_{13C}$ /ppm | | 参考文献序号 |
| --- | --- | --- | --- |
| | ¹H MAS NMR | ¹³C MAS NMR | |
| 二甲基环丙烷 | 0.72(1, 2) 0.40(3) 0.93(4, 5) | 16.0(1, 2) 14.1(3) 12.0(4, 5) | 33 |
| 三甲基环丙烷 | 0.56(1, 2, 3) 0.89(4, 5, 6) | 14.7(1, 2, 3) 9.8(4, 5, 6) | 33 |
| 3-甲基-1,3-戊二烯 | 5.17(1) 6.54(2) 5.59(4) 1.76(5) | 111.8(1) 141.9(2) 135.3(3) 126.6(4) 11.1(5) | 33 |
| 环戊二烯 | 6.14(1, 3) 2.80(2) 6.22(4, 5) | 132.8(1, 3) 132.2(4, 5) 41.6(2) | 33 |
| 1,3-二甲基环戊烯基阳离子 | ～8.30(2) ～4.00(4, 5) | 250.0(1, 3) 147.0(2) 48.0(4, 5) | 33 |

| 物种类别 | 化学位移 $\delta_{1H}$ 和 $\delta_{13C}$ /ppm | | 参考文献序号 |
|---|---|---|---|
| | ¹H MAS NMR | ¹³C MAS NMR | |
| 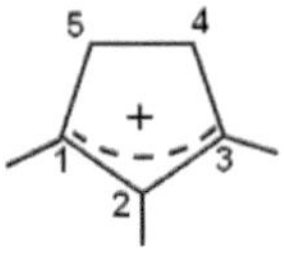 <br>1,2,3-三甲基环戊烯基阳离子 | 3.46(4, 5) | 247.0(1,3)<br>155.3(2)<br>48(4, 5) | 33 |
| 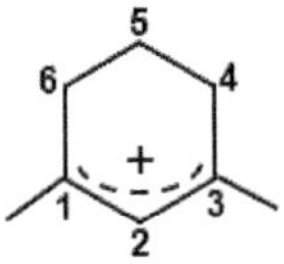 <br>1,3-二甲基-2-环己烯基阳离子 | 8.04(2)<br>3.60(4, 6)<br>2.60(5) | 226.6(1, 3)<br>136.8(2) | 33 |
| 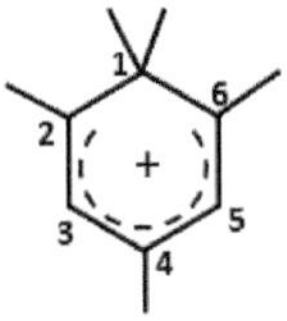 <br>1,1,2,4,6-五甲基苯基阳离子 | / | 58(1)<br>206(2, 6)<br>135(3, 5)<br>190(4) | 33 |

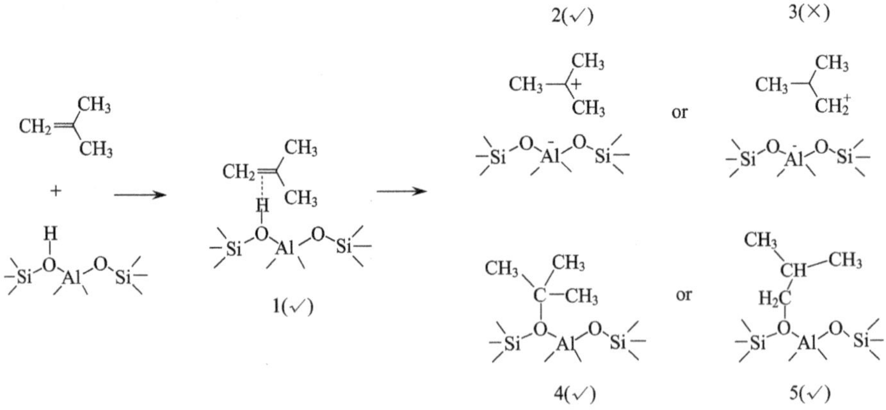

图 6.4　异丁烯分子在酸性沸石上可能存在的吸附态
与表面物种(√表示稳定；×表示不稳定)

(引自文献[34]，版权 2015，经 John Wiley&Sons Ltd.授权)

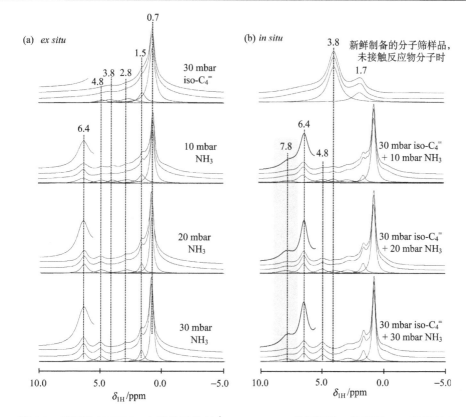

图 6.5　异丁烯在 ZSM-5 上催化转化的 $^1$H MAS NMR 表征图谱，并利用 NH$_3$ 捕捉技术〔(a)：非原位；(b)：原位〕间接证明了叔碳四正离子的存在(阴影标注)

(引自文献[34]，版权 2015，经 John Wiley&Sons Ltd.授权)

## 6.2　纳米薄片状 SAPO-34 分子筛催化剂

　　根据第三章 3.3 节和 3.4 节的分子筛积碳与扩散的理论计算，基于"形貌-扩散"的关系研究，发现纳米片晶多级孔的 SAPO-34 分子筛具有优异的扩散性能、抗积碳性能和高的乙烯/丙烯选择性[35]。因此，理论上能够阐明高性能 MTO 催化材料的创新方向：通过控制分子筛材料的形貌，可促进烯烃扩散性能，进而提高乙烯和丙烯反应选择性及催化剂的抗积碳性能，这是一项合成方法上有挑战性的工作[36]。

　　作者合成并比较了三种典型形貌的 SAPO-34 分子筛，如图 6.6 所示，第一种是常规的立方体形貌的 SAPO-34 分子筛，晶粒尺寸在 1～3 μm[图 6.6(a)]；第二

种是含介孔孔洞的 SAPO-34 分子筛[图 6.6(b)]；第三种是片状形貌的 SAPO-34
分子筛[图 6.6(c)]。

图 6.6　不同形貌 SAPO-34 分子筛的 SEM 照片(上排)和 TEM 照片(下排)
(a):常规立方体形貌；(b):含介孔；(c):纳米片状形貌

　　一般来说，SAPO-34 分子筛常规的、稳定的形貌为立方体，通过研究发现，
SAPO-34 分子筛水热晶化具有层叠层的生长特点,而片状是其生长过程中的介稳
状态，控制合成分子筛片状形貌的过程有一定难度。基于上述晶化特征，作者通
过创新复合模板剂及分段晶化工艺，调节不同晶面生长速率，合成出 SAPO-34 纳
米片晶分子筛材料[图 6.6(c)]，其"一维"方向尺度较小，晶体厚度为 20～50 nm，
其他维度的尺度在 2～3 nm。

　　通过制备工艺可调控三种形貌 SAPO-34 分子筛，使其结构中没有硅岛[Si 元
素均以 Si(4Al) 的形式存在]，且它们的表面酸性相当。在此情况下比较三种形貌
的 SAPO-34 分子筛的催化性能(图 6.7)，可以发现，从催化选择性来看，介孔与
纳米片状 SAPO-34 分子筛的双烯选择性均高于常规立方体形状的 SAPO-34 分子
筛，而纳米片状形貌又比介孔 SAPO-34 双烯选择性略高。其原因可能是与不同形
貌的分子筛的扩散性能是相关联的，其中，纳米片形貌的扩散性能最好，其次是
介孔分子筛，最差的是常规的立方体形貌的分子筛，这很可能导致了它们在双烯

选择性性能的差异。

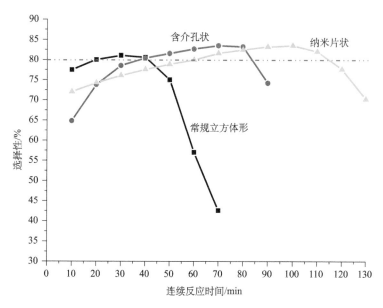

图 6.7　三种 SAPO-34 分子筛：常规立方体形、含介孔状和纳米片状形貌分子筛催化剂的
乙烯+丙烯的双烯选择性性能随反应时间变化的曲线对比

(MTO 催化反应评价条件：实验室固定床微反应器，装载 2 g 催化剂，纯甲醇为原料，空速 WHSV 为 6 h$^{-1}$，
反应温度为 460℃，常压)

从三种 SAPO-34 分子筛在 MTO 催化中双烯选择性大于 80% 的持续时间来看（图 6.7），纳米片（约 60 min）＞介孔（约 40 min）＞常规立方体形貌的 SAPO-34 分子筛（约 20 min），这表示纳米片状 SAPO-34 分子筛的抗积碳失活性能最好，因此对应于流化床工艺中可操作的区间也最宽。这些实验结果与前面理论计算推测的结论是一致的，即改善扩散性能可提高催化剂双烯收率及抗积碳性能。因此，综合来看，纳米片状 SAPO-34 分子筛的催化性能最好，可作为工业 MTO 催化剂的优选。

值得一提的是，在实际的制备生产中，要合成得到纳米片状 SAPO-34 分子筛材料并非易事。作者研究团队曾经详细研究过 SAPO-34 分子筛的合成与调控，研究结果表明，纳米片状 SAPO-34 分子筛的合成晶相调控区是非常窄的（图 6.8），制备生产中必须要严格控制合成配比、晶化温度与搅拌等合成条件才能得到纳米片状 SAPO-34 分子筛。

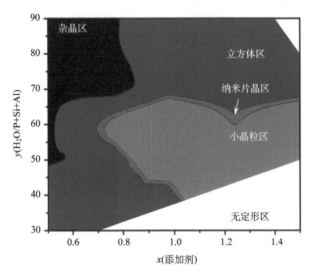

图 6.8　SAPO-34 分子筛的合成晶相区与不同形貌区

(狭窄的红色区域是纳米片状 SAPO-34 分子筛的合成晶相调控区，$x$ 表示合成前驱体中添加剂的相对量)

# 6.3　S-MTO 快速流化床催化剂

MTO 反应采用的是连续反应-再生流化床反应系统，催化剂易于随反应气流流失跑损，造成催化剂消耗，并对后系统形成堵塞。提高流化床 MTO 催化剂耐磨性至为关键。通过催化剂制备技术的创新，创制了具备高耐磨性能、良好流动性能的 S-MTO 流化床催化剂。S-MTO 催化剂的休止角为 35°，球形度和流动性能优异，磨损指数低于 1.0%，催化剂消耗低。

将放大合成的 SAPO-34 分子筛采用喷雾成型方法制备催化剂颗粒的 SEM 照片如图 6.9 所示，放大制备的分子筛、喷雾成型的催化剂均与实验室的小试结果相类似。将优化并放大制备的催化剂在固定流化床反应装置上进行了评价，性能优异，结果见表 6.2。

从表 6.2 可以看出，用放大合成的薄片状制备的 S-MTO 流化床分子筛催化剂具有较高的 MTO 催化性能，甲醇转化率大于 99.9%，双烯(乙烯+丙烯)碳基选择性最高可达 85%。

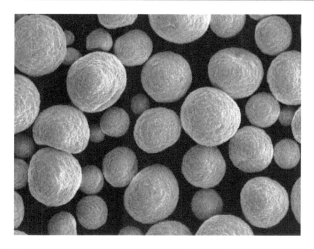

图 6.9　SAPO-34 分子筛喷雾成型催化剂颗粒的 SEM 照片

表 6.2　MTO 催化剂的固定流化床评价分析结果*

| 取样时间 (min) | CH₄% | C₂H₄% | C₂H₆% | C₃H₆% | C₃H₈% | DME% | CH₃OH% | C₄% | C₅+% | C₂+C₃% |
|---|---|---|---|---|---|---|---|---|---|---|
| 18 | 2.03 | 48.43 | 1.05 | 32.57 | 1.22 | 3.11 | 0.005 | 8.57 | 3.02 | 81.00 |
| 25 | 2.07 | 54.80 | 1.48 | 30.63 | 1.29 | 0.99 | 0.005 | 6.04 | 2.69 | 85.43 |
| 30 | 2.69 | 55.91 | 1.31 | 29.42 | 0.96 | 2.17 | 0.005 | 5.19 | 2.36 | 85.33 |

注：*反应评价条件：固定床流化床反应器，装载 40 g 催化剂，甲醇预热温度为 300 ℃，反应温度为 500 ℃，常压，空速 WHSV 为 4 h⁻¹。

## 6.4　MTO 分子筛催化剂积碳形成过程研究

烃池机理认为在甲醇转化过程中，首先要生成一个大分子或活性中间体，然后该活性中间体通过与甲醇的甲基化和脱烷基等反应，生成乙烯、丙烯、丁烯、低碳烷烃等产物，同时随着反应的进行，该活性中间体分子逐渐增大或活性特征减弱，堵塞在 SAPO-34 分子筛孔道内，形成积碳，这可以称之为"活性积碳"，而最终形成的积碳可以称之为"惰性积碳"。实验发现，在反应初始阶段，即积碳量较低时，甲醇转化率反而稍低，随着积碳量的增加，甲醇转化率升高，然后下降。甲醇转化率的升高过程就是活性中间体的形成过程。同时，研究还发现，在反应初始阶段，积碳的生成速率很快，而且随着反应温度的升高而增大，说明活性中间体的形成速率很快，在此过程中形成的催化剂积碳快速堵塞微孔及催化剂内部孔道，反应几分钟后微孔已基本没有了贡献，堵塞速率相当快。而当微孔和催化剂内部孔道堵塞后，部分中孔也开始发生堵塞，但堵塞速率缓慢，而且形成的活性中间体要参与与甲醇的甲基化和脱烷基反应，生成小分子烃类，所以催化剂积碳量的增长速率趋于平缓。

图 6.10 是对失活 SAPO-34 分子筛孔内堵塞物质的分析结果。从中可以看出，在初始的反应时间内（如 5 min），堵塞物种主要是多甲基苯，其中以四甲基苯居多，随着反应时间的延长，二甲基苯、三甲基苯比重增加，四甲基苯在 15 min 左右达到最高值，此时主要为"活性积碳"。反应时间再延长，多甲基多环芳烃的量明显增大，堵塞物分子增大，H/C 比降低，甲基数量减少，这些多甲基多环芳烃主要为"惰性积碳"。苯环数量的增加，降低了活性中间体的活性，但增加了其带来的择形效果，特别是附着在孔口的活性中间体，使得高碳烃不易扩散出去，提高了乙烯、丙烯的选择性，但同时限制了甲醇或 DME 的向内扩散，使甲醇或 DME 转化为低碳烯烃的概率减少，造成产物中 DME 增多，当然，产物中 DME 的增多也有催化剂活性中心因为积碳生成而酸性降低的原因。

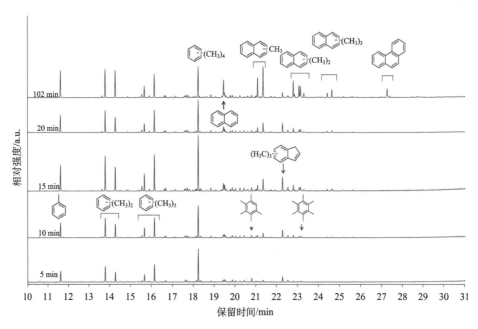

图 6.10　失活 SAPO-34 分子筛孔内堵塞物质的分析结果

总的来说，MTO 反应的积碳是堵塞在分子筛孔道内的大分子化合物，孔内初始形成的活性中间体是"积碳前身物"，积碳堵塞分子筛孔道，具有择形的作用，有利于小分子烃类的生成。当活性中间体分子不断增大、活性下降后，成为"惰性积碳"，需要再生后方能恢复分子筛的活性。

## 6.5　S-MTO 快速流化床反应器

甲醇制烯烃属于强放热反应，反应温度高、反应速率快，所采用的 SAPO-34 催化剂具有失活速率快的特点，这时需要考虑提高线速、缩短接触时间，反应器可以选择提升管反应器、湍动(或密相)流化床、快速流化床等。

由于提升管反应器有着单位设备容积生产能力大、气固两相接触效率高、无返混、气固相间传热及传质速率快、热量移入移出能力强等诸多优点，作者前期对提升管反应器进行了研究[37]，研究结果显示：若要提高转化率、降低反应器床层温升，必须提高反应器床层中的固相分率和催化剂循环量；但是，由于甲醇原料分子量小，若要增加装置的生产能力，则要求提升管直径非常大，而现有提升管工业规模的尺寸无法满足该要求，这样则必须设计多个提升管反应器等复杂操作方式，因此就必须采取增大反应器高度、顶部设计一个相当大的沉降器和布满旋风分离器等措施。

为解决上述反应器放大设计问题，作者研究采用了具有循环反应-再生功能的快速流化床作为 S-MTO 工艺的反应器(图 6.11)。其反应系统采用快速流化床反应器，并分为快速流态化和缩径流态化两个反应区[38]，使得快速床催化剂径向分布均匀、增加快速催化剂通量、降低快速床进出口温差(流化床反应器内温升<5℃)，并使反应效率得以提高。快速流化床反应工艺与湍动流化床工艺相比，时空收率可提高 2 倍以上，反应器直径可减少三分之一。

在再生系统上，首次采用 "前置烧焦罐+密相区" 顺流两段再生技术(图 6.11)，催化剂循环推动力大，催化剂积碳量变化量小，易于控制。

在此连续反应-再生的循环流化床反应系统中，催化剂在反应器和再生器之间连续流动，而反应区内积碳的所需量是需要靠待生剂和再生剂按照一定的比例调配。快速床反应区底部的催化剂入口至少有三个，一个为循环斜管，用于流送待生剂；另一个是反应器外取热器下斜管，用于流送温度较低的待生剂；还有一个是再生斜管，用于流送活性恢复的再生剂。

在实际的生产运行过程中，工艺过程中的催化剂循环量、再生条件等参数调控非常重要，因为分子筛催化剂上准确的积碳控制，是保证催化剂上达到高的甲醇转化率和高的低碳烯烃选择性的关键。

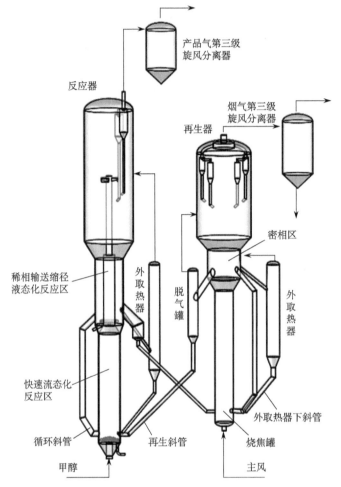

图 6.11　高效 S-MTO 快速流化床反应-再生单元流程示意图[38]

# 6.6　S-MTO 催化技术开发过程与工业应用

中国石化上海石油化工研究院从 2000 年开始进行 S-MTO 技术的研究和开发工作，经历了从反应机理到先进催化材料、高性能 MTO 催化材料的突破，以及从反应动力学研究到工程研究和工业应用等几个阶段实践。

研究人员从反应机理研究入手，设计并合成出了片状形貌的 SAPO-34 分子筛，并成功进行了规模放大制备[37-40]。随后，进行了流化床催化剂喷雾成型研究，制备出的流化床催化剂分别在固定流化床、小型循环流化床热模装置上进行了流动性能、催化反应性能及反应工艺的研究[41,42]。同时系统进行了 MTO 热力学、反应动力学、催化剂积碳动力学等反应工程研究。

为进一步验证和完善 S-MTO 技术，中国石化上海石油化工研究院与中国石化工程建设公司(SEI)、中国石化北京燕山分公司合作建设了 3.6 万 t/a 甲醇制烯烃(S-MTO)装置，并于 2007 年 11 月完成建设并投料开车一次成功，取得 S-MTO 技术的重要突破。

在以上基础之上，中原石化有限公司建设了 60 万 t/a 甲醇制烯烃示范装置，它是中国首套反应与分离系统均采用自主知识产权技术建设并运行的甲醇制烯烃成套技术(S-MTO 技术)[43]。该示范装置于 2011 年 10 月 9 日正式投产成功，并生产出合格的聚合级乙烯产品。

随后，2016 年，世界最大规模的 360 万 t/a S-MTO 工业装置在中天合创能源有限责任公司(以下简称“中天合创”)建成并投产[44]；2019 年，中安联合煤化有限责任公司(以下简称“中安联合”)建成了 170 万 t/a S-MTO 装置并投产[45]。这些成功的工业应用表明了中国石化 S-MTO 全流程技术已逐步走向成熟并迈向了新台阶。

## 6.7　MTO 与 OCC 组合工艺

通常的甲醇制烯烃(MTO)过程中的单程产物中含有 5%～10%的 $C_4$、$C_5$ 副产组分。为了将低附加值的 $C_4$、$C_5$ 烯烃转化为高附加值的乙烯、丙烯产品，中国石化上海石油化工研究院设计开发了将碳四烯烃催化裂解(OCC)制丙烯工艺与甲醇制烯烃(MTO)工艺进行组合的新工艺技术[46]，并在中原石化的 S-MTO 装置中率先实现工业应用[47]。其中，6 万 t/a 的 $C_4$ 烯烃催化裂解制丙烯装置生产的粗丙烯输送到 60 万 t/a 的煤制烯烃装置，实现了 OCC 与 MTO 两项技术从原料到产品的完全耦合。两个工艺过程的组合可有效利用 $C_4$+副产组分，并增加约 7%的乙烯、丙烯产物的产量。在中天合创的 360 万 t/a S-MTO 工业装置和中安联合的 170 万 t/a S-MTO 工业装置中均采用了 S-MTO 与 OCC 组合的工艺技术。

总的说来，S-MTO 技术包括了催化材料创新与工艺创新，解决了从实验室到大型化的高效反应与分离关键科学与工程技术问题等。其中主要包括创制了纳米片晶多级孔 SAPO-34 分子筛，开发了高效流化床 MTO 催化剂，开发了 MTO 大型快速流化床反应器及反应-再生技术等，另外还首创了前脱乙烷-碳四烃吸收的高效分离新工艺，可使烯烃回收率达到 99.98%以上。

# 参 考 文 献

[1] 刘中民, 魏迎旭, 李金哲, 等. 分子筛催化的重要工业应用进展及 DMTO 技术//于吉红, 闫文付, 纳米孔材料化学——催化及功能化[M]. 第 1 章. 北京: 科学出版社, 2013: 21-30.

[2] Wang C M, Wang Y D, Xie Z K, et al. Methanol to olefin conversion on HSAPO-34 zeolite from periodic density functional theory calculations: a complete cycle of side chain hydrocarbon pool mechanism [J]. J Phys Chem C, 2009, 113(11): 4584-4591.

[3] Chang C D, Silvestri A J. The conversion of methanol and other O-compounds to hydrocarbons over zeolite catalysts[J]. J Catal, 1977, 47(2): 249-259.

[4] Olsbye U, Svelle S, Bjorgen M. Conversion of methanol to hydrocarbons: How Zeolite cavity and pore size controls product selectivity[J]. Angew Chem Int Ed, 2012, 51(24): 5810-5831.

[5] Teketel S, Skistad W, Benard S. Shape selectivity in the conversion of methanol to hydrocarbons: The catalytic performance of one-dimensional 10-Ring zeolites: ZSM-22, ZSM-23, ZSM-48, and EU-1[J]. ACS Catal, 2012, 2(1): 26-37.

[6] Dai W, Wang X, Wu G. Methanol-to-olefin conversion on silicoaluminophosphate catalysts: Effect of brønsted acid sites and framework structures[J]. ACS Catal, 2011, 1(4): 292-299.

[7] Barbera K, Bonino F, Bordiga S, et al. Structure-deactivation relationship for ZSM-5 catalysts governed by framework defects[J]. J Catal, 2011, 280(2): 196-205.

[8] Min H K, Park M B, Hong S B. Methanol-to-olefin conversion over H-MCM-22 and H-ITQ-2 zeolites[J]. J Catal, 2010, 271(2): 186-194.

[9] Kim J, Choi M, Ryoo R. Effect of mesoporosity against the deactivation of MFI zeolite catalyst during the methanol-to-hydrocarbon conversion process[J]. J Catal, 2010, 269(1): 219-228.

[10] Mores D, Stavitski E, Kox M H F, et al. Space- and time-resolved in-situ spectroscopy on the coke formation in molecular sieves: Methanol-to-olefin conversion over H-ZSM-5 and H-SAPO-34[J]. Chem Eur J, 2008, 14(36): 11320-11327.

[11] Zhu Q, Kondo J N, Tatsumi T. A comparative study of methanol to olefin over CHA and MTF zeolites[J]. J Phys Chem C, 2007, 111(14): 5409-5415.

[12] Bjorgen M, Akyalcin S, Olsbye U. Methanol to hydrocarbons over large cavity zeolites: Toward a unified description of catalyst deactivation and the reaction mechanism[J]. J Catal, 2010, 275(1): 170-180.

[13] Hereijgers B P C, Bleken F, Nilsen M H. Product shape selectivity dominates the methanol-to-olefins(MTO) reaction over H-SAPO-34 catalysts[J]. J Catal, 2009, 264(1): 77-87.

[14] Teketel S, Olsbye U, Lillerud K P. Selectivity control through fundamental mechanistic insight in the conversion of methanol to hydrocarbons over zeolites[J]. Micropor Mesopor Mater, 2010, 136(1-3): 33-41.

[15] Nørskov J K, Bligaard T, Rossmeisl J, et al. Towards the computational design of solid catalysts[J]. Nat Chem, 2009, 1: 37-46.

[16] Nørskov J K, Abild-Pedersen F, Studt F, et al. Density functional theory in surface chemistry and catalysis[J].Nat Acad Sci, 2011, 108: 937-943.

[17] Xu X, He G, Wei N N, et al. Selective insertion in copolymerization of ethylene and styrene catalyzed by half-titanocene system bearing ketimide ligand: A theoretical study [J]. Chin J Chem, 2017, 35: 1731-1738.

[18] Wang C M, Wang Y D, Xie Z K. Understanding zeolite catalyzed methanol-to-olefins (MTO) conversion from theoretical calculations [J]. Chin J Chem, 2018, 36(5): 381-386.

[19] Haw J F, Song W G, Marcus D M. The mechanism of methanol to hydrocarbon catalysis[J]. Acc Chem Res, 2003, 36(5): 317-326.

[20] Dahl I M, Kolboe S. On the reaction mechanism for hydrocarbon formation from methanol over SAPO-34: Ⅰ. Isotopic labeling studies of the co-reaction of ethene and methanol [J]. J Catal, 1994, 149(2): 458-464.

[21] Dahl I M, Kolboe S. On the reaction mechanism for hydrocarbon formation from methanol over SAPO-34: Ⅱ. Isotopic labeling studies of the co-reaction of propene and methanol [J]. J Catal, 1996, 161(1): 304-309.

[22] Song W G, Haw J F, Nicholas J B, et al. Methylbenzenes are the organic reaction centers for methanol-to-olefin catalysis on HSAPO-34[J]. J Am Chem Soc, 2000, 122(43): 10726-10727.

[23] Arstad B, Kolboe S. The reactivity of molecules trapped within the SAPO-34 cavities in the methanol-to- hydrocarbons reaction [J]. J Am Chem Soc, 2001, 123(33): 8137-8138.

[24] Van Speybroeck V, De Wispelaere K, Van der Mynsbrugge J, et al. First principle chemical kinetics in zeolites: The methanol-to-olefin process as a case study[J]. Chem Soc Rev, 2014, 43(21): 7326-7357.

[25] Hemelsoet K, Van der Mynsbrugge J, De Wispelaere K, et al. Unraveling the reaction mechanisms governing methanol-to-olefins catalysis by theory and experiment[J].ChemPhys Chem, 2013, 14(8): 1526-1545.

[26] Wang C M, Wang Y D, Liu H X, et al. Aromatic-based hydrocarbon pool mechanism for methanol-to-olefins conversion in H-SAPO-18: A van der Waals density functional study[J]. Chin J Catal, 2015, 36: 1573-1579.

[27] Wang C M, Wang Y D, Lie H X, et al. Catalytic activity and selectivity of methylbenzenes in HSAPO-34 catalyst for the methanol-to-olefins conversion from first principles[J]. J Catal, 2010, 271: 386-391.

[28] Wang C M, Wang Y D, Du Y J, et al. Similarities and differences between aromaticbased and olefin-based cycles in H-SAPO-34 and H-SSZ-13 for methanol-to-olefins conversion: Insights from energetic span model[J]. Catal Sci Tech, 2015, 5: 4354-4364.

[29] Kozuch S, Shaik S. How to conceptualize catalytic cycles? The energetic span model[J]. Acc Chem Res, 2010, 44: 101-110.

[30] Wang C M, Wang Y D, Liu H X, et al. Theoretical insight into the minor role of paring mechanism in the methanol-to-olefins conversion within HSAPO-34 catalyst[J]. Micropor

Mesopor Mater, 2012, 158: 264-271.

[31] Wang C M, Wang Y D, Du Y J, et al. Computational insights into the reaction mechanism of methanol-to-olefins conversion in H-ZSM-5: Nature of hydrocarbon pool [J]. Catal Sci Tech, 2016, 6, 3279-3288.

[32] Wang C M, Wang Y D, Xie Z K. Insights into the reaction mechanism of methanol-to-olefins conversion in HSAPO-34 from first principles: Are olefins themselves the dominating hydrocarbon pool species?[J]. J Catal, 2013, 301, 8-19.

[33] Dai W L, Wang C M, Dyballa M, et al. Understanding the early stages of the methanol-to-olefin conversion on H-SAPO-34[J]. ACS Catal, 2015, 5 (1) : 317-326.

[34] Dai W L, Wang C M, Yi X F, et al. Identification of tert-butyl cations in zeolite H-ZSM-5: Evidence from NMR spectroscopy and DFT calculations [J].Angew Chem Int Ed, 2015, 54: 8783-8786.

[35] Yang H Q, Liu Z C, Gao H X, et al. Synthesis and catalytic performances of hierarchical SAPO-34 monolith [J]. J Mater Chem, 2010, 20: 3227.

[36] Sun Q M, Xie Z K, Yu J H. The state-of-the-art synthetic strategies for SAPO-34 zeolite catalysts in methanol-to-olefin conversion[J]. Natl Sci Rev, 2018, 5 (4) : 542-558.

[37] 谢在库等. 低碳烯烃催化技术基础[M]. 北京: 中国石化出版社, 2013.

[38] 王仰东, 谢在库, 齐国祯, 等. 反应-再生装置及其用途: CN, 201710766917.6[P]. 2019-03-05.

[39] 陈庆龄,谢在库,刘红星,等. 硅磷铝分子筛的制备方法: CN, 02112443.4 [P]. 2004-12-19.

[40] 刘红星, 谢在库, 张成芳, 等. 用 TEAOH-$C_4H_9NO$ 复合模板剂合成 SAPO-34 分子筛的研究 I.SAPO-34 分子筛的合成与表征. 催化学报 (Liu H X, Xie Z K, Zhang C F, Chen Q L. Chin J Catal) [J]. 2004, 25: 702-706.

[41] 谢在库,齐国祯,张惠明, 等. 甲醇或二甲醚转化为低碳烯烃的方法: CN, 200810043487.6[P]. 2012-06-27.

[42] Xie Z K, Qi G Z, Yang W M, et al. Process for increasing ethylene and/or propylene yield during conversion of oxygenates : US, 12669373 [P].2012-11-06.

[43] 中石化甲醇制烯烃 S-MTO 步入产业化[J].乙烯工业, 2011, 23 (2) : 6.

[44]中天合创MTO装置一次开车成功 世界最大煤制烯烃项目全面投入商业运行[J]. 乙烯工业, 2017, 29 (3) :11.

[45] 中安联合煤化工 170 万 t 煤制烯烃项目顺利打通全流程[J]. 煤化工, 2019, 4:54.

[46] 齐国祯, 钟思青, 杨远飞. 甲醇制烯烃工艺中提高低碳烯烃收率的方法: 中国专利, 201010116393[P]. 2011-09-21.

[47] 中原石化实现 OCC 与 MTO 技术耦合[J].石油化工技术与经济, 2014, 3:31.

# 第7章　扩散功能强化的芳烃择形分子筛催化材料

在分子筛催化反应过程中，当反应物或产物分子，抑或中间体过渡态分子尺寸与分子筛的微孔孔道尺寸相当时，会显示出明显的选择性效应，即择形催化效应。择形催化性能是沸石类催化材料与众不同的最重要特性。分子筛催化中"择形催化"的概念最早由美国 Mobil 公司的 Weisz 等提出[1]。

早期人工合成的沸石不是八元环就是十二元环，八元环太小，而十二元环太大，对于大部分化学物质并无择形优势。而有择形功能的 A 型分子筛、菱沸石、毛沸石等， 因其硅铝比低，不易改性为具有质子酸和热稳定性好的分子筛，并且它们的孔道只允许正构烷烃的进入，因而限制了其用途。20 世纪 60 年代初，人们发现有机正离子作为模板剂可用于分子筛的合成，直到 70 年代 Mobil 公司合成出了十元环的高硅 ZSM-5 分子筛，沸石分子筛的择形催化才表现出特有的优势，择形催化的研究才进入高潮[2]。ZSM-5 分子筛中十元环尺寸(约 0.5～0.6 nm)刚好与苯环(0.6 nm)匹配，因此"择形"时对苯环上基团的取代位置非常敏感，对位取代往往比邻位或间位取代的芳烃更容易从孔道中扩散出来。并且，分子筛孔径或者扩散分子直径的微小变化都会导致扩散行为的显著改变。这种基于形状差异实现催化反应高度选择性的特点，其实际意义在于实现复杂反应体系中特定反应路径的选择催化，增加目标产物，抑制或减少副反应的发生，因此开辟了分子工程设计的新途径[3]。

分子筛中的择形催化依据形状控制步骤的差异，一般分为反应物择形、产物择形、反应过渡态择形和扩散差异择形等几种不同的方式。分子筛催化剂上的甲苯择形歧化反应[4]和甲苯甲醇择形甲基化反应[5]是其中产物择形催化的典型过程。

作者在本章中围绕甲苯择形歧化和甲苯择形甲基化制取对二甲苯(PX)技术，探讨了分子筛择形催化材料在扩散功能强化方面的制备与调控。通过设计与精细调控分子筛孔道和表面，使反应生成的对二甲苯产物快速扩散出分子筛孔道，而邻二甲苯(OX)和间二甲苯(MX)等副产物由于空间位阻而难以扩散出来，从而实现高效择形催化。

# 7.1　小晶粒分子筛的甲苯择形催化歧化

对二甲苯(PX)是重要的基本有机化工原料[6]。工业中 PX 的主要生产路线是甲苯歧化与烷基转移[6,7]，该路线是以石油化工过程中具有成本优势的甲苯或 C9 以上多甲基芳烃为原料，以分子筛为催化剂[8-10]，在苯环上实现甲基的活化和转移并形成目标产物 PX[11,12]。

甲苯歧化工艺分为两类，一类是传统的甲苯歧化工艺，它是一个非选择性的歧化过程，歧化生成的二甲苯符合热力学平衡分布。在传统芳烃联合装置中，甲苯通过歧化反应、二甲苯分馏、二甲苯异构化反应和对二甲苯分离等过程得到对二甲苯。

另一类是甲苯择形歧化工艺，它以纯甲苯为原料经甲苯择形歧化反应得到苯和高对二甲苯浓度的混二甲苯(90%以上)。作者所在团队开展了甲苯择形歧化催化剂及工业技术应用的研究[13-15]。

甲苯择形歧化生成 PX 的过程，受酸催化反应与扩散控制的共同作用。如图 7.1 所示，进入 ZSM-5 孔道内的甲苯分子在酸性中心上发生歧化反应，生成苯和热力学平衡的混合二甲苯；在分子筛孔道的筛分作用下，苯和 PX 优先从沸石孔道中扩散逸出，而间二甲苯和邻二甲苯被限制在分子筛孔道内，经异构化反应继续转化生成PX。甲苯择形歧化分子筛催化剂往往需要对分子筛晶粒进行改性处理，以对外表面酸性活性中心钝化(如图 7.1)，这是因为反应扩散出孔道的 PX 分子，若遇到其他分子筛晶粒外表面的酸性中心，易发生二次异构化反应，生成混合二甲苯产物。实际上，PX 的异构化反应的活化能比甲苯歧化反应的活化能低得多，因此，异构化反应极易发生，这也就是为什么未经改性的分子筛催化反应大多数生成混合二甲苯的原因。因此，若要高选择性地获得 PX 产物，必须有效抑制分子筛晶粒外表面的异构化反应。

总而言之，研发高 PX 选择性、高活性、低裂解的甲苯择形歧化催化剂，需解决以下问题：

(1)优化择形歧化反应的扩散控制，甲苯快速到达沸石活性中心，PX 快速扩散出反应体系，解决催化剂性能中活性和选择性的矛盾，增加对二甲苯收率。

(2)对分子筛晶粒外表面进行改性处理，将分子筛晶粒外表面的酸性活性位近乎全部钝化，避免异构化反应的发生，提高 PX 的选择性。

(3)抑制分子筛催化剂上二甲苯或甲苯的裂解副反应,提高产品中 PX 的收率。

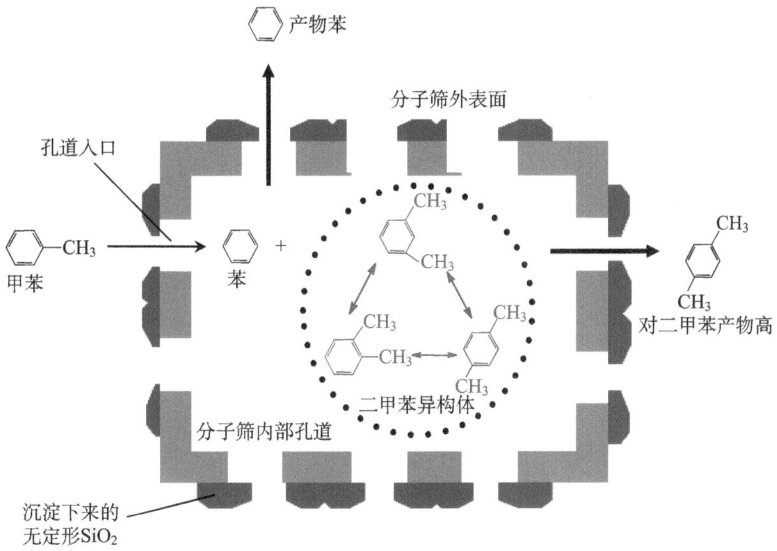

图 7.1  甲苯择形催化剂孔结构及表面酸性调变示意图[16]

为了提高分子筛催化剂的 PX 选择性,传统的认识是采用大晶粒的分子筛,它的分子扩散路径长,有利于 PX 的扩散,提高其选择性。但是,若分子筛孔道内扩散路径长,反应物和产物分子在催化剂孔道内停留时间过长,则会发生芳烃侧链烷基的裂解二次副反应,产物中生成苯的比例就会提高,即 B/X 比(benzene/xylene)增加,从而降低 PX 收率。

作者的研究结果也证实了这一观点:如表 7.1 所示,分子筛晶粒越大,催化剂的 B/X 比越高,其甲苯转化率也较低;反之,分子筛晶粒越小,催化剂的 B/X 比越低,转化率较高,二甲苯收率也越高[14]。

因此,要制备高二甲苯收率的催化剂,作者选择孔道路径短而通畅的小晶粒的分子筛用于甲苯择形歧化。

表 7.1  不同晶粒大小分子筛的甲苯择形歧化催化性能对比

| 分子筛晶粒大小(μm) | 甲苯转化率 | B/X 比 |
| --- | --- | --- |
| 0.6 | 30 | 1.38 |
| 1.5 | 26 | 1.65 |
| 4.0 | 22 | 1.80 |

采用小晶粒分子筛作为择形催化剂活性基体，改性难度比较大[17,18]。首先，传统改性修饰方法无法实现外表面酸性位的均匀覆盖；其次，在化学液相沉积过程中，硅油改性剂会分解产生一些小分子有机硅化合物，导致沸石孔口堵塞，或进入孔道内覆盖有效活性位；另外，使用小晶粒分子筛后，对分子筛的亚纳米尺度的晶体孔口进行调变的难度进一步增加。

为此，作者开发了初步修饰与定向修饰(图 7.2)等多次改性修饰关键方法，还包括构建良好的梯度结构的复合孔道体系催化剂，以便于有机高分子硅油改性剂在晶间扩散通畅，保证改性剂能有效扩散到分子筛晶粒表面。同时，该复合孔道体系有助于分子筛晶粒尽可能多地暴露在纳米孔的孔壁上，形成良好的反应分子进出活性中心所需的扩散通道体系，提高了催化剂的表观催化活性和产物选择性[19-21]。

通过多次改性，包括初步修饰、定向修饰及孔口精细调变，改性后的催化剂的 PX 选择性超过 90%，实现了甲苯择性选择催化[22]。关于化学修饰对择形催化性能的影响的系统研究可参见作者相关论著[4]。

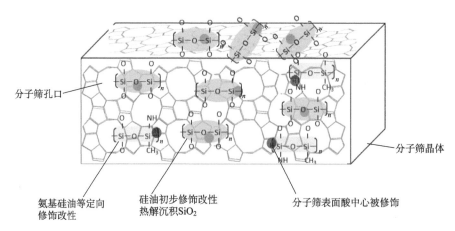

图 7.2　分子筛晶体外表面酸中心通过初步修饰和定向修饰改性示意图[16]

工业催化剂分别应用于天津石化 12.5 万 t/a、扬子石化 67 万 t/a 芳烃联合装置选择歧化单元，应用结果表明：催化活性高，反应温度低，综合性能优异[23]。

值得一提的是，其他技术催化剂均需在 PX 生产装置上进行原位改性，而本发明技术的催化剂无须在芳烃装置上进行原位改性。可见，本发明技术在装置开车过程中具有过程控制简单可靠、催化剂性能稳定、调整时间短等优势。

## 7.2 甲苯择形甲基化的分子筛催化剂调控

甲苯与甲醇烷基化工艺是以甲苯和非石油产品的甲醇为原料,烷基化生产 PX 的技术。该技术有望实现煤化工与石油化工结合或煤化工路线增产二甲苯,因此近年来引起国内外化工企业的广泛关注。

根据甲苯甲基化产物二甲苯中的对二甲苯选择性,甲苯甲基化技术可分为平衡型甲苯甲基化技术(甲苯甲醇甲基化制二甲苯,MTX)和选择性甲苯甲基化技术(甲苯甲醇择形烷基化制对二甲苯,MTPX)。经过多年的探索研究[24,25],2012 年 12 月中国石化上海石油化工研究院、扬子石化和中石化洛阳工程公司共同完成的全球首套 20 万 t/a 平衡型甲苯甲基化工业装置在扬子石化成功运行[26,27]。

选择性甲苯甲基化技术(MTPX)尚处于开发阶段[28,29]。与传统的甲苯选择性歧化制 PX 工艺相比,甲苯甲醇烷基化制 PX 技术最大的优势是以甲苯和甲醇为原料,且甲苯甲醇烷基化生成对二甲苯的反应中甲苯利用率更高。

### 7.2.1 甲苯择形甲基化反应机理及催化剂调控的关键

甲苯甲醇甲基化作为弗里德-克拉夫茨反应(Friedel-Crafts reaction)的模型反应,其反应机理已经被广泛研究。目前的研究结果认为,甲苯甲醇烷基化的主反应是按正碳离子机理进行的苯环亲电取代反应,甲醇在催化剂的 Brønsted 酸位被活化形成甲氧基离子或表面甲氧基[30,31],甲氧基离子进攻弱吸附的甲苯,由于苯环上甲基的诱导作用,主要生成对二甲苯和邻二甲苯,较少生成间二甲苯,同时会生成一分子的水(图 7.3)。甲基的存在降低了苯环被活化时需要克服的能垒。理论计算结果表明[31]:在没有空间位阻时,生成二甲苯所需要的活化能从小到大顺序是邻位<对位<间位;如果考虑空间位阻,顺序变为对位<邻位<间位。因此 PX 在分子筛孔道中的生成具有动力学上的优势。然而,生成的二甲苯扩散离开分子筛时,在外表面的酸中心作用下迅速异构化为热力学平衡的混合二甲苯,从而影响 PX 的选择性。因此若要实现高活性、高选择性的甲苯甲基化催化,需要对催化剂进行孔道精细化管理和表面改性处理[32,33],以抑制二甲苯的异构化反应[34]。然而,常规的表面改性的方法往往会使部分孔道堵塞从而使催化活性下降[35,36],因此,通过在原分子筛晶粒上外延生长纯硅或高硅分子筛壳层,可实现分子筛高效表面改性和芳烃择形催化选择性的提高[37,38]。

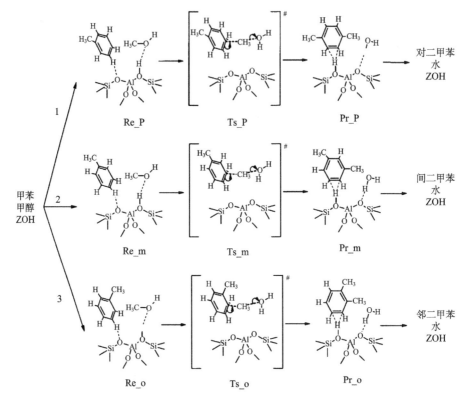

图 7.3　分子筛催化剂上甲苯与甲醇烷基化反应机理

(引自文献[31]，版权 2001，经 American Chemical Society 授权)

甲苯甲醇烷基化催化反应过程还有两类副反应：一类以甲苯为中心，主要生成间二甲苯、邻二甲苯及 $C_9$ 重芳烃；另一类以甲醇为中心，主要生成乙烯、丙烯及部分 $C_1 \sim C_5$ 烷烃。甲苯甲醇烷基化反应采用分子筛作催化剂，反应过程中的积碳结焦是导致催化剂失活的主要因素，反应过程中生成的水在高温下也会对分子筛的结构稳定性带来挑战。

### 7.2.2　分子筛的多级孔扩散强化与催化反应效率的提高

目前，甲苯甲醇甲基化催化剂研究开发的关键科学问题之一是如何实现高催化选择性的同时提高催化剂的催化效率，这就需要研究扩散、催化效率和催化选择性之间的关系。作者围绕该问题开展了深入研究[39]。

甲基化反应网络比较复杂，副反应较多，包括 PX 的异构化、甲醇制烃（MTH）反应以及二甲苯的深度甲基化等（图 7.4），其中以异构化和 MTH 反应的影响最大[40,41]。PX 异构化反应会导致 PX 的选择性下降，而 MTH 反应则会造成甲醇大量转化为低价值的轻烃[42]。甲醇大量转化为低价值的轻烃而非参与甲基化反应会显著降低工艺的技术经济性。同时，MTH 反应很容易在分子筛孔道里产生积碳或结焦，导致催化剂的失活[43]。轻烃来源于分子筛孔道中的烃池反应，烃池中多甲基苯等物种在分子筛孔道中的长时间停留会加剧脱烷基化，生成大量轻烃，造成甲基利用率降低。有研究发现，减小分子筛粒径或者构筑多级复合孔结构可以提高甲基化效率[44]，但是 PX 选择性反而会降低，因为小粒径或者多级复合孔分子筛的外表面所暴露的酸性活性位更多，从而带来 PX 异构化反应的加剧[45,46]。PX 选择性和甲基化效率就像跷跷板的两端，此消彼长。因此，如何同时兼具高甲基化效率和高 PX 选择性成为高性能甲基化催化剂开发中面临的主要挑战。

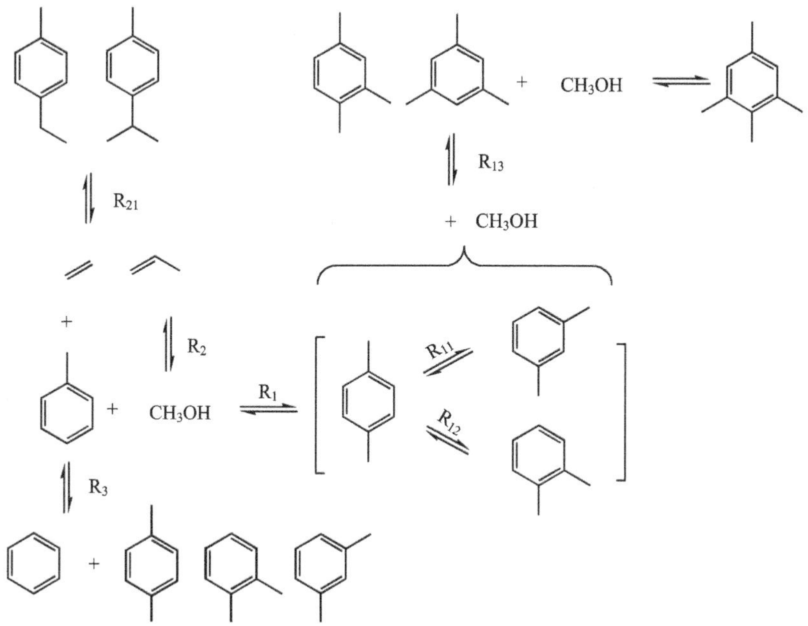

图 7.4　甲苯甲醇甲基化反应网络体系简图[5]（图中全部省略了生成的水分子）

R$_1$: 甲苯对位甲基化；　R$_2$: 甲醇制烃；　R$_{21}$: 甲苯与烯烃烷基化；　R$_3$: 甲苯歧化；
R$_{11}$ 和 R$_{12}$: 对二甲苯异构化；　R$_{13}$: 二甲苯的深度烷基化

　　作者将复杂的甲苯与甲醇烷基化反应的网络简化为甲苯甲基化反应、对二甲苯异构化反应、MTH 反应三种参与的竞争性反应，并采用反应动力学分析方法（泰勒模数方法）研究了以上三种反应在分子筛扩散效率上的差异[39]。图 7.5 是根据实验数据、通过反应动力学模拟得到的在 ZSM-5 分子筛上甲基化、异构化和 MTH 三种反应的泰勒模数和效率因子，可以看到，三者的效率因子从大到小依次是：MTH 反应＞甲基化＞异构化［图 7.5（b）］，其中甲基化和 MTH 反应的效率因子远远大于异构化，这说明异构化受到扩散限制的制约非常明显。甲基化反应的扩散阻力大于 MTH 反应，而明显小于异构化反应，因此 MTH 反应比甲基化反应的效率因子更高，这是造成甲基化反应效率低的重要原因。

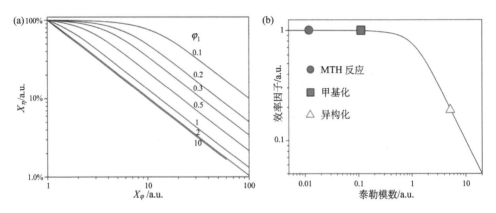

图 7.5　　基于泰勒模数方法推算甲基化反应中主副反应的反应扩散差异

(引自文献[39]，版权 2017，经 American Chemical Society 授权)

随后，作者采用该反应动力学分析方法，考察了多级孔结构（或称为介孔化）引入和 MgO 表面改性对分子筛催化剂的甲醇利用效率与 PX 选择性影响的规律[39]。研究结果表明，如图 7.6，多级孔结构使主副反应的效率因子均有提升，而采用氧化镁对常规分子筛进行表面改性后，三者的效率因子均有下降，其中以异构化的下降幅度最为明显。基于此，作者考察了介孔化+MgO 表面改性的组合策略，发现经过合适的调变，能够实现在异构化和 MTH 反应效率因子明显下降的基础上，保持高的甲基化反应效率因子。

介孔化和表面改性对择形甲基化反应中甲醇利用效率与 PX 选择性影响的演变规律如图 7.7 所示。未改性和未介孔化处理的 ZSM-5 分子筛甲醇利用效率和 PX 选择性均较低；先适度介孔化形成多级孔分子筛后，PX 选择性有所下降，但是甲醇利用率却大幅度提升；随后，作者对经过介孔化处理后的多级孔分子筛进行表面改性，发现可以使 PX 选择性大幅度提升，甲醇利用效率也出现一定程度的下降。但是综合来看，介孔化处理中甲醇利用效率上升的幅度远大于 PX 选择性下降的幅度，而合适的表面改性则使 PX 提升的幅度又远大于甲醇利用率下降的

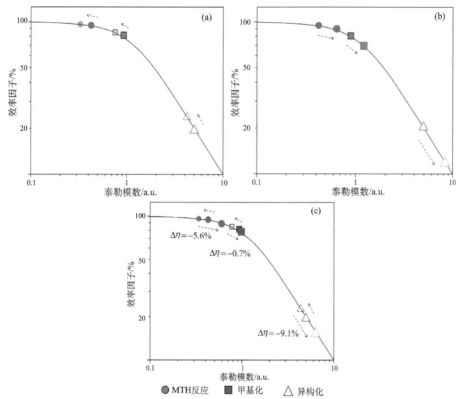

图 7.6　不同分子筛上甲基化、异构化和 MTH 反应的扩散与效率因子变化情况

（a）：多级孔分子筛；（b）：MgO 表面改性；（c）：多级孔分子筛+MgO 表面改性

（引自文献[39]，版权 2017，经 American Chemical Society 授权）

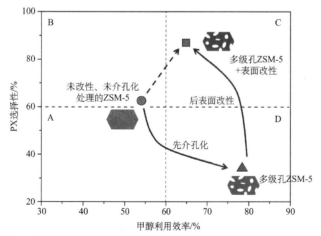

图 7.7　分子筛孔结构和表面改性对择形甲基化反应中甲醇利用效率

与 PX 选择性影响的演变规律

（引自文献[39]，版权 2017，经 American Chemical Society 授权）

幅度，因此与常规 ZSM-5 分子筛相比，组合策略达到的最终效果是 PX 选择性和甲醇利用效率均明显提升，说明这种组合工艺能实现高 PX 选择性和高甲醇利用效率的兼顾。

　　综上所述，甲基化反应对扩散影响非常敏感，作者认为只有择形效果的"短微孔"分子筛催化剂才可能同时满足高甲基化效率和高 PX 选择性的要求。"短微孔"首先需要分子筛中的有效扩散距离较"短"，这需要通过减小晶粒尺寸或者构筑多级复合孔来实现。"短微孔"的一个特征就是"微孔"择形，反应必须发生在微孔内，因为只有微孔才有择形效应。而另一方面，小晶粒外表面的酸性位必须通过表面改性去除，以减少 PX 异构化的概率；而此时，多级复合孔结构中的晶内介(大)孔或者小晶粒的晶间孔主要起到分子扩散传质快速通道的作用。

# 参 考 文 献

[1] Weisz P B, Frilette V J, Maatman R W, et al. Catalysis by crystalline aliminosilicates II: Molecular-shape selective reaction[J]. J Catal, 1962, 1(4):307-312.

[2] Chen N Y, Garwood W E, Dwyer F G. Shape-Selective Catalysis in Industrial Applications (Chemical Industry Series, Vol. 136)[M]. New York: Marcel Dekker, 1989.

[3] Olson D H, Haag W O. Structure-selectivity relationship in xylene isomerization and selective toluene disproportionation//Whyte T E, Dalla Betta R A, Derouane E G, et al. Catalytic Materials: Relationship Between Structure and Reactivity, ACS Symposium Series[M]. Washington, DC: American Chemical Society,1984: 275-307.

[4] 谢在库. 新结构高性能多孔催化材料[M]. 北京: 中国石化出版社, 2010.

[5] Zhou J, Liu Z C, Wang Y D, et al. Shape selective catalysis in methylation of toluene: Development, challenges and perspectives[J]. Front Chem Sci Eng, 2018, 12(1): 103-112.

[6] 陈庆龄,谢在库,张惠宁, 等. 甲苯歧化与烷基转移的催化剂及其工艺: 中国, 98122008.8[P]. 2002-11-13.

[7] Xie Z K, Yang W S, Kong D J, et al. Process for selective disproportionation of toluene and disproportionation and transalkylation of toluene and $C_9$+ aromatics : US, 6774273[P]. 2004-08-10.

[8] 谢在库,祁晓岚,朱志荣, 等. 选择性脱烷基和芳烃烷基转移反应催化剂:中国, 200610029954.0[P]. 2009-10-28.

[9] 谢在库,朱志荣,祁晓岚, 等. 增产二甲苯的芳烃烷基转移和脱烷基催化剂: 中国, 200610117850.5 [P]. 2010-05-12.

[10] 朱志荣,谢在库,祁晓岚, 等. 芳烃烷基转移和脱烷基反应合成苯与二甲苯催化剂:中国, 200610029956.X [P]. 2010-09-01.

[11] 谢在库,朱志荣,祁晓岚, 等. 高选择性芳烃烷基转移和脱烷基增产二甲苯反应方法:中国, 200610117851.X [P]. 2010-09-01.

[12] 谢在库,朱志荣,祁晓岚, 等. 低乙苯副产物的芳烃烷基转移和脱烷基反应方法:中国, 200610118519.5 [P]. 2011-08-17.

[13] 谢在库, 孔德金, 朱志榮, 等. トルエンを選的に不均化する触媒(Catalyst for selective disproportionation of toluene): JP Patent, 2009535546 [P]. 2004-08-10.

[14] 谢在库,朱志荣,李为, 等. 选择性歧化制对二甲苯的催化剂: 中国, 200410067614.8[P] 2009-08-05.

[15] 朱志荣,李为,侯敏, 等. 甲苯择形歧化催化剂的制备方法: 中国, 200410067615.2[P]. 2008-11-05.

[16] Xie Z K, Liu Z C, Wang Y D, et al. An overview of recent development of some composite catalysts from porous materials[J]. Int J Mol Sci, 2010, 11: 2152-2187.

[17] Zhu Z R, Chen Q L, Xie Z K, et al. Shape-selective disproportionation of ethylbenzene to para-diethylbenzene over ZSM-5 modified by chemical liquid deposition and MgO [J]. J Mol Catal A, 2006, 248(1-2)：152-158.

[18] Zhu Z R, Chen Q L, Xie Z K, et al. The roles of acidity and structure of zeolite for catalyzing toluene alkylation with methanol to xylene[J]. Micropor Mesopor Mater,2006, 88: 16-21.

[19] 孔德金、张荣、李为, 等. 甲苯选择性歧化催化剂的制备方法: 中国, 200410067613.3 [P]. 2007-12-05.

[20] 谢在库、杨卫胜、孔德金, 等. 甲苯选择性歧化和甲苯与碳九及其以上芳烃歧化与烷基转移方法: 中国, 01131953.4 [P].2004-09-01.

[21] 朱志荣, 谢在库, 孔德金, 等. 甲苯择形歧化反应催化剂: 中国, 200610117849.2 [P]. 2008-05-07.

[22] 朱志荣, 谢在库, 陈庆龄, 等. ZSM-5 表面酸性的 CLD 改性及其对择形催化性能的影响[J]. 分子催化, 2007, 22：79-81.

[23] 夏中才、张赛军、李旭灿. SD-01 催化剂在扬子石化公司的工业应用[J].化工进展, 2009, 28(7)：1274-1277.

[24] 朱志荣,谢在库,陈庆龄, 等. 用于甲苯甲醇烷基化的催化剂: 中国, 200510028769.5[P]. 2007-02-21.

[25] 孔德金, 夏建超, 董骞, 等. 用于生产烷基化芳烃的方法: 中国, 201010552878[P]. 2012-05-23.

[26] 郑宁来.甲苯甲醇甲基化制二甲苯技术通过鉴定[J]. 聚酯工业, 2014, 5: 59.

[27] 世界首套甲苯甲醇甲基化制二甲苯(MTX)工业示范装置建成投产[J]. 能源化工, 2016, 3: 27.

[28] Zou W, Yang D Q, Zhu Z R, et al. Methylation of toluene with methanol over metal-oxide modified HZSM-5 catalysts[J]. Chin J Catal, 2005, 26: 470-474.

[29] Zou W, Yang D Q, Kong D J, et al. Selective methylation of toluene with methanol over HZSM-5 zeolite modified by chemical liquid deposition[J]. Chem React Eng Technol, 2006, 22: 305-309.

[30] Saepurahman V M, Olsbye U, Bjørgen M, et al. *In situ* FT-IR mechanistic investigations of the

zeolite catalyzed methylation of benzene with methanol: H-ZSM-5 versus H-beta[J].Topics in Catalysis, 2011, 54 (16-18): 1293-1301.

[31] Vos A M, Rozanska X, Schoonheydt R A, et al. A theoretical study of the alkylation reaction of toluene with methanol catalyzed by acidic mordenite[J]. J Am Chem Soc, 2001, 123 (12): 2799-2809.

[32] Li Y, Xie W, Yong S. The acidity and catalytic behavior of Mg-ZSM-5 prepared via a solid-state reaction [J]. Appl Catal A, 1997, 150 (2)：231-242.

[33] Halgeri A B, Das J. Recent advances in selectivation of zeolites for para-disubstituted aromatics[J]. Catal Today, 2002, 73 (1-2): 65-73.

[34] Bi Y, Wang Y L, Wei Y X, et al. Improved selectivity toward light olefins in the reaction of toluene with methanol over the modified HZSM-5 catalyst[J]. ChemCatChem, 2014, 6: 713-718.

[35] 邹薇,杨德琴,孔德金, 等. 硅改性 HZSM-5 沸石上甲苯与甲醇选择性甲基化的研究[J]. 化学反应工程与工艺, 2006, 22 (4): 305-309.

[36] Kim J H, Ishida A, Okajima M, et al. Modification of HZSM-5 by CVD of various silicon compounds and generation of para-selectivity[J]. J Catal, 1996, 161 (11): 387-392.

[37] Kong D J, Liu Z C, Fang D Y. Epitaxial growth of core-shell ZSM-5/silicalite-1 with shape selectivity[J]. Chin J Catal, 2009, 30 (9):885-890.

[38] Tong W Y, Kong D J, Liu Z C, et al. Synthesis and characterization of ZSM-5/silicalite-1 core-shell zeolite with a fluoride-containing hydrothermal system[J]. Chin J Catal, 2008, 29: 1247-1252.

[39] Zhou J, Wang Y D, Zou W, et al. Mass transfer advantage of hierarchical zeolites promotes methanol converting into para-methyl group in toluene methylation[J]. Ind Eng Chem Res, 2017, 56 (33): 9310-9321.

[40] Yashima T, Ahmad H, Yamazaki K, et al. Alkylation on synthetic zeolites: Ⅰ. Alkylation of toluene with methanol[J]. J Catal, 1970, 16 (3): 273-280.

[41] Hill I, Malek A, Bhan A. Kinetics and mechanism of benzene, toluene, and xylene methylation over H-MFI[J].ACS Catal, 2013, 3: 1992-2001.

[42] John H A, Kolvenbach R, Al-Khattaf S S, et al. Enhancing shape selectivity without loss of activity—Novel mesostructured ZSM-5 catalysts for methylation of toluene to p-xylene[J].Chem Commun, 2013, 49 (10): 10584-10586.

[43] Li J, Xiang H, Liu M, et al. The deactivation mechanism of two typical shape-selective HZSM-5 catalysts for alkylation of toluene with methanol[J]. Catal Sci Technol, 2014, 4 (8): 2639-2649.

[44] John H A, Kolvenbach R, Al-Khattaf S S, et al. Methanol usage in toluene methylation with medium and large pore zeolites[J].ACS Catal, 2013, 3: 817-825.

[45] John H A, Kolvenbach R, Gutierrez O Y, et al. Tailoring p-xylene selectivity in toluene methylation on medium pore-size zeolites[J]. Micropor Mesopor Mater, 2015, 210: 52-59.

[46] Zhou J, Liu Z C, Li L, et al. Hierarchical mesoporous ZSM-5 zeolite with increased external surface acid sites and high catalytic performance in o-xylene isomerization[J]. Chin J Catal, 2013, 34: 1429-1433.

# 第8章 分子筛工业催化的复杂性及展望

分子筛的工业催化过程涉及多相催化反应系统与调控、分子筛催化剂结构系统与调控、分子筛催化剂制备过程及催化反应工程系统与调控等诸多方面,因此,它属于一门复杂性的系统科学。我们可以借鉴复杂性科学的方法论去认识和解决分子筛工业催化问题,其中包括对其工业催化复杂性的认识、对其中单元-系统的变化规律与调控手段的研究,以及与工程结合最终实现催化性能的最优化等。这正如有关催化科学重大挑战的传统说法:从实验室的模型催化剂到工业催化剂,需要跨越三大鸿沟:材料鸿沟、压力鸿沟与复杂性鸿沟[1]。

复杂性科学兴起于 20 世纪 80 年代,实际上是系统科学发展的新阶段,它也是当代科学发展的前沿领域之一,英国著名物理学家霍金称"21 世纪将是复杂性科学的世纪" [2]。复杂性科学的方法论,可分为耗散结构论、协同论、突变论三个方面[3]。其中,耗散结构论的核心思想是认为系统只有在远离平衡的条件下,才有可能向着有秩序、有组织、多功能的方向进化[4]。在分子筛催化中,对应的是反应网络复杂性,这主要指的是催化反应机理包含复杂的基元反应步骤与复杂的反应网络途径,从反应物分子出发选择性地转变为目标产物分子,绝大多数情况是非热力学平衡态的,这就需要选择合适的催化剂和反应条件来实现反应路径的控制。

对于协同论,其主要观点是系统从无序到有序的演化过程,都是组成系统的各元素之间相互影响又协调一致的结果,以及不同系统存在的共同规律[5]。而在分子筛催化中,协同论体现在结构调控的复杂性,其含义是催化剂结构调控,包括催化剂的晶粒形貌、催化剂的孔道结构,以及活性中心的种类、数量和分布调控等,而这些催化剂结构调控复杂性的背后,实际上隐含了共同的调控规律,那就是反应与扩散的竞争与协调机制及其调控原理,通过催化剂的结构协同调控可实现催化剂催化效率的最大化。

而突变论,则认为在临界点附近,外部条件微小变化引起系统突然的质变的规律,反过来对于防止突变,促使事物向良好的预后转化有着重大意义,它反映了渐变与突变的辩证关系、质量互变规律的深化发展[6]。这一点与分子筛的催化工程复杂性相关，主要指的是催化剂生产与催化反应工程方面存在的放大效应与跨尺度的效应，而规模化放大效应会引起突变，而这方面研究重点是跨尺度的集成整合方案及防止突变，达到理想状态与实际应用的统一。

具体对于分子筛工业催化来说，其复杂性问题包含以下三个方面的内容。

# 8.1　反应网络复杂性

催化是影响化学反应速率的科学和技术。催化剂是一种物质，它改变了化学反应的路径，而自身不会被消耗。在这种情况下，少量的催化剂材料可以转化大量的反应物，这种情况在较温和的条件下比化学计量反应途径所要求的要优先；如果有多个反应产物是可能的，催化剂可能会改变这些产物的分布，而不是化学计量转换，从而控制化学反应的选择性[7]。另外，分子筛催化剂通常是高比表面积固体，产物分子在离开催化剂床层前有一定概率发生二次反应，尤其是当催化反应的一次产物比反应物更加活泼时，则二次反应的可能性就增加了[8]。这样就造成了催化反应网络的复杂性(图 8.1)。而对于催化反应网络的复杂性的调控，实际又包含了主副反应调控、活性中心激活与活化调控，以及热力学与动力学调控等内涵。

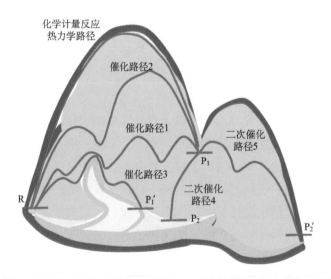

图 8.1　催化反应路径网络示意图(R：反应物分子；P: 产物分子)

具体来说，从图 8.1 所示的催化反应路径网络示意图可以看到，通过化学计量反应热力学路径的能垒往往是最高的，而通过催化剂的作用，能垒降低；但从反应物 R 到产物 P 的过程可以通过不同催化剂的多条路径得到同一产物，如催化路径 1 和路径 2；另外，同一催化剂也可能通过不同路径生成多种产物，如通过催化路径 3 生成 P₁′。此外，产物 P₁ 也可通过二次催化路径，生成 P₂、P₂′……等。若定义产物 P₁ 为所需的产物，则催化路径 1 或 2 就为主反应，而其他催化路径(3，4，5，……)即为副反应，这就是主副反应网络复杂性。以实际的分子筛催化剂上甲苯与甲醇烷基化反应网络为例(如图 8.2)，其中的甲苯甲基化反应为主反应，而甲苯歧化反应、甲醇 MTH 反应、二甲苯异构化反应、芳烃的深度甲基化或烷基化反应等即为副反应，而催化剂调控的目标就是要通过反应网络主副反应调控实现对二甲苯产物的高选择性[9,10]。

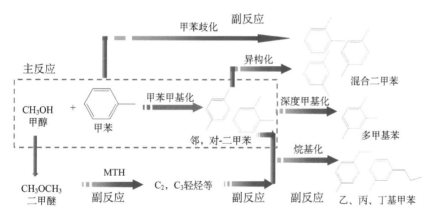

图 8.2 甲苯与甲醇烷基化反应网络及主副反应调控[11]

催化反应网络的复杂性调控的第二层含义是活性中心的激活或活化调控。在图 8.1 所示的催化反应路径网络示意图中，每一个催化反应路径都包含许多中间状态、基元反应步骤，这就涉及活性中心的激活或活化调控。在固体酸沸石分子筛催化剂上的烃类转化，通常都有碳正离子中间体的参与，而这些碳正离子中间体就是由烃类反应分子与分子筛上的表面羟基作用而产生，这种表面羟基可被称为 Brønsted 酸，一旦烃分子在 Brønsted 酸中心的激活与活化下产生碳正离子中间体，则氢转移、异构化、烷基化、裂化等基元反应的发生就顺理成章了。通过调控活性中心的激活或活化，可以实现催化机理的改变和产物分布的调控。例如，以分子筛催化剂上炼油催化裂化反应为例(图 8.3)，何鸣元团队通过研究发现[12]，若在炼油催化剂中加入 MFI 分子筛组分，则碳正离子中间体以单分子反应机理为主，基元反应多为 β 断裂和异构化反应，其产物中汽油组分多，这就是催化裂解技术（DCC 技术）发明的核心思想；而若在炼油催化剂中加入含超笼的 Y 分子筛组分，则碳正离子中间体以双分子反应机理为主，则基元反应会强化选择性氢转移反应，则产物中将多产异构烃组分，用于生产优质汽油，这也是流化催化裂化（MIP 技术）发明的核心理念[13,14]；而如果使催化剂中单分子与双分子活化机理共存，则可用于多产丙烯和柴油（MGD 技术）[15]。

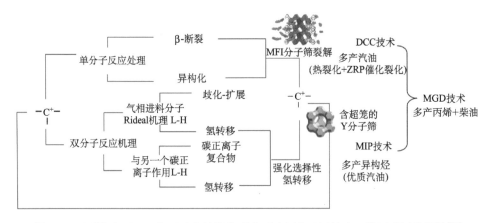

图 8.3　区别单分子、双分子反应的催化裂化反应网络及活性中心激活或活化调控[16]

另外，在反应网络中，若始态与终态之间存在不同的催化路径，如图 8.1 中的路径 1 和路径 2，则它们实际发生的可能性则由其热力学与动力学控制。以 SAPO-34 分子筛上的 MTO 反应烃池机理为例，可能存在多种活性中心路线，如多甲基苯芳烃活性中心路线和烯烃活性中心路线等[17]。王传明等通过理论计算模拟研究发现，动力学上烯烃路线活性中心的 Gibbs 自由能比芳烃路线的低得多，因此认为从 MTO 反应动力学来说，烯烃路线比芳烃路线更容易发生[18]，而这并不能说芳烃活性中心的机理路线完全可以被排除，而实际可能是两种活性中心的机理路线同时存在，只是反应的难易程度和所占比例可能不尽相同。

## 8.2　结构调控复杂性

分子筛催化剂就像一个个纳米反应器，分子筛催化剂的晶粒形貌、孔道结构及活性中心的种类、数量和分布等结构参数对催化剂的性能有很大影响。这一方面涉及分子筛催化剂本身结构的复杂性，包括活性位及分布、微孔孔道大小/形状及联通性、晶粒形貌等，另一方面涉及反应分子在多相反应催化过程的复杂性，包括吸附、扩散、反应、脱附、积碳等多步过程。通常分子筛催化剂研发过程中都要开展活性中心、形貌、孔道等结构参数的调控研究，来实现催化剂性能的最优化。

分子筛结构中活性中心的种类、数量和分布也是重要的结构参数，它们主要影响的是本征反应速率与失活速率等。对于硅铝酸盐沸石分子筛来说，一般其催化活性与它们的铝含量成正比，因为其 Brønsted 酸中心与四配位铝是通过电荷平衡而在数量上是对应的；实验发现[19,20]，硅铝比大于 20 的 ZSM-5 分子筛在烷烃裂化、烯烃裂化、烷烃异构化、甲苯歧化、甲醇转化等反应上都符合此规律，这说明每一个铝原子所对应的酸位对催化活性的贡献是相等的。其他的分子筛如脱铝 Y 分子筛及其他高硅铝比的沸石分子筛，其活性与骨架铝含量之间也存在线性关系[21]，其酸性位之间无相互作用，处于理想的分散状态。但是，对于硅铝比较低的分子筛，如果酸性位之间靠得很近，则可能产生相互作用，从而影响催化机理和催化活性，则催化活性与骨架铝含量之间不一定再保持线性关系[22]。另外，沸石分子筛中的骨架铝的分布并不一定都是均匀分布的，合成条件变化或改性处理，则可能造成梯度的铝分布或者组分分区现象，其催化性能也会改变。

对于分子筛的孔道及其扩散调控，包括孔道大小、孔道维度及多级孔道体系等，以及实际影响分子扩散的速率和催化中间体的形状等，将会影响到产物选择性和催化剂寿命等性能。以甲醇转化催化反应为例，不同孔道结构的分子筛，其烃池中间体结构会有不同，因而产物分布不同[23]，其中 CHA 结构分子筛催化得到的产物以乙烯与丙烯为主，BEA 结构分子筛催化得到的汽油产物中支链烃较多，MFI 结构分子筛催化得到的产物以直链烃为主。另外，不同孔道结构的分子筛，副反应和杂质含量也会不同。以苯与丙烯的烷基化催化反应为例，Perego 等[24]比较了 BEA、丝光沸石、MWW、FAU 和 MTW 等几种孔道结构的分子筛的催化性能，结果发现在这些沸石中，相对而言 BEA 分子筛产生的丙烯低聚物和正丙苯副产物最少，这与其适当的分子扩散能和微孔结合能差异是有关系的。

在以上这些活性中心、孔道结构及晶粒形貌等结构调控的背后，实际上隐含了共同的调控规律，那就是分子扩散与表面反应的竞争与协调机制及其调控原理，通过催化剂的结构调控是实现催化剂催化效率的最大化以及稳定性调控的重要途径[25]。本书在第 3 章中对该方面做过详述，而其中包含的多级孔构建与扩散功能强化在本书第 4 章~第 7 章也做了重点论述。

另外需要指出的是，精准的催化表征是解决以上这些复杂性问题的基础，但目前该方面存在着许多的困难和局限。首先，虽然分子筛的拓扑结构决定了其内表面孔结构，但是硅铝沸石分子筛晶体骨架结构中铝原子(或 SAPO 分子筛骨架中硅原子)的落位及分布、酸中心的分布一直以来都很难用常规手段表征清楚。其次，还有许多微观层次结构及性质等表征也都非常困难，例如对分子筛活性中心如 B 酸活性中心、L 酸活性中心、碱中心及协同作用的表征和认识，对分子筛多级孔道联通性的表征，对微孔内的限域场如库仑场、氢键场等作用的表征，对分子在微孔内的分子扩散速率的表征，对分子的吸附与脱附的表征，对反应分子中间体如碳正离子、自由基等的表征，对积碳的种类、数量、速率的表征，以及对孔道内的微观反应速率的测量和表征，等等，目前均存在许多不尽人意之处。另外，目前分子筛催化剂的表征大都是静态的、离线的、超高真空或常温常压条下的表征，与动态原位、高温高压下的实际情况有很大差别。正因为如此，人们对微观层次结构及性质等的表征和认识很多还不尽完善，甚至存在争议，未来需要依靠表征技术的发展和提高而得以证实或澄清[25]。

## 8.3　催化工程复杂性

分子筛催化剂从实验室研究走向工业催化应用需要经历多步骤的开发过程(图 8.4)，需要经历初步筛选、二次筛选、中试放大、侧线以及工业应用等多步逐级放大的过程，这就将会涉及催化工程的复杂性，主要包括通过经济技术分析选择工艺技术路线、工业催化剂的规模化放大制备、催化反应工程设计与规模放大(这其中包括反应床层选择和催化反应动力学集总)等方面。

首先，分子筛催化剂若要实现工业应用，则其对应的工艺技术路线应该具有市场竞争力，这就需要从原料成本、运行成本、安全成本、产品结构等诸多因素着手，对几种相关的工艺技术路线进行经济技术分析比较[26,27]，从而选择出最优的工艺技术路线，该路线对催化剂性能也会有一定的要求。以碳四烯烃催化裂解(OCC)技术为例[28,29]，面临两种工艺的选择，一种是水蒸气工艺，一种是无水工艺，其中水蒸气工艺的催化剂稳定，但产品分离能耗高；而对于无水工艺，产品分离能耗低，但催化剂积碳量大，需要频繁再生。其中无水工艺技术经济性相对较好，但它需要研制高稳定性的 OCC 无水工艺催化剂[30]。

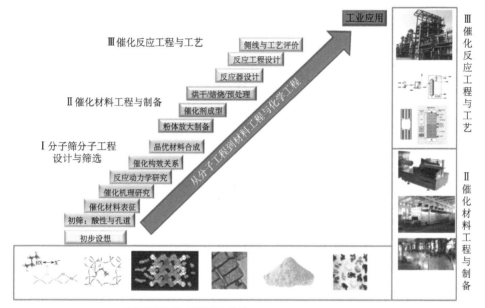

图 8.4　工业分子筛催化剂的开发流程：从分子工程到材料与化学工程

催化工程复杂性，还体现在催化剂生产与催化反应工程方面存在的放大效应与跨尺度的效应等。其中，催化剂生产需要考虑规模制备的放大效应问题、绿色化问题[31]及催化剂成型对工业催化剂性能的影响等[32-34]。对于分子筛粉体的晶化合成，如表 8.1，实验室小试中一般原料试剂的纯度高、晶化釜体积小、温度均匀，采用静置或旋转方式都可完成晶化；而在工业规模制备上，由于晶化釜体积非常大，导致传热效率低、升温速率慢，因此晶化过程中必须搅拌；另外，工业原料中往往含有一定量的杂质，因此工业分子筛晶化过程易伴生杂晶，且特殊形貌的分子筛通常难以重复。这即是规模化体积放大效应带来的传热、传质等问题，从

表 8.1　分子筛催化剂小试制备与工业规模化生产的对比

| 对比项 | 实验室小试 | 工业规模制备 |
|---|---|---|
| 原料试剂 | 纯度高 | 工业级，含一定量杂质 |
| 晶化釜规模 | 10 ml～10 L | >1 m³ |
| 晶化温度 | 升温快速，温度均匀 | 升温、降温速率慢，热传递效率低 |
| 晶化方式 | 静置/旋转/搅拌 | 必须搅拌 |

而影响分子筛的纯度与形貌等。此外，在分子筛的成晶区间有时非常窄，如图 8.5，必须严格控制合成配比、成胶的均匀性及晶化温度和时间等才能获得纯相的分子筛，这在实验室小试中容易实现控制，而在实际生产中，合成调控的难度会大大增加。

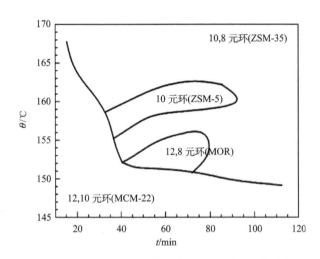

图 8.5　在六亚甲基亚胺(HMI)有机模板剂体系下的分子筛晶化成晶区间[35]

(成胶摩尔配比：30SiO$_2$：Al$_2$O$_3$：3.3Na$_2$O：10.5HMI：1350H$_2$O)

其次，工业分子筛都要催化剂成型才能在工业装置中使用，即它在保持分子筛粉体催化性能的同时还需具有一定的物理(传热、传质)、化学(稳定性与功能性)和机械属性(强度和摩擦力)，因此成型中需要添加黏结剂、助催化剂、覆盖剂、选择性增加剂、结构稳定剂、分散稳定剂等来满足实用过程的要求[36]。而这些添加剂、助剂的使用对催化剂的整体性能是有一定影响的，如图 8.6 所示，成型催化剂中的黏结剂或助剂等会降低反应分子的传质扩散效应[37,38]、铝原子迁移进入晶格骨架效应[39,40]、黏土等黏结剂中钠离子通过离子交换而减少分子筛酸性效应[41,42]等，都会影响催化剂的性能。因此，这需要更深入广泛地了解结构、表面组成与反应性能的关系，还需要对多组分催化剂的表面催化开展更深入的基础研究，包括如何提高单位体积催化剂的活性中心数量、优化活性中心的分布和密度，以及如何提高活性中心的稳定性等。另外，强化工业成型分子筛催化剂的扩散功能以提高催化剂活性中心利用效率也非常重要，需要考虑催化剂颗粒、分子筛晶粒中的内扩散强化与催化效率等问题，需要研究如何促进分子筛扩散以提高工业催化过程的效率。

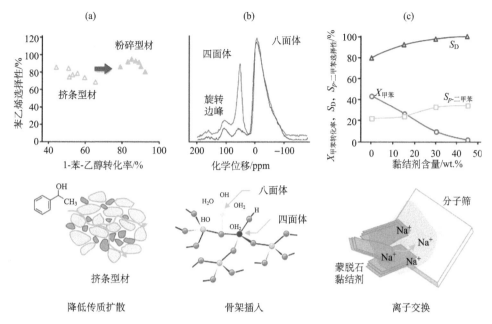

图 8.6　成型添加剂等对分子筛结构或催化性能的三个影响：(a) 1-苯乙醇制苯乙烯催化反应中，ZSM-5 挤条成型催化剂中的 SiO₂ 黏结剂降低了反应分子的传质扩散；(b) $^{27}$Al MAS NMR 光谱证实含氧化铝黏结剂的高硅 ZSM-5 挤条成型催化剂经水热活化后四配位铝原子插入了分子筛骨架；(c) 甲苯选择性歧化催化反应性能表明，在 H-ZSM-5 催化剂中随着蒙脱石黏结剂的增加，转化率降低，其原因是蒙脱石黏结剂中钠离子与分子筛进行了离子交换

（引自文献[36]，版权 2013，经 Royal Society of Chemistry 授权）

　　进一步，工业分子筛催化剂的工业应用研究中，还需要考虑催化反应工程设计，包括用什么形式的催化反应装置、催化剂如何再生、产品如何分离与纯化等，另外，还要通过反应物料流场的过程模拟、催化反应动力学集总计算等以解决反应、再生、分离等装置的规模放大问题等[43]。催化反应工程设计与催化剂的性能密切相关，如果分子筛催化剂转化率高、失活慢、稳定性好，就采用固定床反应装置；如果分子筛催化剂转化率高、失活快，但再生性能好，就采用流化床反应-再生装置；等等。另外，分离方法与装置也非常重要。以甲苯歧化制二甲苯为例，如果产品 PX 选择性高，就用结晶分离技术；如果产品 PX 选择性低，就需采用吸附分离方法。在工业反应装置中，对产品的杂质含量应非常关注，它往往是决定该技术是否先进性的关键因素之一[44]。而且微量杂质的影响一般只有在大规模的工业装置上才会凸显并体现其重要性，它不仅会影响到最终产品的质量，而且生产过程中物料循环累积的微量杂质还可能会影响到催化剂的寿命。

　　另一方面，要实现一个新分子筛催化剂从实验室到工业过程中的应用，还必须对催化反应机理、微观反应热力学、微观反应动力学等开展深入地研究，一旦在分子水平上对催化作用机制有一个比较清晰的、合理的认识，接下来就可以用化学反应工程的工具来提供可实用的催化剂颗粒的设计及装填催化剂的反应器的设计等，这就需要开展反应动力学集总[45,46]和多尺度的过程工程的模拟研究[47]，这需要依赖于超级计算机、求解非线性微分方程等来解决多尺度的复杂问题。在这方面有一些成功的例子，中国科学院过程工程研究所李静海等提出和优化了基于能量最小多尺度模型(EMMS)、包含竞争与协调机制的介尺度科学多尺度模拟方法[48,49]，实现了 FCC 流化床提升管传热与传质过程模拟与放大问题[50]。

## 8.4　分子筛的孔道分子工程调控展望

对于催化领域所用的分子筛材料而言，催化性能的追求是永恒的主题[51]。而分子筛催化材料应用于工业催化反应过程中，存在从材料层次到反应器层次的多种复杂科学问题，涉及结构调控复杂性、反应网络复杂性和催化工程复杂性等。而其中催化剂结构调控的本质是利用分子扩散与反应的竞争与协调，即通过催化剂的结构调控优化反应与扩散的耦合性能，从而实现催化剂催化效率的最大化、产物收率最大化、高选择性催化及稳定性的提高等。如前所述，本书即结合作者工业分子筛催化剂开发的实际，重点论述了作者在多级孔构建、通过扩散性能提高来调变催化剂性能方面的一些研究进展和创新实践。同时，作者也一直在思考一个问题：理想的、兼顾高效率和高选择性催化的分子筛孔道体系是怎样的？如何设计？如何实现？

作者曾经总结分析过分子筛材料孔道调控方面的发展趋势[52]，如图 8.7 所示，可以看到，高效的分子筛催化剂已经从过去一代的单微孔分子筛向二代的多微孔分子筛发展，并进一步向三代多级孔分子筛发展，并且从催化效率来看，从一代到二代、三代，催化效率逐渐提高。

自然界的生物就是一个自主选择的、高效率的多级体系。譬如对一棵树来说，从树根到枝干到树叶，营养传输就是一个逐级输运的体系，效率达到最优。借鉴自然界的法则，作者有理由相信高效的分子筛孔道也许是类似的、具有交叉孔的、多级的孔道体系，这方面的科学研究目标也应朝这个方向努力[53,54]。在未来，可以相信，随着催化剂制造技术、多级孔构造技术不断发展与成熟，人们可根据不同的催化反应设计和实现最优化的多级孔道体系，以及更加可设计化和可控的策略，甚至从微反应器、分子工程的角度设计优化和改变反应路径，来实现催化剂的高效率、高选择性和高稳定性。从这个角度来看，要达到这个理想目标，还需要进行更深入的研究。

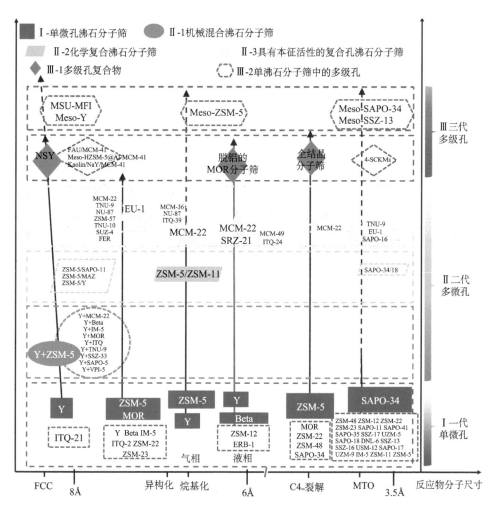

图 8.7　分子筛材料孔道调控的发展趋势分析

(引自文献[52]，版权 2015，经 Royal Society of Chemistry 授权)

正因为如此，科学家们千方百计合成各种各样的多级复合孔分子筛材料，希望它们不仅具有微孔分子筛的强酸性和高选择性、稳定性的特点，而且还具有介孔/大孔的分子扩散性好的优点，从而集高活性、高选择性和高稳定性为一体。而大孔、介孔、微孔组成的多级孔道体系是一个实现高效催化、理想的微反应器模型体系：多级孔道的墙体上分布了大量的活性中心，而多级孔道体系构建了分子扩散的通道。这样，不仅小分子扩散速率高且容易到达微孔内的活性中心，而且介孔和大孔也为大分子的催化提供了反应的场所。因此，与其他孔道不发达的催化剂相比，不论对小分子还是大分子反应来说，多级孔催化剂的活性往往较高。此外，大量的介孔、大孔的存在也使产物分子更容易扩散出来，减少了二次反应和积碳的可能性，而且容碳能力和空间也提高了，微孔也不容易被积碳所堵塞，因此多级孔催化剂的产物选择性和稳定性也往往较高。要实现上述目标，需要建立分子筛工程设计的策略，创制高效的多级孔道系统。

另一方面，催化剂的择形催化性能和产物的选择性与分子筛催化过程的反应网络复杂性有密切联系，尽管人们对它展开了一定的研究，有了一些了解，但是远远没有达到完全清晰、可以按需设计与调控的程度。这里面涉及孔道的限域效应、分子的竞争吸附与竞争扩散、微观反应机理、主反应的促进、副反应的抑制、积碳或结焦等诸多因素，因此，对复杂反应体系中的特定反应路径的择形催化是一个值得研究的课题，尤其是对于那些对产物选择性要求比较高的择形催化反应技术来说。本书在这方面鲜有论及，但也是未来需要重点研究的方向，这其中包括选择适合孔道结构的分子筛、表面改性、扩散调控等技术，另外，还需要结合反应工程新设计来实现高效率、高选择性、可长周期稳定运行的择形催化新技术的工业化[31,52]。

# 参 考 文 献

[1] Schlögl R. Heterogeneous catalysis [J]. Angew Chem Int Ed, 2015, 54: 3465-3520.

[2] Stephen Hawking（cited by San Jose Mercury News：“Unified theory's getting closer, Hawking predicts”）https://todayinsci.com/H/Hawking_Stephen/HawkingStephen-Quotations. htm. Sunday, 2000-01-23.

[3] 成思危. 复杂性科学探索[M]. 北京：民主与建设出版社，2000.

[4] 尼科里斯, 普利高津.探索复杂性[M]. 罗久里, 陈奎宁, 译. 成都: 四川教育出版社, 1986.

[5] H. 哈肯.协同学一大自然构成的奥秘[M]. 凌复华译. 上海: 上海译文出版社, 2005.

[6] 雷内·托姆. 结构稳定性与形态发生学[M]. 成都: 四川教育出版社, 1992.

[7] Atkins P W. Physical Chemistry [M]. London: Oxford University Press, 1994.

[8] Fogler H S. Elements of Chemical Reaction Engineering [M]. London: Prentice-Hall, 1992.

[9] Zhou J, Liu Z C, Wang Y D, et al. Shape selective catalysis in methylation of toluene: Development, challenges and perspectives[J]. Front Chem Sci Eng, 2018, 12（1）: 103-112.

[10] Halgeri A B, Das J. Recent advances in selectivation of zeolites for para-disubstituted aromatics[J].Catal Today, 2002, 73: 65-73.

[11] 谢在库. 邀请报告：分子筛工程与择形催化[R]. 第六届中国科学院学部学术年会. 北京，

2018-05-31.

[12] He M Y. The development of catalytic cracking catalysts: Acid property related catalytic performance [J]. Catal Today, 2002, 73 (1-2): 49-55.

[13] 许友好, 张久顺, 马建国, 等. MIP 工艺反应过程中裂化反应的可控性[J].石油学报(石油加工), 2004, 20 (3): 1-6.

[14] 许友好, 龚剑洪, 刘宪龙, 等. 第二反应区在 MIP 工艺过程中所起作用的研究[J].石油炼制与化工, 2006, 37 (12): 30-33.

[15] 许友好, 张久顺, 龙军, 等. 生产低烯烃汽油和多产柴油的催化转化方法: 中国, 01102240.X[P]. 2001-08-29.

[16] 何鸣元. 邀请报告:分子筛催化裂化:创新驱动持续辉煌. 第十九届全国分子筛学术大会[R]. 武汉, 2018-10-25.

[17] Ilias S, Bhan A. Tuning the selectivity of methanol-to-hydrocarbons conversion on H-ZSM-5 by co-processing olefin or aromatic compounds [J]. J Catal, 2012, 290: 186-192.

[18] Wang C M, Wang, Y D, Du Y J, et al. Computational insights into the reaction mechanism of methanol-to-olefins conversion in H-ZSM-5: Nature of hydrocarbon pool [J]. Catal Sci Tech, 2016, 6, 3279-3288.

[19] Olson D H, Haag W O, Lago R M.Chemical and physical properties of the ZSM-5 substitional series[J]. Cataly, 1980, 61 (2):390-396.

[20] Haag W O, Lago R M, Weisz P B. The active site of acidic aluminosilicate catalysts[J]. Nature, 1984, 309, 589-591.

[21] De Canio S J, Sohn J R, Fritz P O, et al. Acid catalysis by dealuminated zeolite-Y: Ⅰ. Methanol dehydration and cumene dealkylation [J]. J Catal, 1986, 101:132-141.

[22] Lercher J A, Jentys A, Brait A. Catalytic test reactions for probing the acidity and basicity of zeolites [J]. Mol Sieves, 2008, 6: 153-212.

[23] Ilias S, Bhan A. Mechanism of the catalytic conversion of methanol to hydrocarbons[J]. ACS Catal, 2013, 3: 18-31.

[24] Perego C, Ingallina P. Recent advances in the industrial alkylation of aromatics: New catalysts and new processes [J]. Catal Today, 2002, 73: 3-22.

[25] Xie Z K, Liu Z C, Wang Y D, et al. Applied catalysis for sustainable development of chemical industry in China [J]. Natl Sci Rev, 2015, 2 (3): 167-182.

[26] Wang Y D, Shi J, Jin Z H, et al. Focus on the Chinese revolution of catalysis based on catalytic solutions for the vital demands of society and economy [J]. Chin J Catal, 2018, 39: 1147-1156.

[27] Xiang D, Qian Y, Man Y, et al. Techno-economic analysis of the coal-to-olefins process in comparison with the oil-to-olefins process [J]. Appl Energy, 2014, 113: 639-647.

[28] Koss U. Producing propylene from low valued olefins[J]. Hydrocarb Eng, 1999, 5: 68.

[29] Bolt H V, Glanz S. Increase propylene yields cost-effectively[J]. Hydrocarb Process, 2002, 81: 77-80.

[30] 滕加伟, 谢在库. 无黏结剂复合孔分子筛催化烯烃裂解制丙烯技术[J]. 中国科学: 化学,

2015, 45 (5): 533- 540.

[31] 刘志成, 王仰东, 谢在库. 从工业催化角度看分子筛催化剂未来发展的若干思考[J]. 催化学报, 2012, 33 (1): 22-38.

[32] Lloyd L. Handbook of Industrial Catalysts, Fundamental and Applied Catalysis [M]. New York: Springer, 2011, 1:1.

[33] Rase H F. Handbook of Commercial Catalysts [M]. New York: CRC Press, 2000.

[34] Campanati M, Fornasari G, Vaccari A. Fundamentals in the preparation of heterogeneous catalysts. Catal Today[J]. 2003, 77: 299-314.

[35] 彭建彪, 谢素娟, 王清遐, 等. 几种分子筛转晶和混晶的控制及单一晶体的优化合成[J]. 催化学报, 2002, 23 (4): 363-366.

[36] Mitchell S, Michels N L, Ramírez J P. From powder to technical body: The undervalued science of catalyst scale up[J]. Chem Soc Rev, 2013, 42: 6094-6112.

[37] Lange J P, Mesters C M. Mass transport limitations in zeolite catalysts: The dehydration of 1-phenyl-ethanol to styrene [J]. Appl Catal A, 2001, 210(1-2): 247-255.

[38] Richter M, Fiebig W, Jerschkewitz H G, et al. Refined application of the $m$-xylene isomerization to the characterization of shape-selective zeolite properties [J]. Zeolites, 1989, 9 (3): 238-246.

[39] Chang C D, Hellring S D, Miale J N, et al. Insertion of aluminium into high-silica-content zeolite frameworks. Part 3.—Hydrothermal transfer of aluminium from $Al_2O_3$ into [Al]ZSM-5 and [B]ZSM-5 [J]. J Chem Soc, Faraday Trans, 1985: 2215-2224.

[40] Chu C T W, Kuehl G H, Lago R M, et al. Isomorphous substitution in zeolite frameworks: II. Catalytic properties of [B]ZSM-5 [J]. J Catal, 1985, 93 (2): 451-458.

[41] Uguina M A, Sotelo J L, Serrano D P. Toluene disproportionation over ZSM-5 zeolite: Effects of crystal size, silicon-to-aluminum ratio, activation method and pelletization [J]. Appl Catal, 1991, 76 (2): 183-198.

[42] Jasra R V, Tyagi B, Badheka Y M, et al. Effect of clay binder on sorption and catalytic properties of zeolite pellets [J]. Ind Eng Chem Res, 2003, 42 (14): 3263-3272.

[43] Cejka J, Corma A, Zones S. Zeolites and Catalysis: Synthesis, Reactions and Applications[M]. Weinheim: Wiley-VCH Verlag GmbH & Co.KGaA, 2010.

[44] Moulijn J A, Makkee M, Diepen A. Chemical Process Technology[M]. Weinheim: Wiley-VCH, 2001, 9: 257.

[45] Park T Y, Froment G F. Analysis of fundamental reaction rates in the methanol-to-olefins process on ZSM-5 as a basis for reactor design and operation[J]. Ind Eng Chem Res, 2004, 43 (3): 682 -689.

[46] Ying L, Yuan X S, Ye M, et al. A seven lumped kinetic model for industrial catalyst in DMTO process[J]. Chem Eng Res Des, 2015, 100: 179-191.

[47] Li J. Exploring the logic and landscape of the knowledge system: Multilevel structures, each multiscaled with complexity at the mesoscale [J]. Engineering, 2016, 2 (3): 276-285.

[48] Li J, Ge W, Wang W, et al. From Multiscale Modeling to Meso-Science — A Chemical

Engineering Perspective[M]. Berlin: Springer, 2013.

[49] Li J, Huang W. Toward Mesoscience — The Principle of Compromise in Competition[M]. Berlin: Springer, 2014.

[50] Ge W, Wang W, Yang N, et al. Mesoscale oriented simulation towards virtual process engineering(VPE)—The EMMS paradigm[J]. Chem Eng Sci, 2011, 66(19):4426-4458.

[51] 谢在库, 刘志成, 王仰东. 面向资源和环境的石油化工技术创新与展望[J]. 中国科学: 化学, 2014, 44(9): 1394-1403.

[52] Shi J, Wang Y D, Yang W M, et al. Recent advances of pore system construction in zeolite-catalyzed chemical industry processes [J]. Chem Soc Rev, 2015, 44: 8877-8903.

[53] Zheng X F, Shen G F, Wang C, et al. Bio-inspired murray materials for mass transfer and activity[J]. Nat commum, 2017, 8: 1-9.

[54] Kocí P, Novák V, Štepánek F, et al. Multi-scale modelling of reaction and transport in porous catalysts[J]. Chem Eng Sci, 2010, 65(1):412-419.

# 索　引

# 主要术语与符号

zeolite 沸石

molecular sieve 分子筛

IZA 国际沸石分子筛协会

USY 超稳 Y 型沸石分子筛

conv，即 conventional，传统的或常规的

hier，即 hierarchical，多级的

B 酸活性中心　Brønsted 酸催化活性中心

L 酸活性中心　Lewis 酸催化活性中心

surface diffusion 表面扩散

configuration diffusion 构型扩散

Thiele modulus 泰勒模数

Knudsen diffusion 克努森扩散

hydrocarbon pool 烃池

paring route 缩环扩环路线

side chain route 侧链路线

$k$ 反应速率常数

$V$ 速率

$\nabla$ 梯度场矢量微分算符

$E_{\text{app},a}$ 表观反应活化能

$E_{\text{int},a}$ 本征反应活化能

$\eta$ 催化效率因子

$\varphi$ 泰勒模数

tanh 双曲正切函数

cosh 双曲余弦函数

$D$ 扩散系数

$r$ 速率

$C_i$ 组分浓度

$N_i$ 组分分子数

$M_i$ 组分摩尔质量

$\lambda$ 分子的平均自由程

WHSV (气体质量流量)空速，单位 $\text{h}^{-1}$

MTO 甲醇制烯烃

MTP 甲醇制丙烯

MTG 甲醇制汽油

MTH 甲醇制烃

OCC 或 OCP 碳四或碳五烯烃催化裂解

SD 甲苯择形歧化

MTX 甲苯甲醇甲基化制二甲苯

MTPX 甲苯甲醇择形烷基化制对二甲苯

DCC 催化裂解

MIP 流化催化裂化

MGD 多产丙烯和柴油

*ex situ* 异位

*in situ* 原位

PX 对二甲苯

OX 邻二甲苯

MX 间二甲苯

DME 二甲醚

PEG 聚乙二醇

TMB 四甲基苯

H/C 比　氢气与烃分子的摩尔比

MD 分子动力学法

MC 蒙特卡罗法

DFT 密度泛函理论

EMMS 能量最小多尺度模型

NMR 核磁共振谱

QENS 准弹性中子散射

PFG-NMR 脉冲场梯度核磁共振

SEM 扫描电子显微镜

TEM 透射电子显微镜

XRD X 射线衍射图谱

IGA 智能重量分析仪

$NH_3$-TPD 氨气程序升温脱附表征

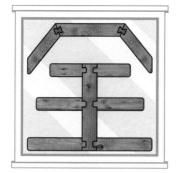

# 全屋定制家居设计

## 尺寸＋空间＋应用

廖昂　编著

人民邮电出版社

北京

**图书在版编目（CIP）数据**

全屋定制家居设计：尺寸+空间+应用 / 廖昂编著
. -- 北京：人民邮电出版社，2024.6
ISBN 978-7-115-63574-7

Ⅰ．①全… Ⅱ．①廖… Ⅲ．①家具－设计 Ⅳ.
①TS664.01

中国国家版本馆CIP数据核字(2024)第024829号

# 内 容 提 要

　　本书主要介绍了全屋定制家居设计的柜体设计，涵盖尺寸、空间和应用等方面的内容。书中首先介绍了定制柜体的结构组成、基材、饰面、封边和五金等细节；然后阐述了定制柜体在整合空间布局、弥补空间不足、协调室内风格与色彩、匹配居住者的生活习惯等方面的任务；接着针对室内 8 类功能空间，提供了定制柜体的设计方案；最后通过 5 个案例解析，展示了全屋定制柜体在不同住宅中的应用效果和价值。通过对本书的学习，读者可以了解全屋定制柜体设计的要点和难点，掌握定制柜体的设计技巧。本书可以为打造美观且实用的家居空间提供有益的参考。

　　这是一本直击柜体设计痛点的装修入门书，既适合室内设计师、家具厂商等作为方案参考，也适合普通的装修业主作为随手翻阅的装修参考书。

◆ 编　　著　廖　昂
　　责任编辑　王　冉
　　责任印制　陈　犇
◆ 人民邮电出版社出版发行　　北京市丰台区成寿寺路 11 号
　　邮编　100164　　电子邮件　315@ptpress.com.cn
　　网址　https://www.ptpress.com.cn
　　天津市豪迈印务有限公司印刷
◆ 开本：690×970　1/16
　　印张：14　　　　　　　　　　2024 年 6 月第 1 版
　　字数：230 千字　　　　　　　2024 年 6 月天津第 1 次印刷

定价：69.80 元

读者服务热线：(010)81055410　印装质量热线：(010)81055316
反盗版热线：(010)81055315
广告经营许可证：京东市监广登字 20170147 号

# 前言
## Preface

传统的成品家具设计风格比较单一，难以满足个性化、精细化的需求。而相较于成品家具，定制家具最大的优势在于可以充分满足业主需求，同时做到与空间完美契合。

本书共 4 章，第 1 章讲解了定制柜体的结构组成、基材、饰面、封边和五金等知识，帮助读者全面认识定制柜体。第 2 章剖析了定制柜体与空间的关系，定制柜体的造型不仅可以为室内风格加分，还可以起到优化空间动线、整合空间布局等作用。第 3 章着重讲解了针对室内 8 类功能空间定制柜体的设计要点、配色分析等内容，并给出能够直接落地的柜体设计方案。第 4 章选取了 5 个完整的设计案例，将定制的理念运用到全屋设计中。

本书不仅对定制柜体的基础知识进行了剖析，使读者能够快速理解定制柜体的设计思路；还提供了大量的柜体建模图、CAD 立面图，并集成了精细化的尺寸标注，力求做到让读者一看就懂、拿来就用。

# |"数艺设"教程分享|

本书由"数艺设"出品,"数艺设"社区平台(www.shuyishe.com)为您提供后续服务。

"数艺设"社区平台,为艺术设计从业者提供专业的教育产品。

## 与我们联系

我们的联系邮箱是 szys@ptpress.com.cn。如果您对本书有任何疑问或建议,请您发邮件给我们,并请在邮件标题中注明本书书名及 ISBN,以便我们更高效地做出反馈。

如果您有兴趣出版图书、录制教学课程,或者参与技术审校等工作,可以发邮件给我们。如果学校、培训机构或企业想批量购买本书或"数艺设"出版的其他图书,也可以发邮件联系我们。

## 关于"数艺设"

人民邮电出版社有限公司旗下品牌"数艺设",专注于专业艺术设计类图书出版,为艺术设计从业者提供专业的图书、视频电子书、课程等教育产品。出版领域涉及平面、三维、影视、摄影与后期等数字艺术门类,字体设计、品牌设计、色彩设计等设计理论与应用门类,UI 设计、电商设计、新媒体设计、游戏设计、交互设计、原型设计等互联网设计门类,环艺设计手绘、插画设计手绘、工业设计手绘等设计手绘门类。更多服务请访问"数艺设"社区平台 www.shuyishe.com。我们将提供及时、准确、专业的学习服务。

# 目录
# Contents

## 第 3 章

### 8 类功能空间定制柜体设计

## 第 4 章

### 全屋定制柜体应用案例解析

# 第1章
## 定制柜体必知的 5 个细节

在定制柜体之初，应了解柜体的基本形态、常用材料等信息，以确保设计出符合居住者使用需求的产品。定制柜体大多由木质板材和五金配件组成，木质板材围合空间、承载物品，决定柜体的使用寿命，五金配件则关乎使用体验。柜体的木质板材一般由基材、饰面和封边三部分组成，三者结合，共同确保柜体的美观度、实用性和环保性。

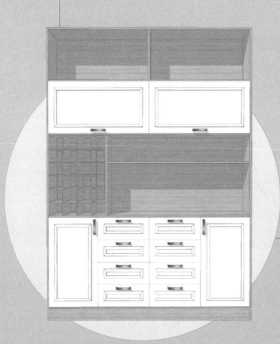

# 定制柜体的"全貌"：结构组成

　　定制柜体在外形上通常比较方正，结构组成也比较简单，一般由框架、层板和柜门三部分组成，并用五金进行连接和装饰。

层板：
与物品接触的层板是柜体设计的关键，决定了柜体空间的收纳能力。

**⬆ 定制柜体全景图**

柜门：
主要起到防尘和美观作用。

---

**定制柜体的优势**

定制柜体相较于成品家具最大的优势在于能够紧密贴合空间，做到与空间完美契合，并且能够根据空间的特点进行个性化设计。

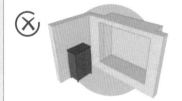

⬆ 飘窗和墙面之间留有空隙，尽管摆放了五斗柜，但空间并没有得到有效利用。

⬆ 沿着飘窗和墙面定制带有柜体的榻榻米，空间的利用率和收纳能力得到了提升。

框架：
负责支撑和
固定层板。

五金：
分为结构五金
和功能五金。

▲ 定制柜体拆解图

▲ 结构五金　　▲ 功能五金

# 定制柜体的"骨骼"：基材

定制柜体的基材主要包括人造板材和实木板材。由于人造板材价格便宜且防水，具有较高的性价比，因此在定制柜体的应用上比实木板材更为广泛。常见的人造板材包括颗粒板、生态板、密度板、多层板和指接板，一般可以通过观察横截面来区分。

环保性
防潮性
承重性
造型容易度

1　2　3　4　5　强度

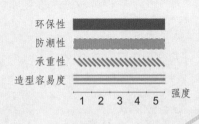

## 颗粒板

5
4
3
2

横截面有较大的孔洞

**别称：**
刨花板、微粒板、碎料板等。

**应用：**
√全屋定制中应用最广泛的基材之一。
√柜门与柜体均可使用。

**特点：**
◎由木屑 + 胶组成，在一定的温度、压力下压制而成。
◎表面平整，隔音、隔热性能好。
◎常见厚度有 13mm、16mm、19mm，其中以 19mm 为标准厚度。

---

人造板的环保等级

人造板的环保等级主要参照 GB/T 39600—2021《人造板及其制品甲醛释放量分级》标准，该标准于 2021 年 10 月 1 日正式实施。人造板及其制品的甲醛释放量按照限量值分为三个等级：$E_{NF}$ 级、$E_0$ 级和 $E_1$ 级，其中，$E_{NF}$ 级为最严格等级。

越往左越严格

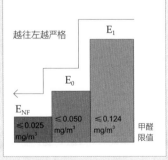

$E_1$

$E_0$

$E_{NF}$

≤0.025 mg/m³　≤0.050 mg/m³　≤0.124 mg/m³

甲醛限值

---

## 生态板　横截面像夹心饼干

**别称：** 大芯板、细木工板、木工板等。

3
3
5
1

**应用：**
√适用来做壁板、桌面板。
√握钉力差，容易变形开裂，不适合用来做柜门，原则上不推荐使用这种基材。

**特点：**
◎由薄木片 + 木方 + 胶组成，是一种具有实木板芯的胶合板。
◎具有漂亮的外观，质感更接近实木。
◎木工师傅喜欢，方便在现场切割。

**指接板** 横截面为榫卯结构，具有明显的纯实木纹理

**别称：** 集成板、集成材、指接材。

**应用：**

√ 可作为实木板的理想替代品。

√ 适用于做柜体和抽屉。

**特点：**

◎ 由多块木板拼接而成，其拼接方式类似于两手手指交叉对接，故称指接板。

◎ 使用的胶水较少，环保性较好。

◎ 常见厚度有 12mm、15mm、18mm 三种。

**多层板** 横截面像威化饼干

**别称：**

胶合板、夹板、三合板等。

**应用：**

√ 适合用于制作幅面大的部件，如各种柜类家具的旁板、背板、顶板、底板等。

√ 防潮性好，适用于厨房和卫浴等近水空间。

√ 9mm、12mm 的规格多用来做柜子背板、隔断。

**特点：**

◎ 由一层层薄木片加胶水压制而成。

◎ 不易变形，对室内环境条件的适应能力较强。

◎ 常见厚度有 3mm、5mm、9mm、12mm、15mm 和 18mm。

种常见
基材种类

横截面较平整，没有明显缝隙

**密度板**

**别称：** 纤维板。

**应用：**

√ 易于加工成各种造型，适合用于制作造型柜门。

√ 防潮性略差，强度也不高，不适合用于制作高度超过 2.1m 的定制柜体。

**特点：**

◎ 由木粉 + 胶组成，表面光滑平整，材质细密，方便造型。

◎ 厚度可在较大范围内变动。

# 定制柜体的"外衣"：饰面

定制柜体的饰面是指可以对基材的表面进行覆盖的涂料或饰面材料。如果把基材比作人的骨骼，那么饰面就是人的外衣，它可以使原本单调的基材变得更加美观。一般来说，颗粒板、生态板、密度板等基材常使用实木皮、纸皮、塑料皮等饰面材料；实木板、指接板等基材多使用油漆作为表面装饰的涂料。

## 三聚氰胺浸渍胶膜纸饰面

**覆面方式：**

◎将经过高清印刷的纸基材质浸泡在三聚氰胺溶液中，然后用热压贴合的方式覆在基材上。

◎必须经过一道重要工序：封边。封边处理越到位，封边条与板身结合得越严密，柜子越耐用，甲醛对外溢散也就越少。

**特点：**

◎应用广泛。目前，大部分全屋定制传统门店的柜体用的都是三聚氰胺浸渍胶膜纸饰面。

◎用三聚氰胺浸渍胶膜纸饰面的板材被称为生态板、免漆板、耐磨板、双饰面板等。

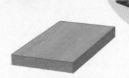

**优点：**

◎耐磨、耐划、耐酸碱、耐烫、耐污染。

◎饰面图案高清，可以做出有纹理的凹凸手感。

◎性价比高。

贴纸皮

**缺点：**

◎封边受限因素较多，环保上下限差距很大。

◎热压温度过高容易引起表面裂化。

◎不适用于有造型的柜门覆面，适用于平板门覆面。

## 实木贴饰面

贴实木皮

**覆面方式：**

◎把原木切割成 0.1~1.0mm 厚的木皮，经过浸泡、烘干等工艺处理后，将木皮包覆在基材上，基材可以是颗粒板、密度板或指接板。

**特点：**

◎以天然原木为原料，保留了原木天然的纹理。

**优点：**

◎木材纹理真实自然。

◎档次较高，是目前国内外高档家具采用的主要饰面方式。

**缺点：**

◎制作成本较高，价格较高。

◎防火、防水性差，空气干燥时容易变形开裂。

## PVC 覆膜饰面

贴塑料皮

**覆面方式：**

◎一般采用热压的方式将 PVC 膜覆盖在中密度纤维板上，最后进行修边。

**特点：**

◎采用这种饰面方式制作而成的门板一般被称为膜压门或吸塑门。

**优点：**

◎适用于各种凹凸造型，常见于欧式、美式、法式、轻奢风格。

◎品质好的覆膜质地厚实，木纹手感逼真。

◎抗磨损性好，日常维护简单。

**缺点：**

◎耐高温性差，不耐紫外线照射，遇热易开裂。

◎整体效果略差，只能包覆基材的正面和侧面，无法包覆基材背面，背面多采用简陋的白色饰面纸。

◎若六面覆膜，造价较高。

**其他同类型饰面：PET 饰面**

在饰面纸上贴上一层 PET 膜，其色彩艳丽，耐磨性和环保性均不错。常见的 PET 饰面有肤感和高光两种，肤感 PET 饰面为亚光面，摸起来舒服；高光 PET 饰面多用于厨柜柜门。

种常见
面方式

刷漆

## 烤漆饰面

**覆面方式：**

◎多以密度板为基材，背面采用三聚氰胺浸渍胶膜纸饰面，表面喷漆后经过六次（三底、二面、一光）高温喷烤而成。

**特点：**

◎多用于柜体门板，若局部搭配玻璃门，可以打造出光洁感较强的现代简约风格。

**优点：**

◎色泽鲜明，具有很强的视觉冲击力。

◎表面光洁度较好，易擦洗。

◎防水防潮，防火性较好，多用于近水空间。

**缺点：**

◎工艺复杂，加工周期长，价格相对较高。

◎怕磕碰和划痕，一旦出现损坏就很难修补，需要整体更换。

◎在油烟较多的厨房中易出现色差。

**其他同类型饰面：混油饰面**

也叫"混水"，是指油漆工人在对木材进行必要的处理（如修补钉眼、打砂纸、刮腻子）之后，再喷涂不透明的有色油漆的工艺。混油工艺分为喷漆、擦漆及刷漆等不同的施工工艺，每种工艺都有其特点。

# 定制柜体的"美妆"：封边

定制柜体进行封边的主要目的是保护板材的边缘位置，防止板材因裸露而受潮、氧化，从而避免变形或变质。此外，通常情况下，板材在开料后状态比较粗糙，使用带有纹理和颜色的封边条能增加板材的美观度。

## 5 种常见封边材料

### 金属封边条

**特点：**
◎常用于厨房柜体门板的封边。

**优点：**
◎硬度高、耐磨、耐脏、抗老化、防潮性突出。
◎简单实用，使用寿命较长。

**缺点：**
◎弯曲性能差，不适合用于异形部位，如转角等。
◎相对来说，美观度欠佳。

### 三聚氰胺封边条

**特点：**
◎主要原材料是有色纸，俗称纸封边。
◎适用范围与 PVC 封边条相似，适合用于防火板的封边。

**优点：**
◎黏性好，不易伸缩变形。

**缺点：**
◎质地较脆、不耐磨，在家具生产或搬运过程中易损坏。

### 木质封边条

**特点：**
◎适合作为实木复合家具及实木复合门的封边材料。

**优点：**
◎天然木纹理，柔软且不易变形。
◎黏结力非常好，与木质家具浑然一体。

**缺点：**
◎价格比普通的封边条贵。
◎耐潮性相对来说较弱。

### PVC 封边条

**特点：**
◎主要原料是聚丙烯和聚氯乙烯，采用机械压制而成，是国内板式家具主要的封边材料。

**优点：**
◎表面性能好，耐热、耐油、耐磨，强度和硬度都很高。
◎可呈现木纹、双色、素色等多种效果。

**缺点：**
◎质量不太稳定，容易老化和断裂。

### ABS 封边条

**特点：**
◎目前国际上先进的材质之一。

**优点：**
◎不含碳酸钙，光滑透亮，不会发白，比较高档。
◎耐热性好。

**缺点：**
◎制作成本较高。
◎韧性不佳。

**特点：**

◎ 也被称为"热熔胶封边"，做法为先把经过高温熔化的热熔胶均匀地涂在板材的剖面上，再挤压黏合封边条。

◎ 目前市面上比较主流的柜体封边方式。

◎ 不建议厨房、卫生间使用。

**优点：**

◎ 应用范围广，价格低。

**缺点：**

◎ 用胶多、不环保。

◎ 不防潮、易溢胶，高温易开裂。

◎ 对浅色板材不友好，表面会产生明显的胶线，影响美观度和平整度。

**特点：**

◎ 在激光高温作用下，把边缘和封边条焊接在一起，无胶水，自带"活化涂层"。

**优点：**

◎ 不需要用到胶水，环保性佳。

◎ 不存在溢胶或漏胶的情况，能达到近乎完美的封边效果。

◎ 平整度好、耐用性高，具有一定的防水效果。

**缺点：**

◎ 价格非常贵，并不普及，主要用于一些进口板材。

**其他平替工艺：热风封边**

通过封边机的喷嘴，喷出高温高压的热风到封边条上，使预涂胶层熔化，再用压轮机把封边条紧密贴合在板材上。这种封边方式的效果堪比激光封边，同时综合成本较低。

**EVA 封边**
🖐经济实用

**激光封边**
♡消费升级

**3 种常见封边工艺**

**PUR 封边**
♦品质美观

**特点：**

◎ PUR 封边的说法来自所采用的液态胶水，其工序和 EVA 封边几乎相同。

◎ 适合使用在卫生间、厨房。

**优点：**

◎ 较少胶量即可使封边牢固，边侧胶印不明显。

◎ 采用 PUR 胶水，主要靠湿气固化，不容易因温度影响而开裂。

◎ 稳定性好，黏性比较强。

**缺点：**

◎ 价格相对较高，是 EVA 封边价格的 3~4 倍。

---

封边工艺的选择方法：根据日常使用情况，EVA 封边可以满足基本需求，而如果预算充足，选择 PUR 封边更好。激光封边的效果最佳，美观度最高。封边完成后，可以用手指反复搓一搓封边的接缝位置，若出现一条比较明显的黑线，那么采用的一定不是激光封边工艺。

# 定制柜体的"关节"：五金

在定制柜体中，五金虽然占比不大，但作用不容小觑。其中，结构五金是家具形态的组成要素，它是指安装在家具外表面，起装饰和点缀作用的配件，主要为拉手。而功能五金则好比人体的关节，是重中之重，应选择高品质产品，增强其使用寿命，主要有铰链和导轨。

**6 种常见
明装拉手**

## 拉手：彰显风格特征的小单品

拉手的主要作用是开合柜门，其次是装饰柜体，彰显风格。拉手的材料、造型、颜色非常多样，除了常见的明装拉手，还有暗装拉手和免拉手设计。

明装拉手：是指可以在柜体表面明显看到的拉手，它突出于柜体平面，能被人握住。这种拉手最大的作用是可以在细节上增强柜体的风格特征。

暗装拉手：通常隐藏于柜体中，一般需要开孔或开槽。暗装拉手一般分为侧边拉手和嵌入式拉手，功能性较好，但有很大的局限性，几乎专款专用。

免拉手设计：当下比较流行的设计方式，可以弱化柜体的存在感，视觉效果更加简洁、美观。同时，这种设计方式还具有防止磕碰的特点，比较适合现代、简约风格的居室。

**6 种常见
暗装拉手**

### 铜拉手

高端、精致，手感好，抗腐蚀性能佳，缺点是价格较贵。

### 锌合金拉手

美观，具有较好的可塑性，电镀时很容易着色。

### 铝合金拉手

成本低，但质感不好，在高湿、高酸等环境中容易氧化生锈。

### 木拉手

色泽温润、质感温和，特别适合有孩子的家庭。

### 皮质拉手

可以彰显出文艺感和高端感，能够突出个性化特征。

### 陶瓷拉手

色彩艳丽，表面光滑，质感细腻，自主选择空间较大。

### 内嵌拉手

造型简单，主要用于抽屉。

### 斜边拉手

一般安装于柜门或抽屉上边或下边，配合柜体拉手或柜体凹槽使用。

### 子母拉手

作为长门通顶拉手比较美观。

### 闪电拉手

形如闪电，装饰效果较好。

### 拇指拉手

常为侧装拉手，可以局部安装，也可以通顶安装。

### 字母拉手

比较常见，有 F、L、G、H、U 等多种造型。

# 6 种常见
# 免拉手设计

**特点：**

◎利用柜门自身长度，通过门板上延或下延来达到打开柜门的目的。

◎通常柜门的长度比柜体长 1~2cm，这样刚好遮住柜体。

**优点：**

◎不需要特殊工艺，方便又经济。

◎外观整齐，视觉效果整洁。

**缺点：**

◎直角边使用起来不够顺滑。

**适用范围：**

◎吊柜。

◎悬空柜或抽屉。

◎上下分体式柜子。

## 斜切柜门　　　　　门板延伸　　　　　切角柜门

**特点：**

◎在柜门边缘斜切 45°角，常用于柜门上下两端。

◎为了让手有空隙伸进去打开柜门，夹缝一般预留 3cm。

**优点：**

◎外观可以保留柜子的完整性。

◎造价低、耐用。

**缺点：**

◎对板材有要求，一般运用在双饰面门板中。

◎对封边要求比较高，需要厂家有斜封边机。

**适用范围：**

◎地柜。

◎上下分体式柜子。

**特点：**

◎在门板的边角或侧边做一个三角形的切角，切角一般不需要太大。

**优点：**

◎从外观上看比较平整，同时又有视觉变化。

**缺点：**

◎需要对板材进行切割，并保证同系列柜门的切角统一。

**适用范围：**

◎不想在上下门之间留槽的分段式柜门。

**适用范围**

◎分段式柜体

**特点：**

◎在柜体内部安装挡板，挡板颜色
　一般与柜体同色或撞色，上下留
　出适当空间即可。

◎在两扇柜门之间留出 2.5~3cm
　的缝隙，以便手指能够扣住门
　板，轻松打开。

**优点：**

◎不需要使用五金配件，经济实惠。

**缺点：**

◎当门板过重时，开合可能不太
　方便。

**适用范围**

◎通顶式衣柜

**特点：**

◎在门板侧面铣出不同造型的暗槽，为一体化设计。

**优点：**

◎造型可以以自己的喜好为主。

◎视觉上干净利落，是极简设计的必备元素。

**缺点：**

◎对板材有要求，不适合颗粒板，因为颗粒板无法进行
　二次加工。

◎封边工艺要求高。

| 铣槽柜门 | 反弹器 | 挡板柜门 |

**特点：**

◎目前使用较多的隐藏式拉手，按一下弹开，再按一下关闭。

**优点：**

◎按弹开门，使用便捷。

◎成本较低，实用性高。

◎美观度高，可以实现"隐形设计"。

**缺点：**

◎相较于其他拉手更容易损坏。

◎质量不佳的反弹器容易造成柜门不齐、按弹和关闭不灵活等
　问题。

**适用范围：**

◎适用范围广泛，大部分柜门均适用。

## 铰链：定制柜体中基础五金的核心

铰链俗称"合页"，在定制柜体中扮演着连接柜体和门板的角色。铰链需要承受多次的柜门开合及门板重量，可以说是定制柜体中基础五金的核心，其耐用性非常关键，因此应选择品质优良的产品。此外，铰链的分类方式多样，按照型号一般可以分为全盖铰链、半盖铰链和无盖铰链。

大弯

△ 无盖铰链

### 3 种常见铰链类型

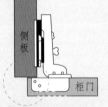

中弯
△ 半盖铰链

**全盖铰链**

也叫直弯铰链、直臂铰链。门板几乎盖住柜体18mm厚侧板的全部，铰链所在侧板不与其他柜共享。

**适用位置：**
单元柜全盖门。

**半盖铰链**

也叫中弯铰链、小弯铰链。门板几乎盖住柜体18mm厚侧板的一半，一般用于中立板，两扇柜门共用一个侧板。

**适用位置：**
共用侧板的半盖门。

**无盖铰链**

也叫大弯铰链、内嵌铰链。门板完全不盖住柜体侧板，门板关上后，侧板外沿与门板表面基本持平。

**适用位置：**
内嵌门。

此外，天地铰链和针式铰链常用于玻璃门的连接，具有小巧、美观的特点。

△ 天地铰链

△ 针式铰链

直弯

▲ 全盖铰链

# 铰链的选择

## ● 根据安装环境选择

**304 不锈钢铰链：**

◎防锈和抗腐蚀能力较强。若预算充足，推荐使用。

◎一般常用于卫生间、厨房等比较潮湿的环境。

潮湿环境

**冷轧钢铰链：**

◎一次冲压成型，表面光滑，结实耐用，承重能力强，能够让柜门自由拉伸，不会出现门关不严实的情况。

◎常用于卧室、客厅、书房等比较干燥的环境。

干燥环境

## ● 根据使用功能选择

**一段力铰链：**

◎铰链使用的是单边扭簧。

◎使用此种铰链，柜门要么全关，要么全开，且当柜门开启到最大角度时，可能会出现来回反弹几次的情况。

◎反复晃动的门板会对固定铰链的螺钉造成影响，从而影响家具的使用寿命。

**二段力铰链：**

◎铰链采用的是双边扭簧加双轴承的结构。

◎铰链开关自由，能使门板打开110°，关门的时候，在110°到45°的范围内，门板可以自由停留在任意角度，小于45°时门板会自动缓缓关闭。

◎当柜门开启到最大角度时，门板不会出现来回反弹拨动的现象。

**● 根据固定方式选择**

**脱卸式铰链：**

◎用弹簧卡扣固定柜门和柜体，只需按一下铰链尾部的开关即可实现柜门的脱卸。

◎优点是安装简单，拆卸方便。

◎比较适合调换略频繁或需要拆下清洗的柜门。

**固定式铰链：**

◎直接用螺钉紧固柜门和柜体，拆卸柜门时仅需松开螺钉即可。

◎优点是装载稳定，不容易损坏。

◎适合不需要二次拆卸的柜门。在全屋定制的柜体中，常选择这种铰链。

**铰链数量的确定方法**

　　铰链的使用数量由柜门的宽度、高度和重量决定。以常见的 600mm 宽、18mm 厚的柜门为例，高 900mm 的柜门一般需要选择 2 个铰链，高 1600mm 的柜门一般需要选择 3 个铰链，高 2000mm 的柜门一般需要选择 4 个铰链，高 2400mm 的柜门一般需要选择 5 个铰链。

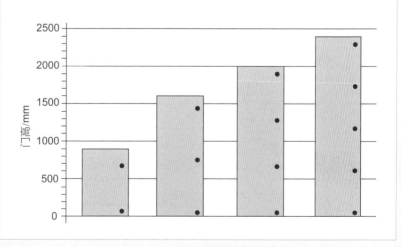

┌ 知识拓展 ┐

### 提升柜体安全系数的小物件：抽屉导轨

　　导轨的工作原理是通过轨道之间滚珠或滚轮的滚动来实现伸缩，主要应用在全屋定制柜体的抽屉中。导轨的使用使得抽屉可以方便地推进与拉出，同时防止外滑。更重要的是，由于导轨的阻挡作用，家中的小孩无法轻易拉脱抽屉，从而避免了潜在的安全隐患。

**3 种常见抽屉导轨**

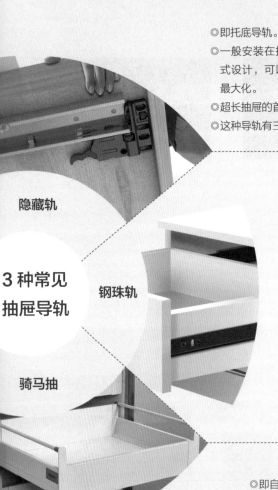

**隐藏轨**

**钢珠轨**

**骑马抽**

◎即托底导轨。

◎一般安装在抽屉的底板上，采用隐藏式设计，可以使抽屉的空间利用达到最大化。

◎超长抽屉的首选，抽拉顺滑，无噪声。

◎这种导轨有三节和二节之分。

◎即三节导轨。

◎目前市面上最常规、体量最大的导轨之一。

◎一般安装在抽屉侧面。

◎除了三节导轨，还有二节导轨，两者的区别在于可以拉出的抽屉长度。

◎三节导轨可以将抽屉完全拉出，而二节导轨则只能将抽屉拉出一半，所以目前应用并不广泛，仅会出现在卫浴柜这种深度较浅的抽屉中。

◎即自带侧板的集成托底导轨。

◎其优势在于具有较高的贴合度、轻盈的开启效果，以及顺畅稳定的推拉效果。

◎承重效果比较好，适用于放置较重物体的抽屉，如放置锅具的厨柜抽屉。

◎这种导轨的价格较高，一副骑马抽的价格为 400~600 元，且安装比较考验工人的能力。

钢珠轨规格的选择方法

一般情况下，钢珠轨常见的长度有 300mm（12 英寸）、350mm（14 英寸）、400mm（16 英寸）、450mm（18 英寸）、500mm（20 英寸）、550mm（22 英寸）。而抽屉的长度一般和导轨的长度相同，比如 300mm 长的抽屉搭配的就是 300mm 长的导轨。

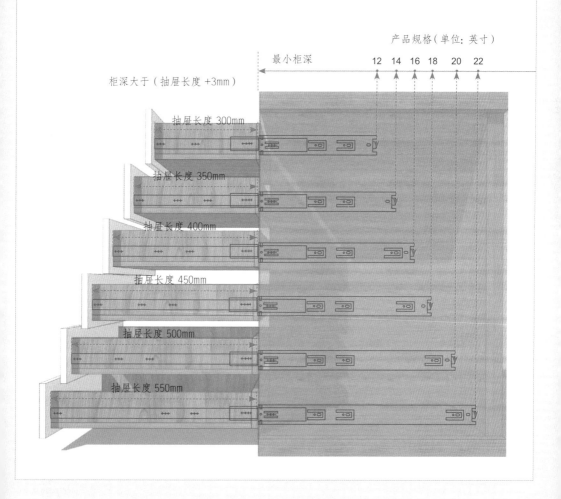

产品规格（单位：英寸）

最小柜深　12　14　16　18　20　22

柜深大于（抽屉长度 +3mm）

抽屉长度 300mm
抽屉长度 350mm
抽屉长度 400mm
抽屉长度 450mm
抽屉长度 500mm
抽屉长度 550mm

# 全屋定制其他常用五金一览表

| 种类 | 特点 | 图示 |
|---|---|---|
| 拉直器 | ◎力的作用是相互的，利用金属本身的弹性形成一个和柜门相反的作用力，令柜门保持挺直<br>◎适用于一门到顶的柜子，超过 2.4m 的柜子一定要安装拉直器，否则柜门容易变形；较低的柜门则不需要安装拉直器。安装拉直器需要将门板通长开槽 | |
| 气撑杆 | ◎也叫气弹簧、支撑杆，具有支撑、缓冲、制动及角度调节等功能<br>◎它在整个工作过程中能提供恒定的支承力，具有缓冲效果，可避免柜门关闭时的冲击，这是它相比于普通弹簧的最大优势。此外，气撑杆安装方便，使用安全，无须保养<br>◎常用于吊柜上翻门 | |
| 磁碰 | ◎利用有磁性的两部分相互吸引的原理来达到令柜门紧闭的效果<br>◎可以避免在开合的时候用力过猛导致的安全隐患<br>◎一般安装在柜门内侧的顶板上，尤其适用于玻璃柜门 | |
| 拉篮 | ◎在厨房厨柜中最常用，能提供较大的储物空间<br>◎可以合理利用厨柜空间，使各种物品和用具得到适当的安置 | |
| 衣通 | ◎俗称挂衣杆，是衣柜内用于悬挂衣物的杆状零件<br>◎材质一般为铝合金，其硬度大，承重能力强<br>◎大多数衣通表面会增加工艺线，即一道道细小的凹槽，可以起到防滑作用 | |
| 裤架 | ◎适合悬挂裤子、领带等一些不宜折叠的衣物<br>◎最好选用抽拉式裤架，相比传统裤架，其收纳能力更强，且底部安装导轨，可将其拉出柜体，便于使用 | |

# 第 2 章
# 定制柜体的 4 个任务

定制柜体具有不容小觑的作用。首先，相比于成品家具来说，定制柜体可以更好地适应整体户型，同时具备弥补空间不足和提高空间利用率的功能。其次，由于定制柜体一般体积较大，因此具有美化空间、主导空间风格的作用。最后，定制柜体能够充分满足使用需求，显得更加人性化。

# 📗 任务 1：整合空间布局

由于定制柜体通常体积较大，且形态比较方正，因此对于一些对隔音效果要求不高的空间，可以作为间隔墙来使用。使用定制柜体来分隔空间，不仅灵活性更高，还具备一定的储物功能。

## 常见功能 1：阻隔户外与室内的视线贯穿

家是一个能够给人带来安定感的地方，因此对于空间的私密性要求较高。然而，在一些户型中，玄关是敞开式的，没有缓冲空间，导致人一进门就能将室内情况一览无余，这非常尴尬。为了解决这个问题，可以利用玄关定制柜来有效阻隔户外与室内的视线贯穿。

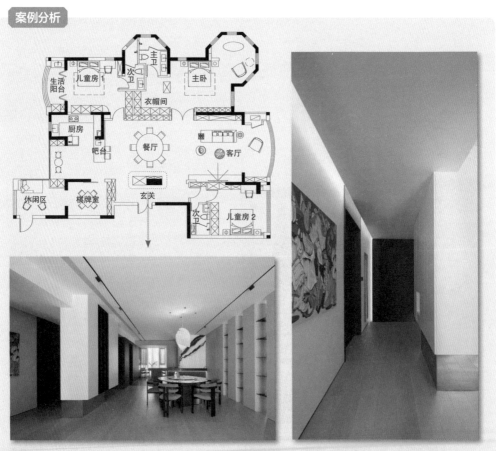

↑ 原户型中没有独立玄关，人入门即见室内景象，空间缺乏隐私性。因此，在设计时，定制了双面玄关柜来进行分隔，有效规划出玄关区和餐厅区。

## 常见功能 2：协调空间墙面比例

住宅空间的原始格局难免会存在不尽如人意的地方，这时就需要通过拆除或改造墙面来进行调整。由于空间中的承重墙不可以随意拆除，或者屋主不想对墙面进行较大的拆改，这时就可以利用定制柜体来延长或调整墙体，使室内空间的比例得到改善。

**案例分析**

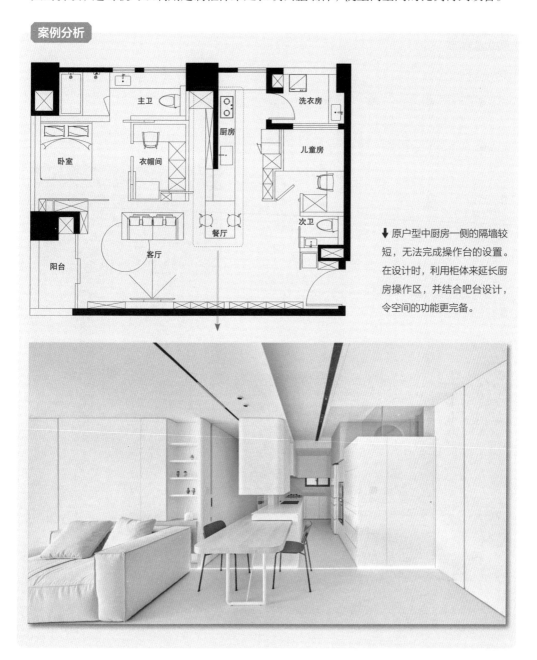

↓ 原户型中厨房一侧的隔墙较短，无法完成操作台的设置。在设计时，利用柜体来延长厨房操作区，并结合吧台设计，令空间的功能更完备。

## 常见功能 3：利用多面柜对相邻空间进行分区

在住宅空间中，并非一定要用隔墙来进行空间划分，有时可以采用多面柜来划分空间，这样能够最大限度地利用空间，特别适合小户型。在具体设计时，需要根据两个空间的功能需求和布局形式来规划柜体的形态与分区。

案例分析

↑ 屋主希望主卧中能有一个小型衣帽间，以满足家中的储物需求。在设计时，采用双面柜的形式将主卧衣柜与衣帽间结合设计，大幅提升空间的收纳能力。

## 常见功能 4：为室内动线增添趣味

有些户型中，公共区域没有做分区处理。在设计时，需要利用有效分隔来界定区域。若是采用隔墙来界定空间，对于一些小户型来说，可能会显得逼仄。这时不妨考虑采用半隔断柜的形式来划分空间，可以根据空间的特性规划出环形动线，环形动线和直线动线有机结合能增强家居生活中空间转换的趣味性。

案例分析

↓ 原户型是一个 45m² 的小公寓，公共区域没有进行分区。在设计时，将半隔断柜与吧台相结合，将客厅、卧室和过道等空间区分开来，同时形成了一条环形动线，使居住者在小空间的活动更加流畅。

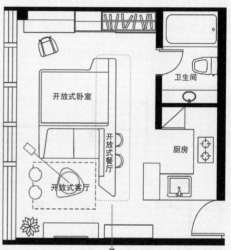
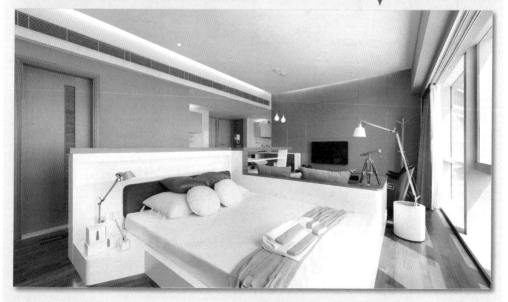

# 📗 任务 2：弥补空间不足

一些原户型或多或少会存在一些缺陷。例如，有些户型中存在无法拆除的梁柱，非常影响空间格局的规划。或者，空间呈不规则形态，给人带来尖锐的视觉感受等。因此，在设计时，需要通过有效手段来解决这些空间问题。其中，利用定制柜体来弥补空间的不足，是一种非常有效的方法。

## 常见功能 1：利用定制柜体减弱空间梁柱的存在感

一般情况下，弱化梁柱的常见方法是在梁柱处砌隔断墙，将梁柱整合在墙中。可以考虑将隔断墙换成定制柜体，将梁柱包裹在柜体中。这样在隐藏梁柱的同时，也能改变空间轴心，令空间比例更协调，动线规划更合理。

↑ 原户型中，进门处存在一面隔断墙，且有一段无法拆除的承重墙。在设计时，拆除非承重墙后，将承重墙包裹在定制柜体中，不仅缓解了入门处的尴尬情况，还增加了储物空间。同时，圆柱形的柜体设计还具有一定的装饰性，且可以起到阻隔室外与室内视线贯穿的作用。

## 常见功能 2：以柜体线条修饰不规则空间的锐角

　　在实际生活中，并非所有户型都是方正、规整的，有些户型会存在尖角空间、不规则空间等，这些空间不仅使用起来不便，还容易给人带来心理上的压迫感。因此在设计时，应充分考虑如何将这些不利于使用的空间变得规整。

**案例分析**

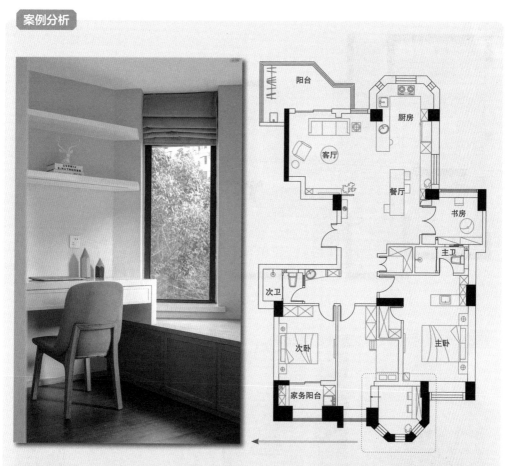

↑ 原户型中，有一处不规则的阳台。在设计时，将这个空间并入次卧，并利用定制一体式书桌柜和榻榻米来拉正空间，形成一个独立的学习区，从而完善了次卧的使用功能。

## 常见功能 3：利用柜体体积遮蔽与转换视线

　　门门对冲是很多格局可能面临的问题，尤其是入户门与卫生间门正对，或者卫生间门与卧室门正对等，这类问题会导致入门的视线不佳，或者卫生间内不良气味影响其他空间等尴尬情况的发生。由于柜体具有一定的体积，可以起到遮蔽和转换视线的作用，因此可以在一定程度上解决此类问题。

案例分析

↓ 原户型中，入户门正对卫生间门，毫无隐私可言，比较尴尬。在设计时，通过延长次卧与餐厅之间的隔墙，解决了这个问题。同时，延长出来的墙面与原卫生间之间形成的区域可以作为卫生间的干区使用。

## 常见功能 4：利用柜体提升空间收纳力

收纳问题是很多居住者都会关注的关键点，尤其是在一些小户型中，由于空间面积有限，因此做好收纳就显得尤为重要。而提升空间收纳能力是定制柜体最直接的功能，通常可以结合居住者的实际需求来实现。

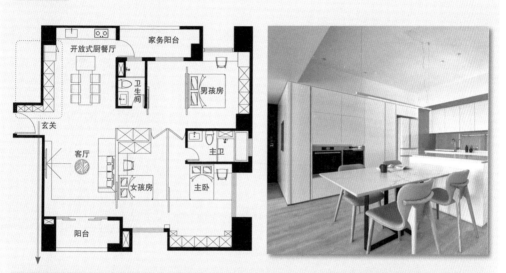

↑ 原户型的面积充裕，但屋主仍然希望空间具备强大的收纳能力。在设计时，沿着玄关到餐厅的位置定制了一个 L 形收纳柜，并对一些小家电做嵌入式设计，这样不仅极大地提升了柜体的收纳能力，还使其功能性更加完备。

# 任务 3：协调室内风格与色彩

由于定制柜体在空间中的体积占比通常较大，因此能够协调空间风格并为空间美观度加分。定制柜体可以通过色彩搭配、材质质感、装饰线条，以及五金（如拉手）等配饰来呼应整体空间的风格特征。另外，为了避免定制柜体大体量带来的压迫感，有时也会通过设置上下照明或采用柜体不落地的设计方法来减弱视觉上的重量感。

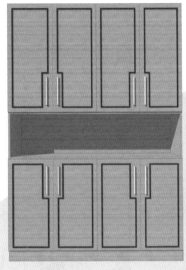

➡木色柜门搭配中式装饰线条，形成新中式风格。

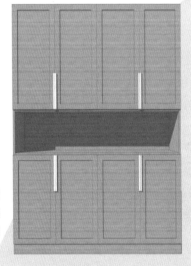

➡木色柜门采用模压造型，搭配银色拉手，形成简约风格。

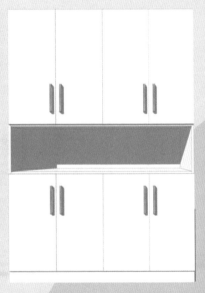

⬆柜门搭配木质拉手，形成北欧风格。

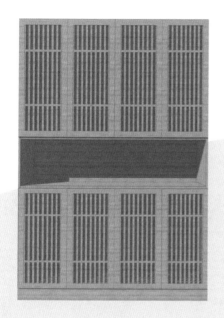

← 格栅式的木色柜门，可以令定制柜体彰显出日式风情。

↑柜门搭配装饰线条和金色拉手，形成法式风格。

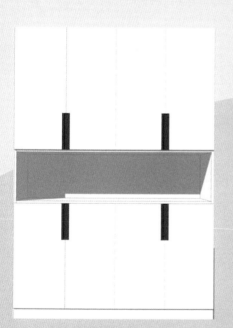

↑柜门搭配隐形黑色拉手，形成简约风格。

案例分析

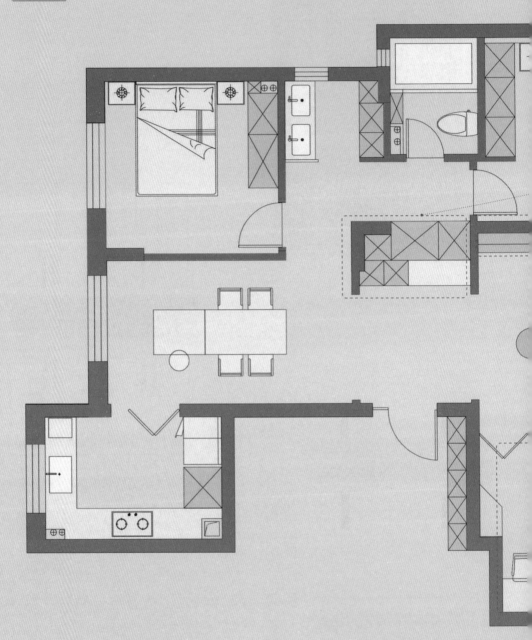

↑ 在这个案例中，室内的定制柜体在色彩和材质的选择上保持了统一的调性。白色与深木色的搭配，既干净又沉稳；带有纹理的深色板材则在视觉上丰富了空间表达。柜门统一采用无拉手设计，将空间的简洁性体现得淋漓尽致。

# 任务 4：匹配居住者的生活习惯

定制柜体的设计应遵循"以人为本"的设计准则，这主要体现在两个方面：一是柜体在空间中的位置应符合居住者的行动轨迹；二是柜体的尺寸和内部结构应符合居住者的使用需求。

## 贴合居住者的生活习惯是关键

在规划定制柜体的位置时，可以根据居住者的生活习惯和实际需求，采用"动线设计"的方式来实现，最终目的是让物品的位置符合居住者的使用习惯和频率，同时贴合居住者的生活习惯和节奏。

**备注：**
所谓动线，是指居住者在家中为了完成一系列活动而走过的路线。动线可以分为主动线和次动线，还可以细分为起居动线、家务动线和访客动线。

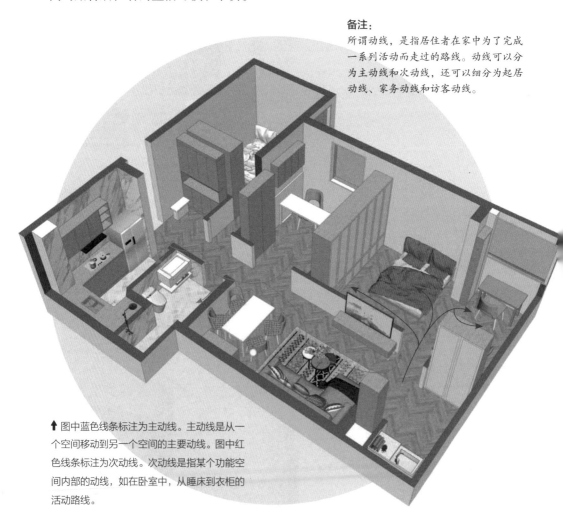

↑ 图中蓝色线条标注为主动线。主动线是从一个空间移动到另一个空间的主要动线。图中红色线条标注为次动线。次动线是指某个功能空间内部的动线，如在卧室中，从睡床到衣柜的活动路线。

起居动线：起居动线关键在于私密性，包括卧室、卫生间、书房等区域。这种动线设计要充分尊重屋主的生活格调，满足屋主的生活习惯。

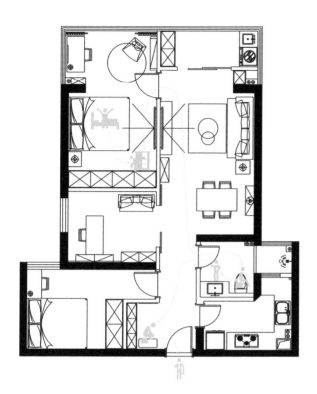

← 起居动线 1：
从起床到出门
的行动轨迹。

备注：目前流行在卧室中设计一个独立的浴室和卫生间，体现了起居动线的私密性，为夜间起居提供了便利。此外，床、梳妆台、衣柜的摆放要恰当，不要形成空间死角，否则会让人感觉无所适从。

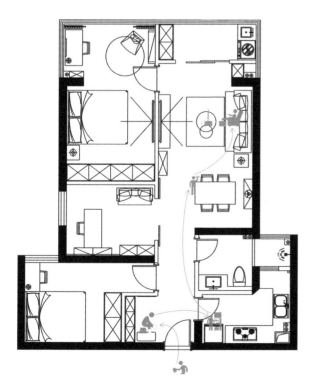

← 起居动线 2：
回家后到休息
的行动轨迹。

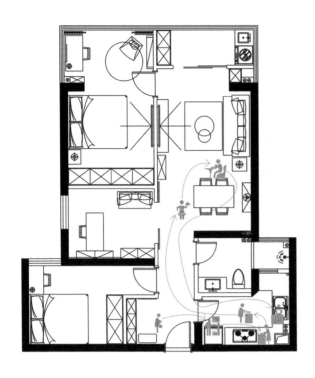

家务动线：家务动线是指家庭成员做家务的路线，包括做饭、洗衣和打扫卫生等。在家居设计中，家务动线要尽可能短，以符合空间追求便捷、舒适的特点。

◀ 家务动线1：
回到家做饭的
行动轨迹。

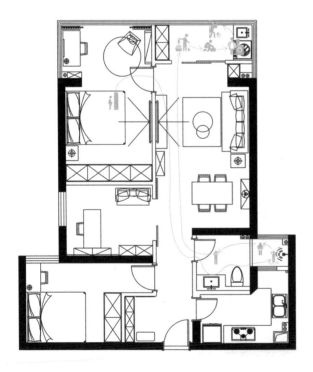

备注：家务动线在三条动线中用得最多，也最烦琐，一定要注意顺序的合理安排，设计要尽量简洁，否则会让家务劳动的过程变得更辛苦。

◀ 家务动线2：
洗澡、洗衣时
的行动轨迹。

访客动线：访客动线主要是指由入口进入客厅区域的行动路线。访客动线不应与起居动线或家务动线交叉，以免在客人拜访的时候影响家里其他成员休息或活动。

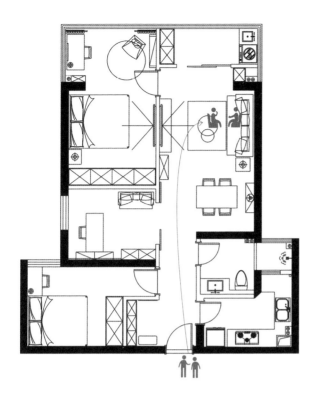

◀访客动线 1：
关系亲密的朋友
来访，可选择在
客厅接待。

备注：目前，大多数动线设计中把起居室和客厅结合在一起，但这种形式也有缺点，如果来访者只是家庭中某个成员的客人，那么偌大的客厅就只属于这两个人，其他家庭成员就得回避，这会影响其他家庭成员正常的活动。因此，可在客厅空间允许范围内划分出单独的会客室。

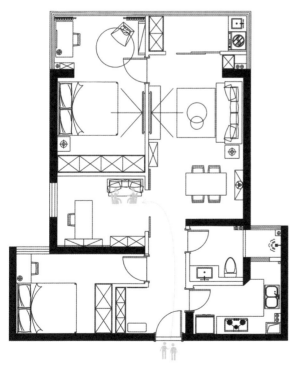

◀ 访客动线 2：
有业务洽谈的
来访者上门，
可选择在书房
接待。

## 根据不同年龄段人群的需求做规划

在一个家庭中，一般会涉及三个不同年龄段的人群，即儿童、成年人和老人。在设计定制柜体时，应充分考虑不同年龄段人群的使用需求，如柜体整体与分层的高度、体量，不同人群对于柜体内部结构分割的个性化需求等。

符合成年人需求的柜体设计：在家庭生活中，成年人是柜体的主要使用人群。在定制柜体时，肘高和摸高是决定柜体使用舒适度的关键因素。

### 肘高

是指上肢自然下垂，前臂水平前伸，手掌朝向内侧时，从肘部的最下点至地面的垂距。

**应用范围：**

在确定厨房台案、卫浴洗手台、工作台及其他站着使用的工作平面的舒适高度时，肘部高度数据必不可少。通常，这些表面的高度都是凭经验估计或根据传统做法确定的。然而，科学研究表明，工作平面最舒适的高度是低于人的肘部高度7.6cm。另外，休息平面的高度应该低于肘部高度2.5~3.8cm。

单位：mm

| 项目 | 5百分位[①] | 50百分位 | 95百分位 |
|---|---|---|---|
| 男性站姿肘高 | 1195 | 1271 | 1350 |
| 女性站姿肘高 | 899 | 960 | 1023 |

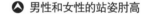
◆ 男性和女性的站姿肘高

### 摸高

是指手举起时到达的高度，摸高与身高有关。

**应用范围：**

摸高是设计各种柜架、扶手和控制装置的主要依据，柜架经常使用的部分应该设计在一定范围内。

| 项目 | | 指尖高/mm | 直臂抓摸高度/mm |
|---|---|---|---|
| 男性 | 95百分位 | 2280 | 2160 |
| | 50百分位 | 2130 | 2010 |
| | 5百分位 | 1980 | 1860 |
| 女性 | 95百分位 | 2130 | 2010 |
| | 50百分位 | 2000 | 1880 |
| | 5百分位 | 1800 | 1740 |

◆ 男性和女性的摸高

---

①百分位是一种统计术语，用于描述一组数据中某个特定值所占的百分比。在人体工学中，百分位通常用于衡量人群中的身体尺寸和人体功能的变化范围。常采用5百分位、50百分位、95百分位来分别代表矮小身材、平均身材和高大身材。以5百分位为例，它表示在给定的人群中，有5%的人测量数值小于或等于该值。

符合儿童需求的柜体设计：在定制柜体的设计中，应从儿童的年龄和身高来考虑其使用的便利性。由于不同阶段的儿童身高差异较大，因此在为儿童定制特定使用的柜体时，应尽量选择可以调节高度的款式。

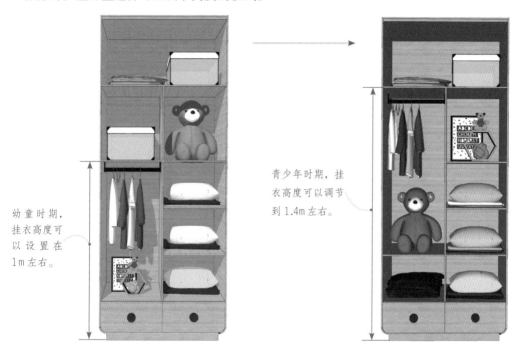

幼童时期，挂衣高度可以设置在 1m 左右。

青少年时期，挂衣高度可以调节到 1.4m 左右。

例如，在设计儿童定制衣柜时，应该考虑的重点是让儿童能自己找到想穿的衣服，这样可以培养儿童的自理能力和良好的生活习惯。具体设计时，要考虑儿童的身高因素，不要在接近他们头高的位置设计抽屉等可以拉出来的配件，以免发生磕碰。

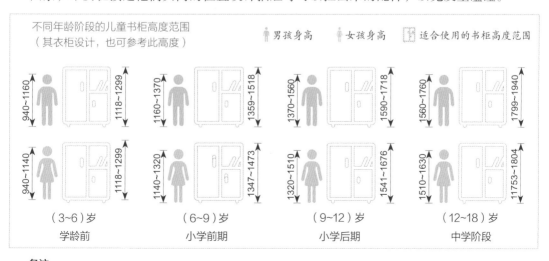

不同年龄阶段的儿童书柜高度范围
（其衣柜设计，也可参考此高度）

男孩身高　女孩身高　适合使用的书柜高度范围

（3~6）岁　学龄前　男孩 940~1160，书柜 1118~1299；女孩 940~1140，书柜 1118~1299

（6~9）岁　小学前期　男孩 1160~1370，书柜 1359~1518；女孩 1140~1320，书柜 1347~1473

（9~12）岁　小学后期　男孩 1370~1560，书柜 1590~1718；女孩 1320~1510，书柜 1541~1676

（12~18）岁　中学阶段　男孩 1560~1760，书柜 1799~1940；女孩 1510~1630，书柜 11753~1804

**备注：**
本书图中数据单位，除有特殊标注外，均为毫米（mm）。

符合老年人需求的柜体设计：在定制老年人使用的柜体时，应充分考虑因其身体状况而导致的一些行动不便的问题。例如，大多数老年人腰腿功能不好，因此在做定制柜体设计时，要将柜体高度设计在方便拿取的位置，以减少需要弯腰取物的情况。

鞋柜台面高度宜为800 ~ 900mm，这样的台面可以作为扶手。这个高度在定制厨房台面、卫浴台面时，也可作为参考。

建议在柜体下部留出300mm的空间，这样可以在里面放鞋盒，而外面留出的空间可以放日常换穿的鞋子，这样不需要弯腰就能看到鞋子。

▲ 实用的玄关适老化设计

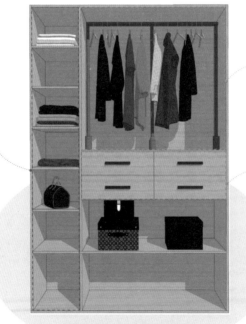

考虑在挂衣区安装升降衣架，方便老年人使用。

多做层板，可叠放更多衣物，也方便取放。

抽屉不宜做得太低，以免老年人蹲下取物时不方便。

▲ 实用的衣柜适老化设计

# 第 3 章
# 8 类功能空间定制柜体设计

住宅空间一般包括玄关、客厅、餐厅、卧室、书房、厨房、卫生间和阳台这 8 类功能空间，每类功能空间均有其特定的使用功能。在进行定制柜体设计时，应根据不同空间的功能性，考虑柜体的外部形态及内部结构，以满足不同居住者的使用需求。

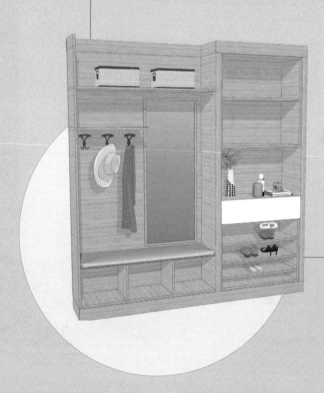

# 玄关定制柜：入户的门面担当

玄关是连接室内与室外的过渡性空间，也是迎送宾客的地方。设置于玄关的柜体具有换鞋、放置物品、引导进入、阻隔视线、保护室内私密性等重要作用。

## 玄关定制柜与空间尺寸的关系

在定制玄关柜之前，应充分考虑空间面积的大小及居住者的使用情况。GB 50096—2011《住宅设计规范》第 5.7.1 条规定：套内入口过道净宽不宜小于 1.2m。通常情况下，玄关定制柜的最小进深为 300mm。

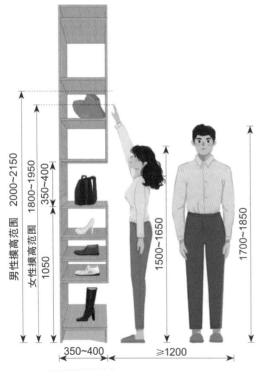

男性摸高范围 2000~2150
女性摸高范围 1800~1950
350~400
1050
1500~1650
1700~1850
350~400
≥1200

▲ 站立取物尺寸与单人行走尺寸

❯ 玄关区域最小净宽图示

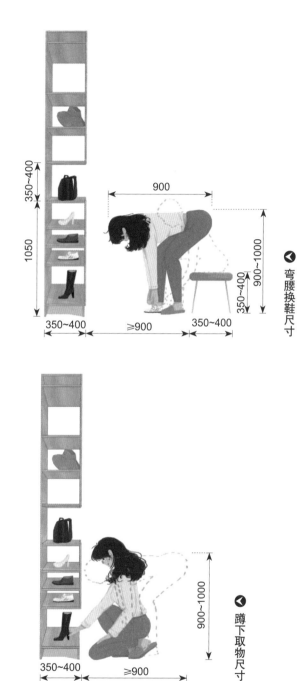

← 1.2m 的过道净宽可以满足一个人站立取物时，不妨碍另一个人通行，也能够满足蹲下取物的尺寸需求。但若想在玄关定制柜对面摆放换鞋凳，空间可能会显得有些逼仄。

## 玄关定制柜与收纳尺寸的关系

通常情况下，玄关柜主要用于收纳各种类型的鞋子，有些家庭也会在此收纳一些外出时使用频率较高的衣服、帽子、围巾等。对于一些面积较大的玄关，还可以用来收纳生活辅助用具，如吸尘器、扫地机器人等，或者存放孩子的滑板车、外出旅行箱、购物推车、换季物品等。此外，一些热爱运动的家庭，还可将球拍、球类等体育用品收纳在玄关柜中。

设计方案参考

↑灰蓝色的柜体十分雅致，搭配圆形的隐形拉手，丰富视觉变化。

↑玄关定制柜的造型简单，线条利落，仅做悬空处理，底部留出的空间用以放置平时换穿的鞋子。

初级版

如果玄关的面积不到 $3m^2$，那么适合做"顶天立地"式的玄关柜或进行悬空处理，其主要功能为收纳鞋子。由于鞋子的高度各不相同，因此可以根据鞋子的高度来灵活设置柜格高度。或者将每层高度设置为常规的 160mm，通过可活动的隔板来调整柜格高度。

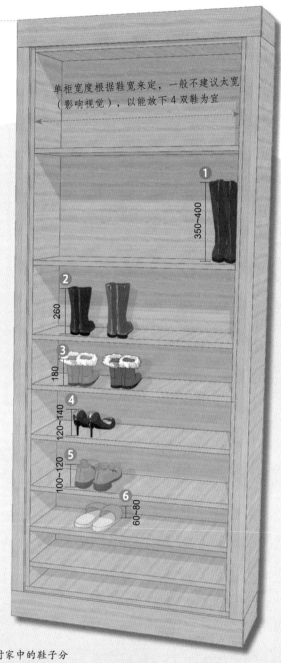

单柜宽度根据鞋宽来定，一般不建议太宽（影响视觉），以能放下 4 双鞋为宜

① 350~400

② 260

③ 180

④ 120~140

⑤ 100~120

⑥ 60~80

玄关柜与厨房柜连为一体，形成一个围合空塑造出独立的玄关区。

备注：
建议先对家中的鞋子分类整理，了解每种鞋子的大概数量，再来决定为这些鞋设置几层隔板。

① 长靴　④ 高跟鞋
② 中靴　⑤ 运动鞋
③ 短靴　⑤ 低跟鞋、拖鞋

　　如果玄关空间宽敞，面积可以达到 5m²，且家中其他功能空间的收纳能力足够，那么设计玄关柜时则可以考虑更多的功能性，如做中空设计，方便放置随手小物；或者加入抽屉设计，不仅增加实用性，还可以令玄关柜的造型具有视觉变化。如果希望出入门换鞋、更衣变得更轻松，则可以考虑加入换鞋凳。

玄关柜的舒适取物高度可以参考男女身高 +200mm 的粗略算法。

1m 高的台面基本与女性的胳膊肘齐平，方便随手放置一些进出门时使用的小物品，如钥匙。

玄关柜的中空设计不宜太高，一般以 400~500mm 为宜，若中空柜过高，会影响吊柜中物品的拿取。

根据进出门使用物品的类型和大小，确定抽屉的高度，一般情况下，抽屉高度为 180~200mm。不建议做超薄抽屉，否则物品容易和上层产生摩擦，导致抽屉卡物的情况发生。

换鞋凳的高度宜为 400~450mm，这个高度区间大部分人坐起来会感觉比较舒适。

↓ 利用一个横柜来打破竖向柜体的单调感，再结合现代装饰和灯光渲染，整个空间调性十足。

↑ 在常规玄关柜旁融入隔栅和换鞋凳的设计，丰富定制柜体的形态。

← 白色柜体与墨绿色墙面进行搭配，干净中不乏复古感。此外，玄关柜有藏有露的形态，为空间注入灵动性。

**设计方案参考**

↑ L 形玄关柜不仅具备强大的收纳能力，造型也十分美观。设计的隔栅既可以用来悬挂换穿的衣物，也具有一定的装饰效果。此外，柜体侧边还设计有手办展示柜，充分考虑并尊重居住者的需求。

↑ 将玄关柜设计为"顶天立地"的形式，可以收纳家中杂物。柜体以木色为主色，与室内空间的配色相协调，显得十分温馨。

如果玄关的面积 ≥ 8m$^2$，可以考虑在这里设计一个独立的衣帽间，或者根据自身需求来做特殊定制，如可以打造一个家政间，或者对于有运动需求的家庭，可以收纳一些体育用具等。

底部留出高150~220mm
的空间，可放日常换穿
的鞋子。

① 高跟鞋　　　　　　② 拖鞋　　　　　　③ 鞋盒

④ 休闲鞋　　　　　　⑤ 行李箱　　　　　⑥ 长风衣

⑦ 短外套　　　　　　⑧ 夹克　　　　　　⑨ 篮球

⑩ 羽毛球拍　　　　　⑪ 滑板　　　　　　⑫ 吸尘器

⑬ 购物推车　　　　　⑭ 扫地机器人

# ⊞ 案例应用

## （1）收纳力超强的一字形玄关定制柜

**屋主诉求**

男主人是一位手工爱好者，希望家中有一个专门用来收纳工具的柜子。女主人则对家中鞋物的收纳需求较高。

### ⚙ 设计要点

①玄关柜的体积较大，而柜门的尺寸不同，带来灵动的视觉效果。再辅以彩色点缀，整个玄关柜不仅收纳功能强大，还成为美化空间的元素。

②玄关柜整体为隐蔽式，右侧柜体留出部分墙面，为可视电话的安装留出空间。同时，也可以作为平时放置钥匙的平台。

### ⚙ 配色分析

由于玄关柜长达5126mm，属于较大的定制家具，因此主色采用白色，可以弱化柜子的体量感，不会给空间带来压迫感。与此同时，柜体局部点缀了低饱和度的彩色，带来视觉上的活泼感。

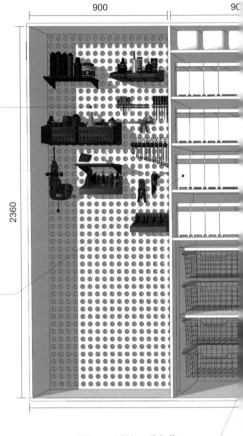

900mm×2360mm的柜体区域，背板叠加洞洞板，可以根据男主人的需求灵活收纳日常的手工工具。

专门规划出的储物区，结合收纳盒，可以存放一些男主人使用的手工小零件，同时也适合收纳家中的零碎物品。

400mm×1020mm的柜格，可以摆放得下行李箱。

900mm×1492mm的柜格适合收纳一些季节性物品，也可以放得下孩子的滑板车。

**备注：**
柜体：柜体层板和侧板均采用18mm厚颗粒板，背板采用9mm厚中纤板。
柜门：采用18mm厚颗粒板，白色烤漆饰面。

专门规划出一个净
衣区，穿过一次但
不想洗的外衣可以
挂在此处。

专门为女主人量身定
制的放鞋区，不同高
度的柜格可以摆放不
同类型的鞋子。

拖鞋和常穿的鞋
子可以放在此处。

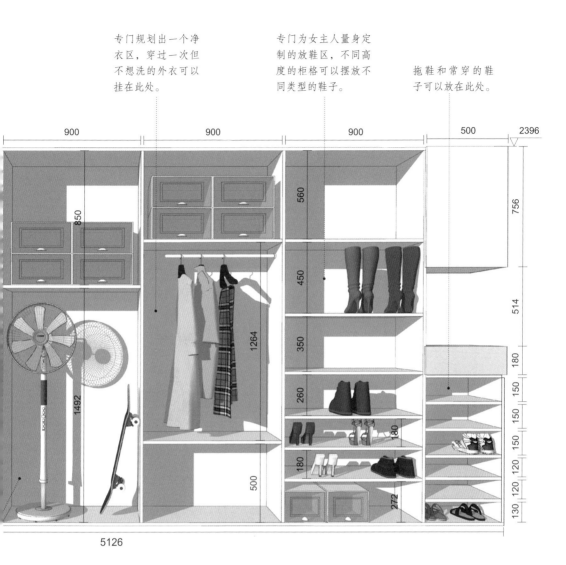

5126

验证码：31235

# （2）有换衣区和换鞋区的玄关定制柜

**屋主诉求**

屋主夫妻两人是公司白领，希望玄关柜使用起来可以很便捷。此外，男主人经常出差，希望玄关柜有收纳行李箱的区域。

## ◎ 设计要点

①玄关面积有限，因此玄关柜的造型简单，"顶天立地"的形式非常节省空间，也最大限度地保证了收纳量。

②玄关柜的分区细致，柜体区域充裕，同时设置了换衣区、换鞋区，方便更换衣物和鞋子。

## ◎ 配色分析

白色的柜门与木色的板材搭配，自然、温馨，与家居空间的清新格调相协调。

左侧柜体采用两段式设计，柜格高度不一，可以根据需要收纳换季的鞋子。

4 层 850mm 宽的柜格容量较大，可以放置 16 双日常穿的鞋子。

底部预留了 150mm高的空间，可以摆放日常换穿的鞋子。

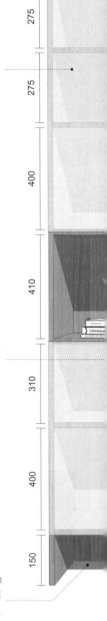

41

275

275

400

410

310

400

150

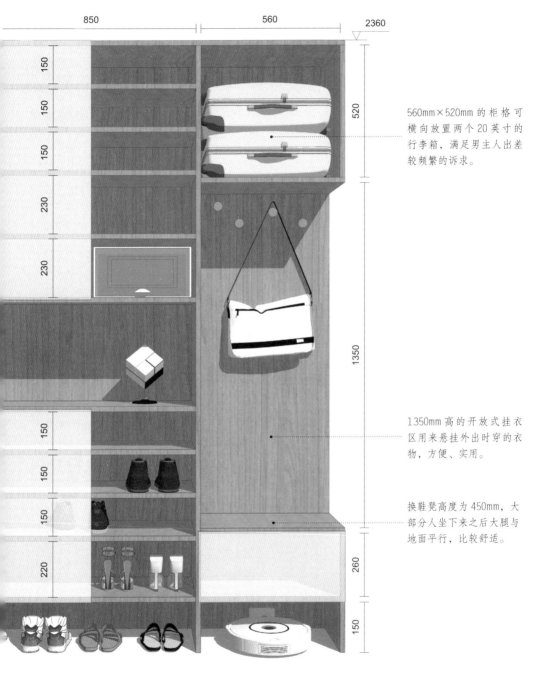

560mm×520mm 的柜格可横向放置两个 20 英寸的行李箱，满足男主人出差较频繁的诉求。

1350mm 高的开放式挂衣区用来悬挂外出时穿的衣物，方便、实用。

换鞋凳高度为 450mm，大部分人坐下来之后大腿与地面平行，比较舒适。

**备注：**
柜体：柜体层板、侧板采用 20mm 厚颗粒板，背板采用 9mm 厚中纤板。
柜门：采用 20mm 厚颗粒板，白色三聚氰胺浸渍胶膜纸饰面。

# （3）实用又不乏美观的 C 形玄关定制柜

女主人对生活品质要求较高，且希望玄关柜的功能全面，不仅可以收纳鞋子，还能够收纳一些换季物品。

## ✿ 设计要点

①玄关柜不仅设计了适合储物的柜格，还设计了抽屉和开放式柜格，丰富了柜体的形态，也令储物功能更加完善。

②柜门和抽屉都做了简单的模压造型，与客厅背景墙的造型相吻合，令空间具有统一感，也强化了空间的法式格调。

## ✿ 配色分析

白色柜体搭配简约的模压造型，用细节体现精致，金色的拉手则强化了柜体的质感。

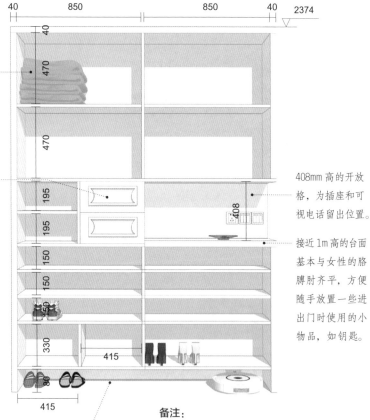

柜体上部预留 4 个 470mm 高的柜格，方便存放体积较大的换季被褥等物品。

195mm 高的抽屉，可以用来收纳零碎物品。

408mm 高的开放格，为插座和可视电话留出位置。

接近 1m 高的台面基本与女性的胳膊肘齐平，方便随手放置一些进出门时使用的小物品，如钥匙。

底部预留 80mm 高的开放区，可以放置拖鞋或扫地机器人。

**备注：**

柜体：柜体内部层板采用 18mm 厚颗粒板，侧板采用 40mm 厚颗粒板，背板采用 9mm 厚中纤板。

柜门：采用 18mm 厚颗粒板，白色 PVC 覆膜饰面，表面做简约模压造型。

# （4）通顶式 L 形玄关定制柜

屋主诉求

户型的面积有限，女主人不希望玄关柜体积太大，以免让空间显得压抑，但仍然要满足基本的收纳需求。

◎ **设计要点**

通顶式 L 形玄关柜的造型比较灵活，可以带来视觉上的变化；同时，还可以作为玄关和卫生间干区之间的隔断，实用性较强。

◎ **配色分析**

灰色的玄关柜低调而高级，适合以白色系、灰色系、木色系为主色的空间，显得十分协调。

**备注：**

柜体：柜体内部层板采用 20mm 厚颗粒板，侧板采用 40mm 厚颗粒板，背板采用 9mm 厚中纤板。

柜门：20mm 厚百叶门，灰色烤漆饰面，具有一定的通风性。

180mm 高的柜格，可灵活使用。

180mm 高的抽屉不会浪费柜体的空间，且足够使用。

左侧柜格间距为 120mm 和 140mm，可以收纳大部分平底鞋和高跟鞋。

右侧柜格间距为 230mm 和 240mm，可以收纳女士中筒靴。

# （5）集多种功能于一身的 L 形玄关定制柜

**屋主诉求**

屋主夫妻两人喜欢简单的生活方式，希望家居风格整洁、利落。另外，由于卧室的面积有限，因此希望在玄关柜中加入一些收纳功能。

## ◎ 设计要点

①入门处的定制玄关柜不仅可以成功阻隔访客的视线，还形成了一个具有储物功能的区域。L 形玄关柜具有明确的分区，且一侧为双面柜，可以兼作餐厅柜。

②悬空式的柜体为空间增添了一定的通透感，使空间不会过于沉闷。同时，玄关柜也具备换鞋凳的功能，使用便捷。

## ◎ 配色分析

白色与木色搭配，整洁中不乏温馨，是非常经典的配色。

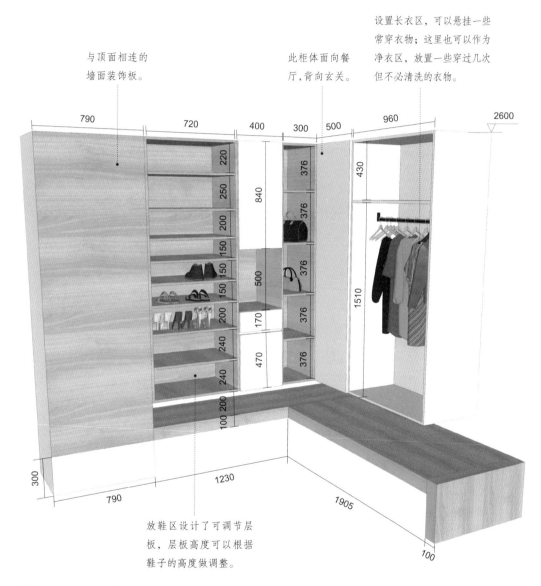

与顶面相连的
墙面装饰板。

此柜体面向餐
厅，背向玄关。

设置长衣区，可以悬挂一些
常穿衣物；这里也可以作为
净衣区，放置一些穿过几次
但不必清洗的衣物。

放鞋区设计了可调节层
板，层板高度可以根据
鞋子的高度做调整。

**备注：**
柜体：层板、侧板、背板均采用20mm厚多层实木板。
柜门：采用20mm厚多层实木板，亚光白三聚氰胺浸渍胶膜纸饰面，安装柜门反弹器。

# （6）带有休闲功能的大容量 U 形玄关定制柜

**屋主诉求**

户型中玄关部分的面积充裕，女主人希望在这里设置一个独立的收纳区，用于收纳家中大量的鞋子。

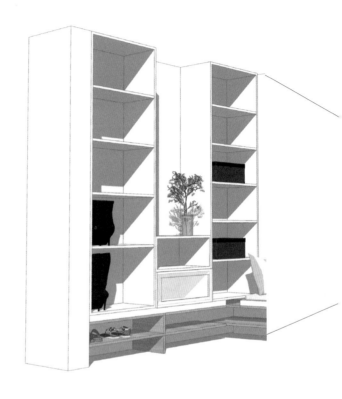

## ⬢ 设计要点

① U 形玄关柜没有做全封闭处理，有藏有露的形式既丰富了空间形态，也增强了玄关柜的装饰功能。

② 由于玄关的一面墙上有窗，因此将柜体与卡座结合设计，为玄关增添了休闲功能。

## ⬢ 配色分析

大面积的白色玄关柜可以令空间显得宽敞、明亮，但为了避免白色带来的单调感，搭配了金色拉手，再结合造型简单的模压门，大幅提升了柜体的精致感。木色的开放式放鞋区也为空间增添了温馨的气息。

两侧相对的柜体尺寸和形态相同，可以将不
常穿的鞋子存入鞋盒，收纳在此。

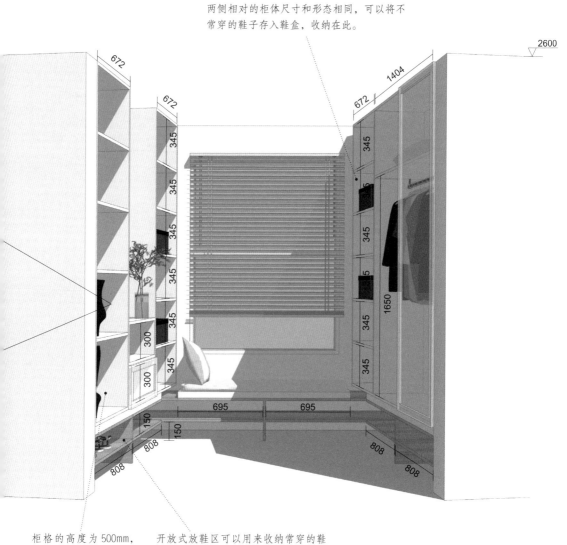

柜格的高度为 500mm，
放置长靴无压力。

开放式放鞋区可以用来收纳常穿的鞋
子，150mm 高的柜格可以摆放大部分
平底鞋。

**备注：**
柜体：层板、侧板采用 20mm 厚颗粒板，背板采用 9mm 厚中纤板。
柜门：采用 20mm 厚颗粒板，白色 PVC 覆膜饰面，表面做简约模压造型。

# ▌客厅定制柜：家居风格的风向标

　　客厅是居住者会客的开放场所，也是一家人日常的休闲放松区，使用频率很高，因此定制柜体功能设计的合理性直接影响空间使用者生活的舒适度。通常来说，客厅的定制柜主要位于电视背景墙处，在设计时需充分考虑居住者的收纳习惯。

## 客厅定制柜与空间尺寸的关系

　　一般情况下，客厅定制柜主要为电视柜。需要注意的是，如果墙面宽度不足3m，则不建议做定制柜，否则会令空间显得压抑。另外，在定制电视柜时，需要考虑合理的视听距离，以确保观看电视时的舒适度和清晰度。此外，电视的悬挂高度对柜格尺寸也有一定的影响。

**备注：**
需要根据空间的视听距离来选择合适的电视机尺寸。

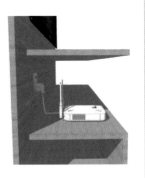

电视收纳柜需要考虑插座的安装

由于电视柜通常要考虑机顶盒、路由器等设备的放置，因此应该在背板上安装 3~5 个插座。需要注意的是，插座与其下面的台面之间至少要留出 5cm 的间距，以便电线弯折。

电视最佳悬挂高度

电视的悬挂高度对柜格的尺寸也有一定的影响。电视的悬挂高度（是指屏幕中心点到地面的距离）取决于沙发的高度和人的身高，成人坐着时视平线的高度为 103~130cm，通常屏幕中心点高度要比坐姿视线高度略低 10cm，因此电视悬挂的最佳高度为 93~120cm。

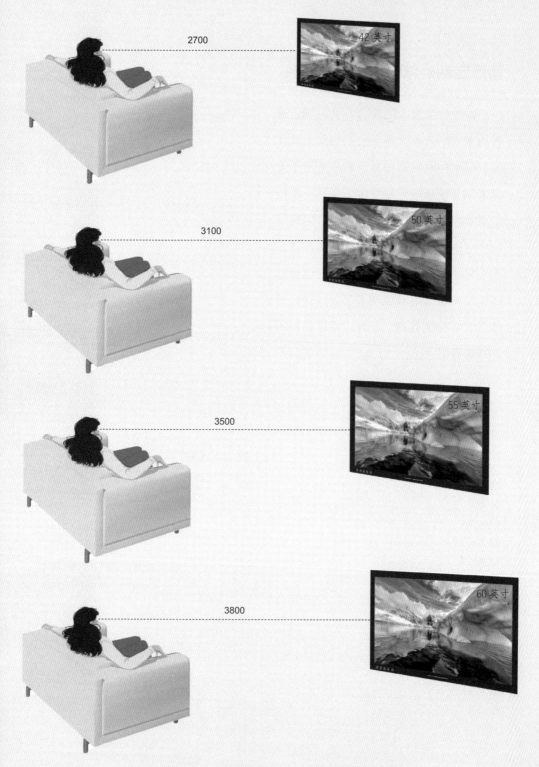

2700 42 英寸

3100 50 英寸

3500 55 英寸

3800 60 英寸

▲ 沙发与电视之间距离的建议值（个人经验，仅供参考）

## 客厅定制柜与收纳尺寸的关系

　　客厅是全家人活动的公共区域，通常用来收纳全家大部分公共物品。设计客厅定制柜时，需要结合其主要使用需求来划分柜体的区域。由于客厅定制柜需要收纳的物品比较复杂多样，因此建议多做一些抽屉，方便收纳零碎物件，如卷尺、胶带、钥匙、剪刀等。也可以将纸质单据、电器说明书等收纳在此，便于日后分类管理。此外，最好预留出20%的备用空间。

❶ 书籍

❷ 杂志

❸ 文件夹

❹ 玩具收纳箱

❺ 医药箱

❻ 电视

❼ 组合手办

❽ 单个手办

❾ 相框

❿ 调制解调器

⓫ 路由器

⓬ 机顶盒

⓭ 音响

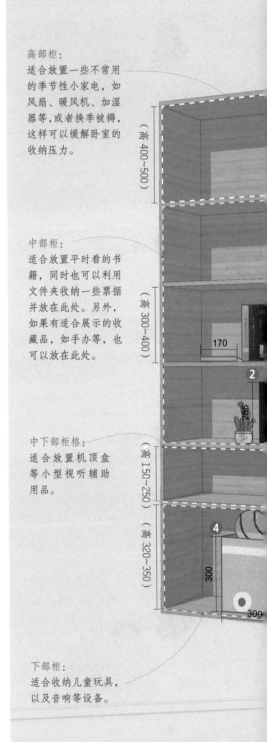

高部柜：
适合放置一些不常用的季节性小家电，如风扇、暖风机、加湿器等，或者换季被褥，这样可以缓解卧室的收纳压力。

（高 400~500）

中部柜：
适合放置平时看的书籍，同时也可以利用文件夹收纳一些票据并放在此处。另外，如果有适合展示的收藏品，如手办等，也可以放在此处。

（高 300~400）

170

中下部柜格：
适合放置机顶盒等小型视听辅助用品。

（高 150~250）

下部柜：
适合收纳儿童玩具，以及音响等设备。

（高 320~350）

300

300

下部抽屉：

适合放置全家人共用的小件物品，抽屉最好做分隔处理。

## 客厅定制柜的形态设计

在定制电视柜时，可以选择满墙式，但不要整个墙面都使用一门到顶的设计，否则会令家中看起来仿佛多了一面厚重的墙。可以考虑采用有藏有露的形式。另外，悬空的满墙式电视柜可以让客厅富有层次感和氛围感。

开放式柜格，为空间带来透气性。

电视与柜体的间隙约1cm，视觉效果更高级。

电视柜与玄关柜采用一体式设计，收纳能力更强大。

底部悬空处理，结合灯带的设计，美观又实用。

### 电视柜的多元化设计

如今，越来越多的家庭放弃了传统形式的电视柜，转而采用功能更为多元化的电视柜。也就是说，如今的客厅定制柜不仅是简单的电视柜，还需要满足居住者个性化、多元化的需求，应具备多种功能属性。

← 没有设置传统的电视背景墙，而是充分利用墙面打造了一个小型"图书馆"。

← 使用投影幕布替代电视，不仅可以满足观影需求，还能让定制柜体的收纳能力变得更强大。

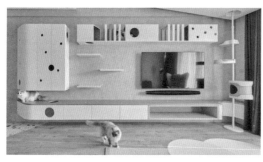

← 将定制电视柜和猫咪玩耍的通道结合设计，满足养猫家庭的个性化需求。

← 将柜体下半部分设计为柜格 + 收纳盒的形式，可以将孩子的玩具收纳在此。

# 🔲 案例应用

## （1）适合展示手办的客厅定制柜

**屋主诉求**

男主人是一位手办爱好者，家里收藏了近百件手办。在定制柜体时，除了需要满足基本的收纳需求，他还希望能将部分手办展示出来。

### ⚙ 设计要点

①考虑到手办的高度，设计了柜格和隔板两种形式，方便男主人根据喜好来摆放手办，同时也丰富了定制柜体的形态。

②男主人选择投影幕布替代传统的壁挂电视，追求更加现代、极简的风格，因此定制电视柜的造型与线条也契合了这种风格。

### ⚙ 配色分析

电视柜的主色为白色，结合利落的线条，给人带来整洁的视觉感受，即使摆放色彩和造型丰富的手办，也不会显得杂乱。选择黑色作为隔板和内嵌式柜格的颜色，增强了柜体的稳定感。

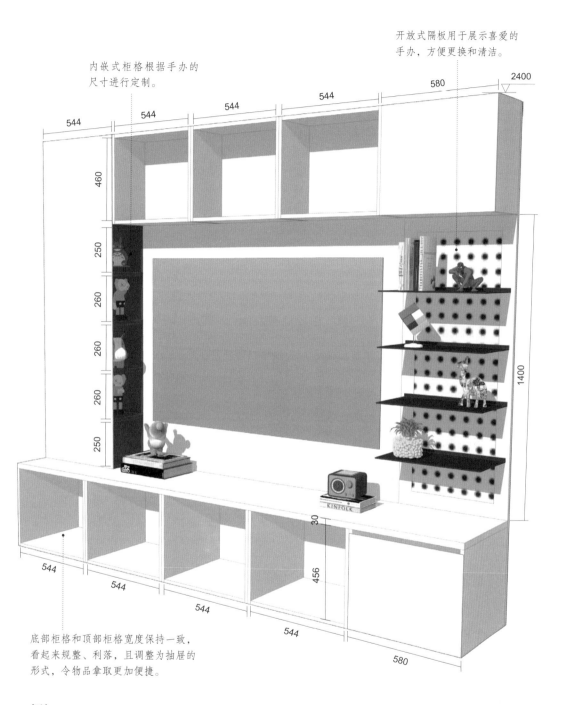

内嵌式柜格根据手办的
尺寸进行定制。

开放式隔板用于展示喜爱的
手办，方便更换和清洁。

底部柜格和顶部柜格宽度保持一致，
看起来规整、利落，且调整为抽屉的
形式，令物品拿取更加便捷。

**备注：**
柜体：层板、侧板均采用 18mm 厚颗粒板，背板采用 9mm 厚中纤板；黑色隔板采用 20mm 厚颗粒板。
柜门：采用 18mm 厚颗粒板，亚光白三聚氰胺浸渍胶膜纸饰面。

# （2）可以收纳大量书籍的客厅定制柜

**屋主诉求**

由于屋主夫妻两人均是大学老师，家中的书籍非常多，因此在定制客厅柜体时，希望可以摆放大量书籍，同时不让客厅显得过于杂乱。

300mm 高的柜格可以收纳大部分书籍。

## 🔾 设计要点

利用两扇推拉门将电视隐藏于无形，从而打造出一个大容量的书柜。家中来客人时，可以关闭推拉门。有观影需求时，则可以打开推拉门，还原客厅整洁的面貌。

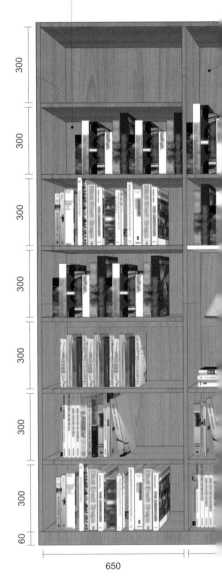

## 配色分析

柜体的框架和背板采用原木色，与地板的颜色相似，统一了整体空间的色彩，门板的颜色则为白色，可以令空间显得更加整洁、干净。

618mm 高的柜格除了可以摆放一些特殊尺寸的书籍，还可以按需收纳其他物品。

中间推拉门的宽度为 1300mm，可以放下 55 英寸的液晶电视。

2286

**备注：**
柜体：层板、侧板均采用 18mm 厚颗粒板，背板采用 9mm 厚中纤板。
柜门：采用 18mm 厚实木颗粒板，亚光白三聚氰胺浸渍胶膜纸饰面。

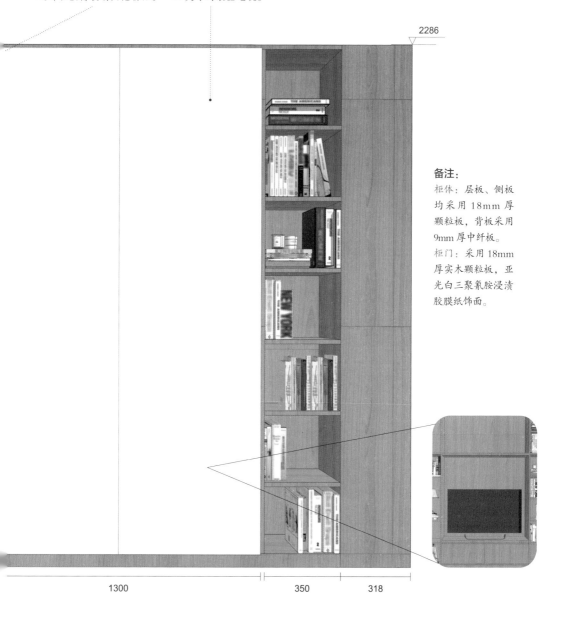

1300　　350　　318

## （3）用细节营造精致的客厅定制柜

**屋主诉求**

屋主夫妻两人均是从事艺术工作的年轻人，对空间呈现出的品位和调性有较高的要求。

🔹 **设计要点**

①定制柜体风格为轻法式，利用装饰线条凸显精致感，符合屋主期待的艺术调性。

②定制柜体的柜格没有采用均分的形式，每个柜格的横向尺寸不一，带来视觉上的变化。另外，将上部柜格设计为开放式，底部柜格设计为封闭式，可以按需进行家中物品的收纳。

③在吊顶安装了投影幕布，在家中就能体验电影院一般的观影效果。

🔹 **配色分析**

柜体框架的奶白色与空间柔和的色调相契合，柜门上藤黄色的材质与金色的拉手将精致感体现得淋漓尽致。

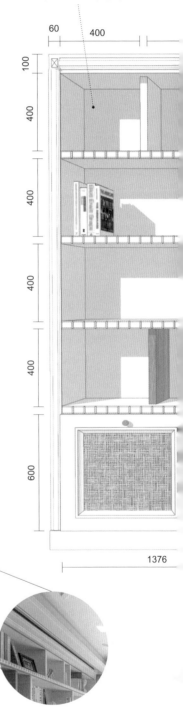

高度为 400mm 的开放式柜格，适合摆放工艺品和书籍等。

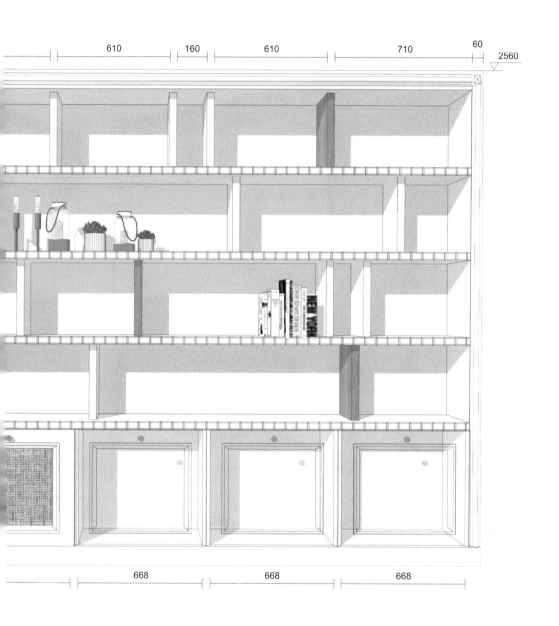

**备注：**

柜体：开放式柜格层板采用 40mm 厚颗粒板，封闭式柜格层板

采用 20mm 厚颗粒板，侧板采用 60mm 厚颗粒板。

柜门：采用 20mm 厚颗粒板，亚光白混油饰面，内嵌藤编。

## （4）装饰性大于实用性的折线形客厅定制柜

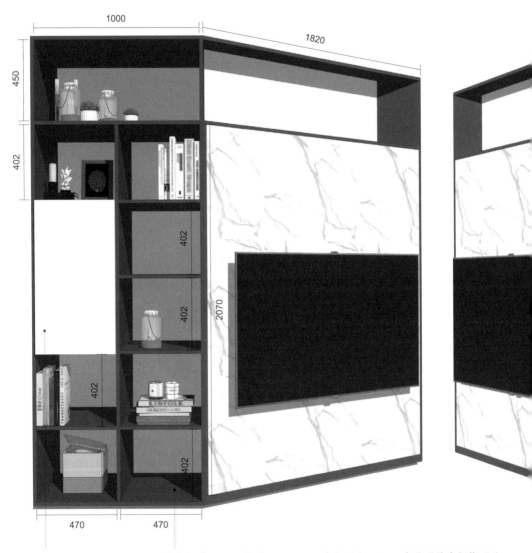

封闭式柜格可以用来收纳一些零碎物品，同时也增强了电视柜的视觉跳跃感。

开放式柜格既可以摆放装饰品、书籍，也可以放置孩子的日常玩具。

底部两个191mm高的开放式柜格可以用来摆放路由器、机顶盒等物品，需要在侧板上设置插座的位置。

**备注：**

柜体：层板、侧板均采用20mm厚颗粒板。

柜门：采用20mm厚颗粒板，白色三聚氰胺浸渍胶膜纸饰面。

625　　2600

**屋主诉求**

女主人是一位全职妈妈，希望在有限的空间内，给孩子多预留一些玩耍空间，对客厅定制柜的收纳需求不高。

## ⚙ 设计要点

①折线形的电视柜，搭配有藏有露的立面，视觉效果独特。在此摆放少量装饰品，可以提升整体空间的格调。

②电视柜的斜面角度经过仔细计算和分析，将客厅规划为电视休闲和儿童娱乐两个区域，极大地提升了空间的利用率。

## ⚙ 配色分析

将孔雀绿色作为定制电视柜的主色，清新中流露出一丝高雅气质。爵士白大理石背景墙彰显出空间的品质感，干净的色彩则提升了空间的明亮度。

# （5）围合出儿童活动区的转角式客厅定制柜

**屋主诉求**

屋主家中有一个不到两岁的宝宝，女主人希望客厅定制柜可以适当收纳一些孩子日常的玩具。

## ⚙ 设计要点

①巧妙地利用窗户下面的空间，将客厅定制柜设计为转角式，形成一个半围合区域，为家中的宝宝划定出一个玩耍、爬行的区域。女主人则可以坐在卡座上一边休息，一边照看孩子。

②定制柜分为上下两部分，上半部分可以收纳日常生活中的零碎物品；下半部分则可以用来收纳孩子的玩具，低高度的设置也方便让孩子养成物归原处的习惯。

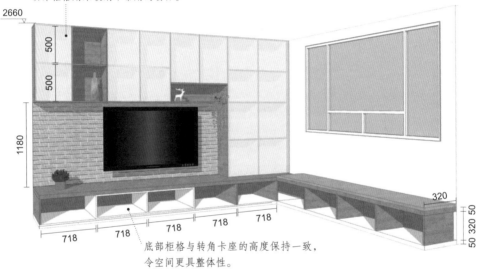

顶部柜格用来收纳不常用的物品。

底部柜格与转角卡座的高度保持一致，令空间更具整体性。

**备注：**
柜体：层板、侧板均采用 20mm 厚颗粒板，背板采用 9mm 厚中纤板。
柜门：采用 20mm 厚颗粒板，白色或浅灰色三聚氰胺浸渍胶膜纸饰面。

## ⚙ 配色分析

柜体采用原木色、浅灰色及白色进行搭配，给人带来简约、清爽的视觉感受。

# （6）改变传统观影方式的客厅定制柜

屋主诉求

屋主是一对新婚小夫妻，喜欢随意、休闲的生活方式，对客厅定制柜的收纳需求不高。

### ○ 设计要点

①定制柜没有采用整墙设计，看似没有合理利用空间，但实际上这种设计是为了满足居住者的需求。电视柜顶部的空间为家中的猫咪提供了活动、玩耍的区域，电视悬挂高度较低也符合屋主喜欢席地而坐看电视的习惯。

②定制柜体被平均分割成 24 个正方形柜格，可以用来摆放书籍和装饰品。这样的设计适合收纳需求不高的家庭。

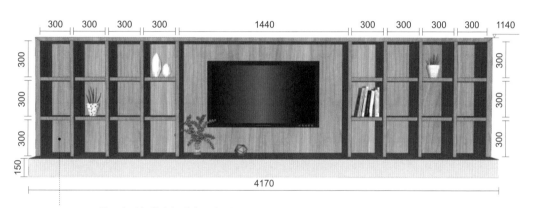

300mm×300mm 的正方形柜格在视觉上很舒适。

**备注：**
柜体：层板、侧板均采用 30mm 厚密度板，背板采用 9mm 厚中纤板。

### ○ 配色分析

木色的电视柜温暖、自然，在白色背景的衬托下，能让人感受到家的温馨。

# 餐厅定制柜：让进餐更方便

餐厅是一家人用来进餐的场所，其主要的定制家具为餐边柜。餐边柜的主要功能是缓解餐桌的收纳压力，但不同的家庭对餐边柜的使用需求会有所不同，因为很多家庭会为餐厅注入除用餐之外的其他功能。有时餐桌是临时的办公桌，这时餐边柜就要承担书架的角色；对于有品酒需求的家庭，餐边酒柜更为适用；对于一些年轻化的家庭，更喜欢将餐边柜设计成小型水吧……尽管餐边柜的设计形态多样，但大小应与餐厅面积相符，其色彩也应与餐厅整体色彩相协调。

## 餐厅定制柜与空间尺寸的关系

若想令进餐空间使用起来合理、舒适，就要考虑餐边柜和餐桌的摆放形式。一般来说，常见的有平行式和 T 形两种。

1.2m

▲ 平行式布局图示

平行式布局：比较常见，在布置时需留出 1.2m 的行走距离，以确保就座、通行和拿取物品这三种活动都能舒适地进行。

▲ 平行式布局实景图

餐桌与餐边柜零距离。

▲ T 形布局图示

　　T 形布局：餐桌和餐边柜垂直摆放，好处是可将用餐时多余的器具随手放置在餐边柜上，方便拿取，并且比较节省空间。

▲ T 形布局实景图

## 餐厅定制柜与收纳尺寸的关系

我国家庭住宅的餐厅布局大多较为紧凑，因此定制具有储物空间的餐边柜十分必要。餐边柜涉及收纳的物品主要包括以下 4 类。① 用餐的常用物品：如杯盘碗盏、餐匙刀叉等餐具，以及用餐时经常用到的调料。② 小电器、锅具等，如电火锅、电烤炉等。③ 酒类和酒具。④ 办公用品：有时餐桌也是临时办公桌，餐边柜需要留出书籍、文具、办公用品等物品的收纳空间。

**初级版**

在定制餐边柜时，上下柜门的高度不宜相同，否则会显得头重脚轻。可以将下柜设计得略高一些，这样柜体整体看起来会更协调。另外，最好采用四段式设计，即上柜区、柜格区、抽屉区和下柜区。加入抽屉区，不仅方便收纳，还能打破柜体竖向线条的单调性。

❶ 咖啡豆　　　　❾ 调料盒
❷ 茶叶罐　　　　❿ 咖啡机
❸ 奶粉罐　　　　⓫ 吐司机
❹ 餐盘架　　　　⓬ 微波炉
❺ 常温饮料　　　⓭ 电水壶
❻ 水杯　　　　　⓮ 电烤炉
❼ 咖啡杯　　　　⓯ 电火锅
❽ 调料瓶

**设计方案参考**

⬇ 标准的四段式餐边柜，分区明确，收纳功能强大。

⬇ 四段式餐边柜的吊柜柜门在材质上有所突破，丰富了柜体的层次感。

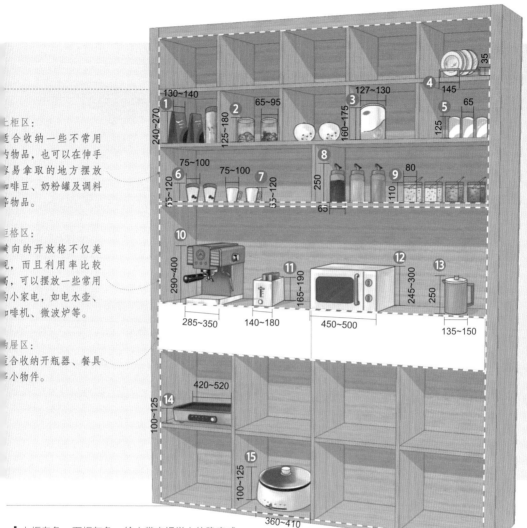

上柜区：

适合收纳一些不常用
的物品，也可以在伸手
容易拿取的地方摆放
咖啡豆、奶粉罐及调料
等物品。

格区：

横向的开放格不仅美
观，而且利用率比较
高，可以摆放一些常用
的小家电，如电水壶、
咖啡机、微波炉等。

抽屉区：

适合收纳开瓶器、餐具
等小物件。

↓上柜白色，下柜灰色，给人带来视觉上的稳定感。
虽然没有设置抽屉区，但空间依然够用。

下柜区：

适合收纳随时取用的较重的小电器、锅具等，
以及电火锅、电饼铛等，从而缓解厨房收纳
压力。

　　冰箱是家中必备的电器，通常放置在餐厅或厨房。若在餐厅摆放冰箱，在定制柜体时应留出相应的摆放区域。由于冰箱一般分为左右散热和上下散热两种款式，因此设计餐边柜时应加以考虑。

冰箱上方需留出10cm左右的空隙。若空间有限，5cm左右也可以。

一些家庭有品酒的习惯，因此餐边柜可以结合酒柜来设计。在柜门的选择上，适合采用玻璃门，可以尝试长虹玻璃，其自带朦胧的美感，可以提升空间格调。需要注意的是，应选择超白玻璃。

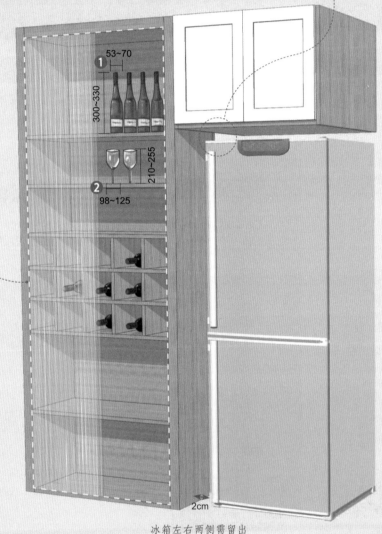

**①** 红酒

**②** 红酒杯

冰箱左右两侧需留出2cm以上的距离。

**冰箱的常见形态**

通常情况下，在相同的占地面积下，选择容量越大的冰箱越好。常见的冰箱形态包括两门、三门、多门及对开门等。

| 两门冰箱 | 三门冰箱 | 多门冰箱 | 对开门冰箱 |

  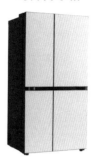

容量：≤ 300L
宽度：50~60cm
深度：55~60cm（适合单身
　　　人士和新婚家庭）

容量：300~550L
宽度：60~80cm
深度：65~70cm（适合
　　　大多数家庭）

容量：500~750L
宽度：70~110cm
深度：75~80cm（适合需要较
　　　多存储空间的家庭）

## 设计方案参考

↑ 定制餐边柜时为冰箱预留出位置，不仅确保了餐边柜的收纳功能，而且从冰箱中取物也十分方便。

↑ 除了冰箱，在定制餐边柜时还可以为烤箱等小家电预留出位置，这种设计适合喜欢烹饪西式美食的家庭。

# ⊞ 案例应用

## （1）可作为空间隔断的定制餐边柜

屋主诉求

原户型中客厅、餐厅的面积较大，屋主希望两个空间可以各自独立，明确彼此的使用功能。

⚙ **设计要点**

①通过定制半隔断柜来分隔出客厅和餐厅两个区域，让两个空间保持各自的独立性。另外，隔而不断的形式保留了空间的通透性，不会阻碍光线在室内传播。

②半隔断柜融入吧台的功能，为生活增添了更多可能性，提升居住乐趣。

⚙ **配色分析**

原木色柜体与白色木门的搭配非常经典、治愈，再搭配亮黄色的吧台椅，令这一区域充满温暖气息。

950mm 高的柜格可以收纳一些使用频率不高的小家电，缓解厨房的收纳压力。

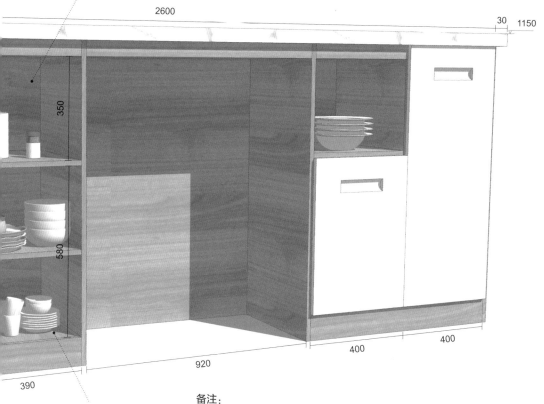

350mm 高的柜格可以收纳
一些辅餐佐料，以及纸巾、
牙签等小物件。

2600

30　1150

350

580

390

920

400

400

580mm 高的柜格适合收纳
一些备用的杯盘碗盏。

**备注：**
柜体：层板、侧板均采用 20mm 厚颗粒板，背板采用 9mm 厚中纤板。
柜门：采用 20mm 厚颗粒板，仿木纹 PVC 覆膜饰面，简约模压造型。

## （2）与餐桌相连的岛台式定制餐边柜

**屋主诉求**

女主人平日喜爱喝咖啡，希望在餐桌附近加入柜体功能，用来收纳咖啡杯、咖啡豆等物品。

### ⊙ 设计要点

此户型的餐厅挨着玄关，面积不大，加之已经做了玄关定制柜的设计，无法再设置整墙式餐边柜。因此，结合餐桌定制了一个小巧的岛台式餐边柜，既能满足屋主需求，又不会占用过多空间。

**备注：**

柜体：层板、侧板均采用 20mm 厚密度板。

柜门：①采用 20mm 厚密度板，亚光白烤漆饰面；②铝框玻璃推拉门，内嵌灰色玻璃。

抽屉适合收纳一些零碎小物。

餐边柜台面面积较大，适合作为备餐台，也适合摆放咖啡机。

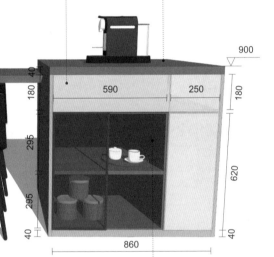

295mm 高的柜格可以收纳咖啡豆和咖啡杯等。

### ⊙ 配色分析

餐边柜使用黑白灰无彩色系，具有现代感。其中，柜门采用了灰色玻璃，材质的变化丰富了空间的视觉表现力。

# （3）打破方正造型的圆拱形定制餐边柜

屋主两人都是公司白领，对生活品质的要求较高。尤其是女主人，文艺而优雅，在定制餐边柜时，希望体现出精美的视觉效果，同时希望这里可以作为日常喝咖啡及临时办公的地方。

## 🏵 设计要点

①打破了定制柜体常规的方正造型，将圆拱形元素融入定制餐边柜的设计中，圆润的造型令空间显得灵动且与众不同。同时，餐桌椅也选用圆润的造型，与餐边柜相呼应。

②没有做全封闭式柜体，而是设置了隔板，方便物品拿放的同时，也为空间增添了透气性。

## 🏵 配色分析

将开放式隔板所在的圆弧形区域涂刷成铁锈红色，复古又高级，搭配白色的定制柜体，既能营造出干净、通透的视觉效果，又将屋主喜爱的品质感体现得淋漓尽致。

**备注：**

柜体：层板、侧板均采用 18mm 厚颗粒板，背板采用 9mm 厚中纤板。
柜门：采用 18mm 厚颗粒板，白色三聚氰胺浸渍胶膜纸饰面。

开放式隔板区域可以摆放一些装饰品，提升空间质感。

柜体平台部分可以摆放咖啡机，同时预留出插座的位置，方便屋主在此煮咖啡。

820mm×390mm 的柜格可以用来收纳咖啡豆，以及方糖、牛奶等咖啡伴侣。

## （4）融入酒柜功能的定制餐边柜

**屋主诉求**

屋主是一对重度红酒爱好者，他们喜欢在休闲时光一起品鉴红酒。在定制餐边柜时，希望可以融入酒柜功能。

### 设计要点

①在餐边柜中融入可以保持恒定温度的酒柜功能，方便储存红酒，以保持良好的口感。

②由于厨房的面积有限，因此在定制餐边柜时预留出了双开门冰箱的位置。冰箱位于厨房和餐厅之间，方便两个空间同时使用。

③餐边柜的右半部分设计为有藏有露的形式，兼具收纳和展示功能，既保证了实用性，也提升了美观度。

冰箱上部设置了两个 395mm 高的柜格，充分利用零碎空间。

2240    25   416

395

25

1795

## ◎ 配色分析

餐边柜采用木门和玻璃门相结合的方式，无论色彩还是材质均有所变化。黑色作为点缀色，增强了餐边柜的现代感；木色则为空间注入了一丝温暖。

**备注：**

柜体：层板采用 18mm 厚颗粒板，侧板采用 25mm 厚颗粒板，背板采用 18mm 厚中纤板。

柜门：①采用 18mm 厚颗粒板，木纹贴面；②铝框玻璃拉门，内嵌 5mm 厚清玻璃。

红酒柜不仅可以收纳红酒，还可以摆放酒杯。

开放式柜格适合放置一些屋主喜爱翻阅的杂志、书籍。

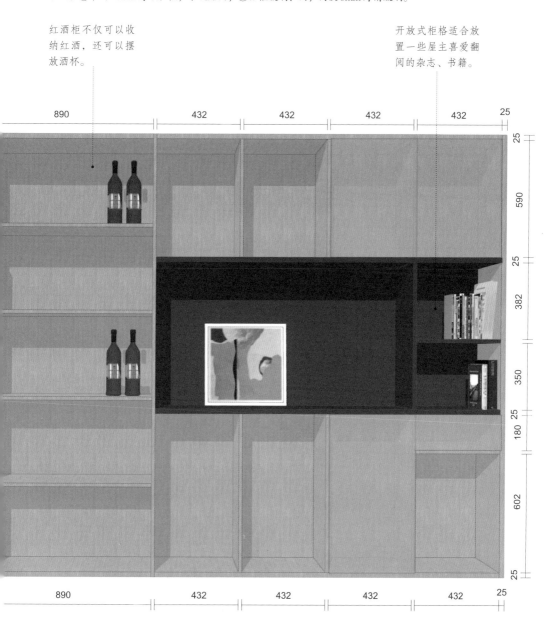

## （5）兼具收纳与座椅功能的定制餐边柜

**屋主诉求**

由于厨房面积很小，不足 6m²，因此收纳功能大打折扣。但男主人非常喜爱烹饪，因此需要解决大量厨具和碗盘的收纳问题。

**设计要点**

①由于餐厅紧邻厨房，因此设置了靠墙式餐边柜。没有将所有的柜格都封闭起来，而是形式自由地在不同位置开放柜格，形成了错落有致的装饰效果。

②餐边柜设计了卡座功能，相比摆放两把餐椅更加节省空间，同时结合柜体设计增加了收纳功能。

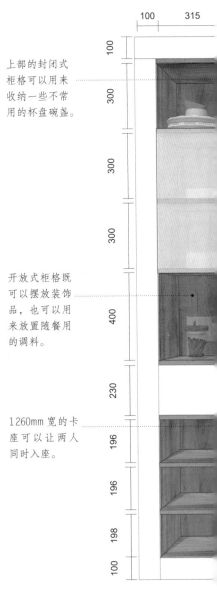

上部的封闭式柜格可以用来收纳一些不常用的杯盘碗盏。

开放式柜格既可以摆放装饰品，也可以用来放置随餐用的调料。

1260mm 宽的卡座可以让两人同时入座。

## 配色分析

白色的餐边柜与粉色的墙面相搭配，营造出具有甜美感的空间氛围，提供了轻松、愉悦的就餐环境。

**备注：**
柜体：层板采用20mm厚颗粒板，装饰侧板采用100mm厚颗粒板，背板采用9mm厚中纤板。
柜门：采用20mm厚颗粒板，白色三聚氰胺浸渍胶膜纸饰面。

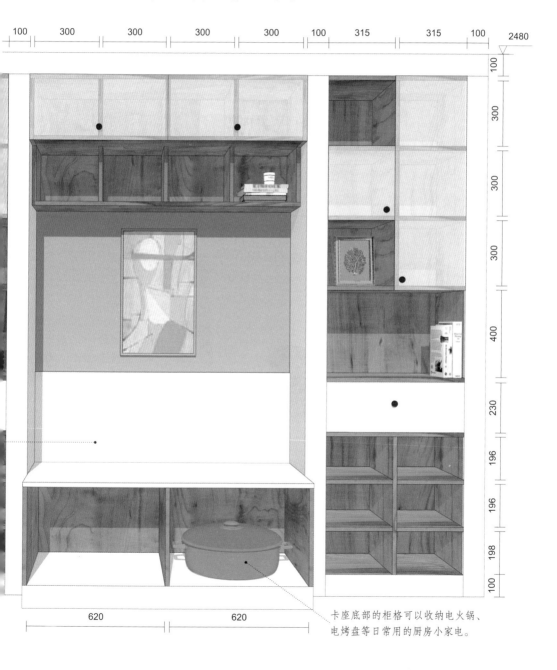

卡座底部的柜格可以收纳电火锅、
电烤盘等日常用的厨房小家电。

# 卧室定制柜：家中收纳主力军

卧室不仅是休息的场所，也是存放衣物和寝具的地方。其中，衣柜主要承担收纳的任务，是卧室中最主要的定制家具。定制衣柜需要具备容量大、储藏能力强的特点，同时还要合理利用空间，使空间的利用率达到最大化。

## 卧室定制衣柜与空间尺寸的关系

在定制衣柜时，要充分考虑衣柜与床之间的尺寸关系。在不同的情况下，床和衣柜之间的预留尺寸也应有所区别。

衣柜开门方式对预留尺寸的影响：衣柜前预留的距离至少为 550mm，但是具体还要看衣柜的开门方式。卧室定制衣柜的开门方式以推拉门和平开门为主。

**推拉门**

通过使用上下轨道进行左右推拉开启，所以衣柜前方不需要预留柜门对外开启的空间，只需要保留宽度不小于 550mm 的活动空间即可。

**优点：**
◎节省空间，适合面积小的卧室。

**缺点：**
◎轨道灰尘难清理，柜门无法完全打开，无论往哪一边开启，衣柜的内部空间都会有一侧被门阻拦，不方便取衣物。

180mm

## 平开门

通过铰链将门扇向外拉开。所以平开门需要预留门扇开启的空间，而且门扇越大，需预留的尺寸越大。常规衣柜门扇的宽度为 180mm，加上平开门前应预留宽度不小于 450mm 的活动空间，所以一般来说平开门前需要预留宽度为 630mm 以上的空间。

**优点：**
◎与柜体贴合度好，不容易落灰；能够完全打开，衣物一览无余。

**缺点：**
◎开门占空间（如果柜子和床之间的距离小于 600mm，则不适合）。

**定制衣柜前的取物尺寸**

衣柜的深度一般为 600mm，放取衣物时要为柜门的打开和抽屉的拉出留出一定的空间。人在站立时拿取衣物大致需要宽度为 600mm 的空间，如果衣柜有抽屉，则最好预留出宽度大于 900mm 的空间。

600

900

衣柜与床之间的距离：衣柜和床的摆放有平行和垂直两种形式，在布置时，要根据不同的使用场景预留出合适的距离。其中平行摆放适合将衣柜设置在开门的那面墙；而垂直摆放则适合宽度超过 3.5m 的卧室，这样可以打造出超长衣柜。

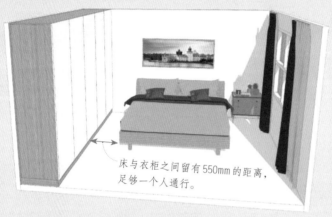

床与衣柜之间留有550mm的距离，足够一个人通行。

⚠ 平行摆放示意图

⚠ 平行摆放实景图参考

考虑到舒适性，通道的距离宜为 900~1200mm。

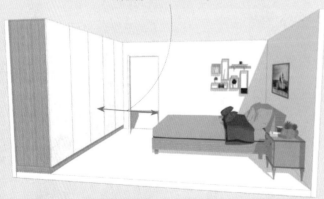

⚠ 垂直摆放示意图

⚠ 垂直摆放实景图参考

**衣柜与床之间的常见尺寸**

在卧室中，衣柜和床是主要的大件家具。为了保证居住者在卧室中活动的舒适度，需要合理安排这两件家具之间的尺寸。除了常规的通行尺寸和取物尺寸，床和衣柜的布置还要考虑清洁尺寸和更衣尺寸。

↑清洁尺寸：适宜的尺寸为 940~990mm。

➡ 常规更衣尺寸：如果不想坐在床上更衣，衣柜和床之间的距离宜为 700~900mm。

⬅ 老人更衣尺寸：在老人房中，需要考虑照顾老人更衣的需求，衣柜和床之间的距离宜为 1100~1200mm。

# 卧室定制衣柜与收纳尺寸的关系

卧室是放松身心的地方，因此整洁、舒适是其主要诉求。在收纳方面，卧室要做到不杂乱，让物品使用起来更便捷。

定制衣柜的合理分区：卧室中需要收纳的物品比较繁杂，因此做好衣柜的分区十分重要。衣柜分区一般包括长衣区、短衣区、叠放区、裤架区、储物区、包包区和抽屉区等。在具体分区时，应适当多做挂衣区。

储物区（≥500mm）：
位于衣柜顶部，干燥防潮。可存放换季不用的被褥和衣物。

短衣区（800~1000mm）：
悬挂西服、衬衫、外套等易起褶皱的上衣。

长衣区（1400mm）：
可悬挂风衣、羽绒服、连衣裙等长款衣服。如果使用人数较多，可适当加宽或设计多个长衣区，实现男女分区。

裤架区（600~800mm）：
悬挂裤子，可以减少褶皱。裤架区最好设计成竖排的可推拉裤架，方便拿取。

## 定制衣柜第一层层板高度的确定

在定制衣柜时，应着重考虑第一层层板的高度，它决定了挂衣区的高度，也影响衣柜分区的合理性。一般情况下，人举起手的高度到头顶差不多为30cm。因此，第一层层板最佳高度可以通过以下公式计算：

第一层层板最佳高度 = 身高 +20（cm）

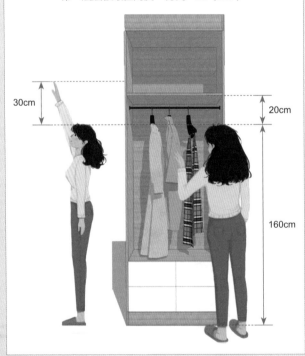

30cm

20cm

160cm

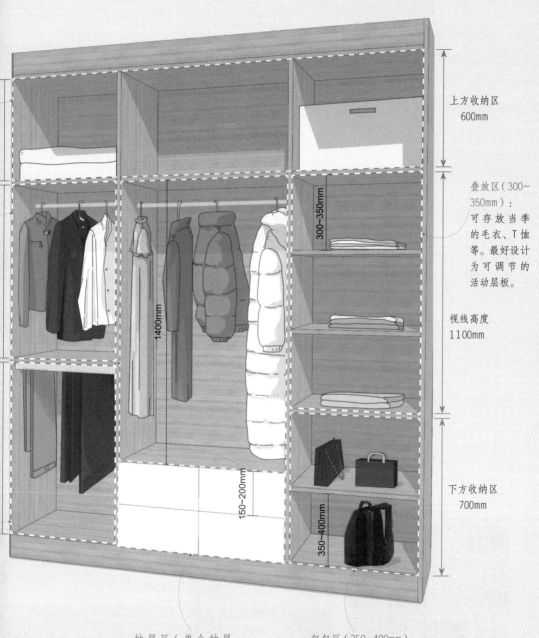

上方收纳区
600mm

叠放区（300~
350mm）：
可存放当季
的毛衣、T恤
等。最好设计
为可调节的
活动层板。

视线高度
1100mm

下方收纳区
700mm

300~350mm

1400mm

150~200mm

350~400mm

抽屉区（单个抽屉
150~200mm）：
可以按需存放内衣、
袜子、领带、首饰等
小物件。

包包区（350~400mm）：
除了放置包包，还可以
放置帽子、围巾等物品。

衣柜常见单品的收纳尺寸：通常情况下，卧室需要收纳的物品主要有衣物（外套、裙装、普通下装、上装、内衣、袜子等），配饰（帽子、围巾、领带、皮带、包包等），以及床上用品（床单、被罩、被子、枕头等）。不同的家庭衣物数量不同，但需要收纳的物品类别大致相同。

**定制衣柜的竖向分区**

在定制衣柜时，若衣柜的总长为 2~3m，则可以将衣柜按竖向划分为男衣区，女衣区，被褥、饰品区 3 个区域。这样划分的好处是分区明确，夫妻双方可以拥有各自独立的收纳区域，整理起来省时省力。

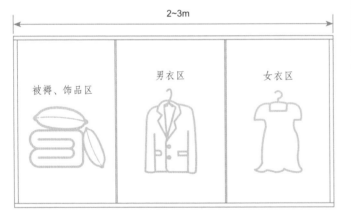

2~3m

被褥、饰品区　　男衣区　　女衣区

男衣区 + 被褥、饰品区　　女衣区 + 被褥、饰品区

男衣区　　被褥、饰品区　　女衣区

被褥、饰品区

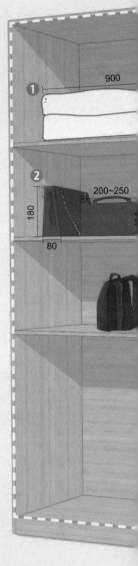

① 被褥　900

② 包包　200~250　180　80

① 被褥
② 包包
③ 衬衫 /T 恤（叠放）
④ 夹克
⑤ 西服

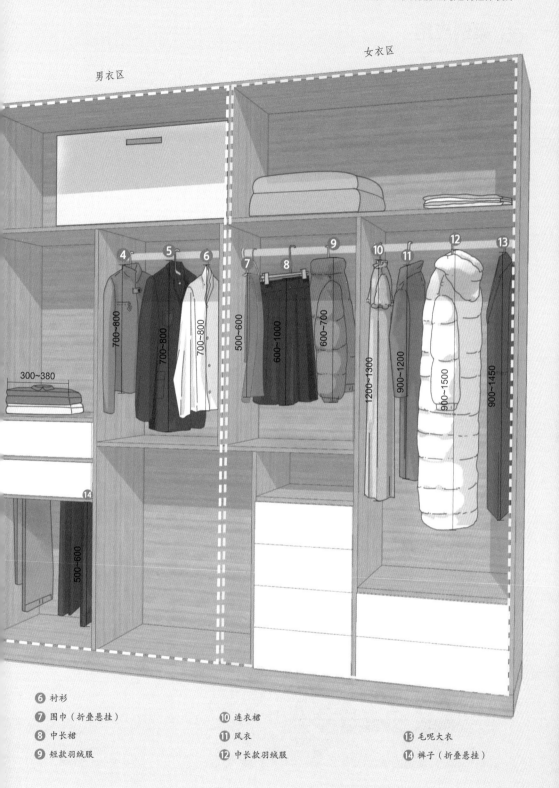

男衣区

女衣区

300~380

700~800

700~800

700~800

500~600

600~1000

600~700

1200~1300

900~1200

900~1500

900~1450

500~600

4 5 6 7 8 9 10 11 12 13 14

⑥ 衬衫

⑦ 围巾（折叠悬挂）　　　⑩ 连衣裙

⑧ 中长裙　　　　　　　　⑪ 风衣　　　　　　　⑬ 毛呢大衣

⑨ 短款羽绒服　　　　　　⑫ 中长款羽绒服　　　⑭ 裤子（折叠悬挂）

# ⊞ 案例应用

## （1）将整面墙填满的超长定制衣柜

女主人希望卧室衣柜具有强大的收纳功能，且分区明确。

### ⬡ 设计要点

①整体衣柜的宽度将近 3.8m，收纳功能十分强大，足以放下屋主所有的衣物。飘窗部分的墙面也没有浪费，连接衣柜设计成储物区，用来收纳书籍。

②"顶天立地"的形式与简单、利落的直线条相结合，没有多余设计，巧妙弱化了大体量柜体的存在感。

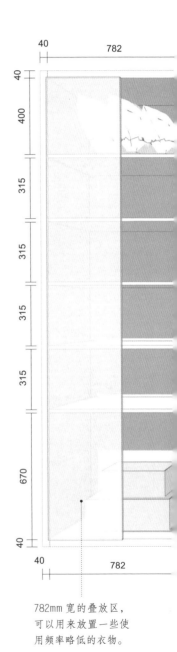

782mm 宽的叠放区，可以用来放置一些使用频率略低的衣物。

## ○ 配色分析

超长衣柜采用了米灰色，低调又高级。

**备注：**

柜体：层板采用 18mm 厚多层板，侧板采用 40mm 厚多层板，背板采用 9mm 厚中纤板。

柜门：采用 18mm 厚多层板，亚光暖白色三聚氰胺浸渍胶膜纸饰面。

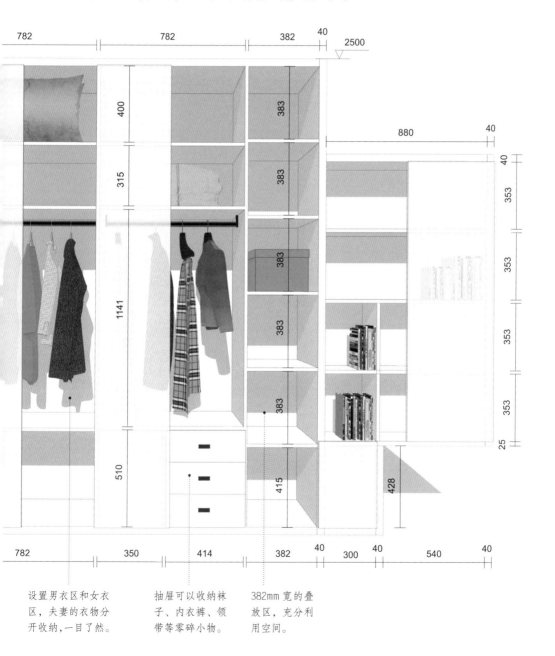

设置男衣区和女衣区，夫妻的衣物分开收纳，一目了然。

抽屉可以收纳袜子、内衣裤、领带等零碎小物。

382mm 宽的叠放区，充分利用空间。

# （2）充分利用空间的个性化定制衣柜

**屋主诉求**

屋主是一位雷厉风行的女高管，穿衣风格极具个人特征，衣物基本以无彩色系为主，对定制衣柜的要求为与众不同、别出心裁。

## ◎ 配色分析

深褐色的柜体带来沉稳的视觉感受，结合抽屉台面的少量黑色，使整体氛围充满理性感。

## ◎ 设计要点

①屋主喜欢与众不同的定制设计，且偏爱极简风格。因此定制衣柜的设计以利落的线条为主，并通过巧妙运用材质来增添新意。透明玻璃柜门用银色收边条装饰，增加了柜体的细节，丰富了视觉层次，也体现出精致感。

②柜门采用透明玻璃，对于衣物的收纳有较高要求，否则会显得凌乱。这种设计的好处是可以令空间显得通透，并呈现出高级感和现代感。

③在卧室房门左侧的角落定制一个小衣柜，充分利用空间，可以与右侧的衣柜达到视觉上的平衡。

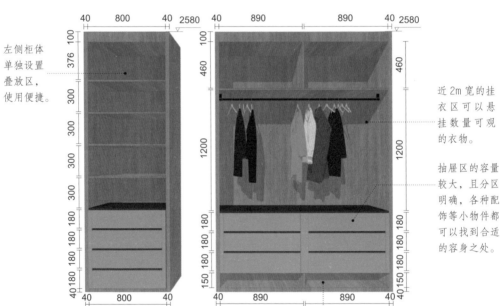

左侧柜体单独设置叠放区，使用便捷。

近2m宽的挂衣区可以悬挂数量可观的衣物。

抽屉区的容量较大，且分区明确，各种配饰等小物件都可以找到合适的容身之处。

底部单独设置了放鞋区，也可以用来收纳一些日常换洗的四件套。

**备注：**
柜体：层板采用18mm厚榆木多层板，侧板采用40mm厚榆木多层板，背板采用9mm厚中纤板。
柜门：铝框玻璃拉门，内嵌5mm厚清玻璃。

# （3）满足收纳和书桌功能需求的定制衣柜

## ⬡ 设计要点

沿墙定制超长衣柜，同时满足收纳和书桌的功能需求。由于男主人只需要临时使用，因此书桌的造型设计比较简洁、耐看。同时，悬空书桌最大限度地减少了使用面积，为衣柜留出更多的收纳空间。

## ⬡ 配色分析

深棕色的隔板、书桌，黑色的开放式柜格，白色的柜门，三者形成鲜明的色彩对比，令整个卧室的色彩在保持平和、利落的同时，又不会显得过于单调。

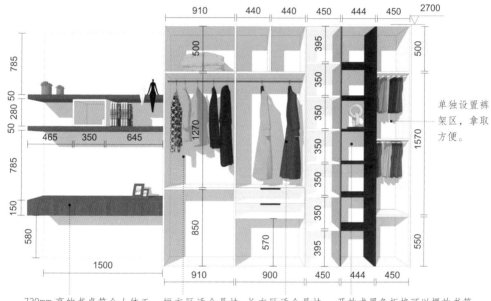

单独设置裤架区，拿取方便。

730mm 高的书桌符合人体工学，使用起来比较舒适。

短衣区适合悬挂外套、夹克等。

长衣区适合悬挂长裙、风衣等。

开放式黑色柜格可以摆放书籍，也可以存放常穿的衣物。

**备注：**
柜体：层板、侧板均采用 20mm 厚多层板，背板采用 9mm 厚中纤板。
柜门：采用 20mm 厚多层板，亚光白三聚氰胺浸渍胶膜纸饰面。
书桌：采用 20mm 厚多层板，三聚氰胺浸渍胶膜纸饰面。

## （4）带有梳妆功能的高颜值定制衣柜

**屋主诉求**

女主人非常喜爱买包，希望在衣柜中单独设置一个收纳包包的区域。此外，她还希望定制衣柜可以兼具梳妆功能。

⬤ **设计要点**

①在定制衣柜中加入梳妆桌的功能，可以满足女主人基本的梳妆需求。同时也为超长衣柜带来了造型上的变化，为空间带来别样的视觉效果。

②"顶天立地"式的超长 8 门衣柜，可以解决家中大部分物品的收纳需求。

③为了避免单调，柜体在色彩搭配和元素设计上均做了变化，结合吊顶上的装饰线条，使整个空间的品质得到大幅提升。

⬤ **配色分析**

将草木绿色作为超长衣柜的点缀色彩，使其出现在梳妆柜区域、定制柜体的底部区域及装饰拉手上，为空间带来生机。柜门采用白色和米灰色搭配，干净又高级。

**备注：**

柜体：层板、侧板均采用 18mm 厚颗粒板，背板采用 9mm 厚中纤板。

柜门：采用 18mm 厚密度板造型，PVC 覆膜饰面。

书桌：采用 18mm 厚密度板造型，草木绿烤漆饰面。

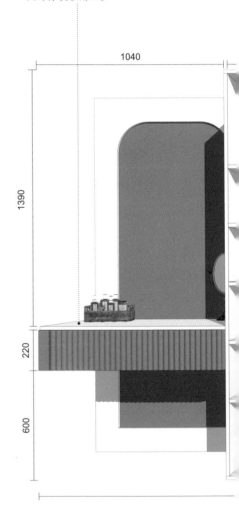

1040mm 宽的梳妆台面，可以摆放得下女主人的大部分梳妆用品。

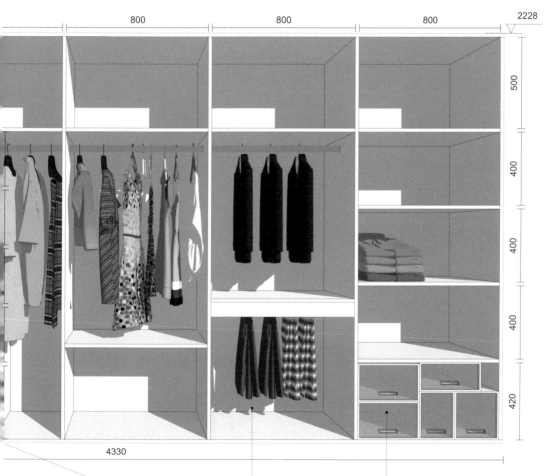

专门设置的收纳包包的区域，分为 4 个高 300mm 的柜格和 1 个高 400mm 的柜格。

单独的裤架区，可以使收纳更加精细化，同时也方便拿取。

结合抽屉做收纳，可以将内衣裤、领带等小物件收纳在此。

## （5）解决家中50%收纳需求的半屋榻榻米

这是一个单身公寓，面积只有 45m²，但屋主喜欢阅读，家中的书籍非常多，因此希望这个小空间不仅可以具备齐全的使用功能，还可以将书籍进行合理安放。

### 设计要点

对于小户型来说，在设计定制柜体时，应将收纳功能与实用性相结合，最有效的方式之一为将榻榻米和柜体进行组合设计，以形成惊人的收纳能力。此方案为不同收纳区域设置了精细化的尺寸，能够收纳衣物、换季用品、书籍等多种类型的物品。

### 配色分析

榻榻米及组合柜的颜色为白色和木色相间，既干净、通透，又温馨、舒适。即使设计了数量较多的抽屉、柜格及柜门，也不会显得繁杂。

榻榻米左侧柜体区域，可作为衣物的叠放区。

侧部柜格用来收
纳常看的书籍。

顶部柜格可以收纳阅
读频率较低的书籍。

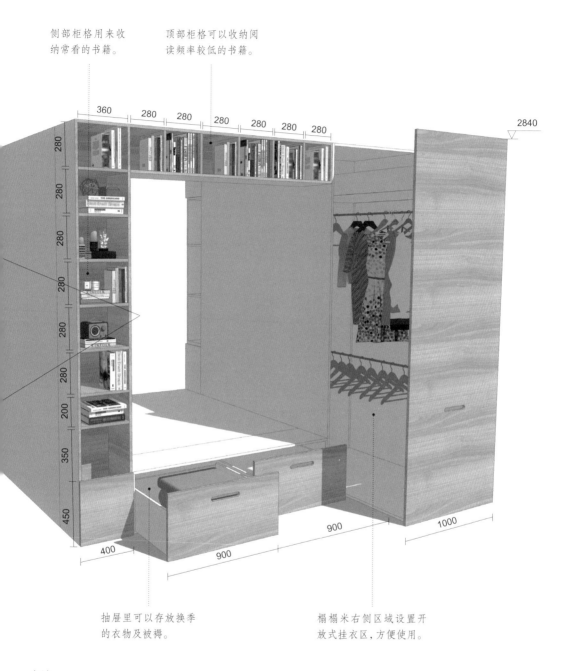

抽屉里可以存放换季
的衣物及被褥。

榻榻米右侧区域设置开
放式挂衣区，方便使用。

**备注：**
柜体：层板、侧板均采用 20mm 厚颗粒板，背板采用 9mm 厚中纤板。
柜门：采用 20mm 厚颗粒板，亚光白与仿木纹三聚氰胺浸渍胶膜纸饰面。

# （6）将"房子"元素融入设计的童趣定制柜

屋主诉求

屋主希望儿童房既有温馨、甜美的气息，又能满足睡眠、收纳及书写需要。

与书桌相连的开放式柜格，可以放置孩子常用的书籍及文具。

## 设计要点

①将睡眠区的墙面背景设计为房子造型，增加了趣味性。同时，将一侧的斜面线条延伸到衣柜，令整个定制柜体具有整体性。

②墙面定制柜藏露有度，可以满足多样化的收纳需求，同时也具有灵动的视觉效果，符合儿童房的调性。

## 配色分析

白色与橡皮粉的色彩搭配，既干净，又带有甜美的气息，十分适合作为女孩房的配色。

**备注：**
柜体：层板采用 18mm 厚指接板，侧板采用 25mm 厚指接板，背板采用 9mm 厚中纤板。
柜门：采用 18mm 厚指接板，橡皮粉与亚光白三聚氰胺浸渍胶膜纸饰面。

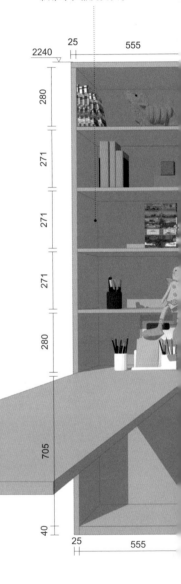

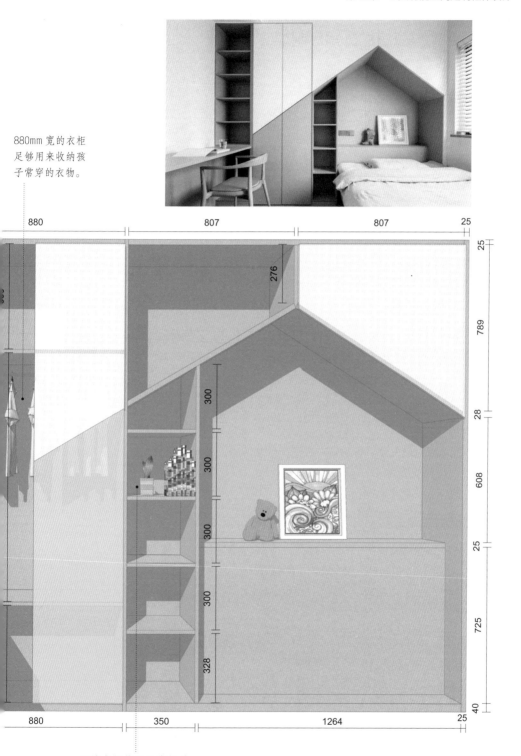

880mm 宽的衣柜
足够用来收纳孩
子常穿的衣物。

开放式柜格区用来摆放
孩子喜爱的绘本、玩具。

# （7）适合二孩家庭的卧室定制柜

**屋主诉求**

这是一个二孩家庭，女主人希望两个孩子虽然共处一室，但能拥有各自独立的学习、收纳区域。

## ● 设计要点

①定制柜看上去是一个整体，但实际上被巧妙地分为两个区域，左右两边采用完全对称的设计，并通过灰绿色和灰紫色为两个孩子划分出专属的学习区域。

②在柜体的造型设计上融入弧线元素，柔化了空间线条，并与座椅的线条形成呼应，整个空间给人的感觉是舒适、柔和的，非常适合孩子居住。

## ● 配色分析

定制柜的色彩虽然丰富，但被统一在温柔的灰调中，显得舒适、和谐。

1200mm 宽的书桌足够孩子学习和画画使用。

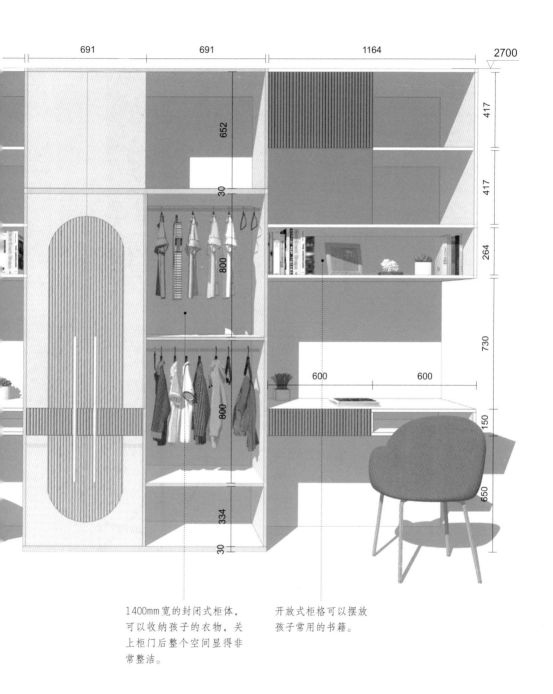

1400mm 宽的封闭式柜体，可以收纳孩子的衣物，关上柜门后整个空间显得非常整洁。

开放式柜格可以摆放孩子常用的书籍。

**备注：**

柜体：层板、侧板均采用 18mm 厚指接板，背板采用 9mm 厚中纤板。

柜门：采用 18mm 厚指接板，樱花粉与灰白色 PVC 覆膜饰面，表面模压造型。

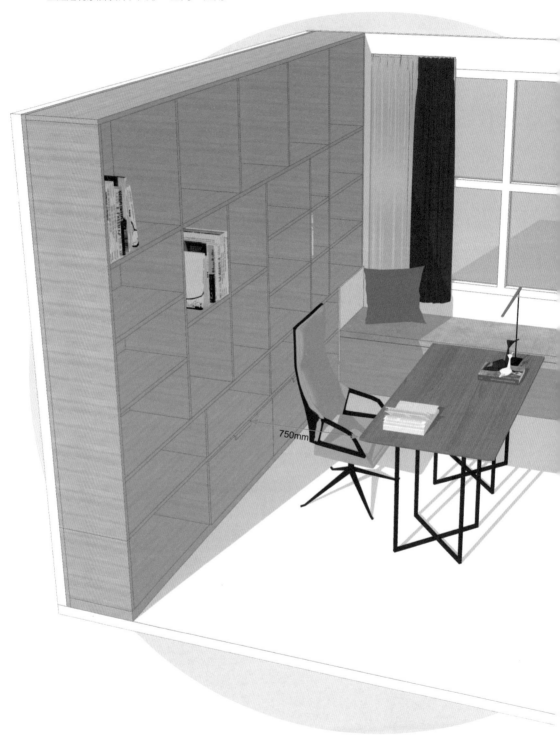

750mm

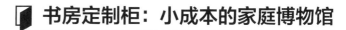

# 📖 书房定制柜：小成本的家庭博物馆

　　书房是居住者工作和阅读的场所，随着使用人数和时长的增加，书房中需要收纳的物品也越来越多。因此，需要把这些物品分门别类地收纳起来，放在固定的位置。书房中的定制柜体主要解决书籍、资料等的收纳问题。其中书柜作为书房中的主要定制柜体，其形态和尺寸的设计需要考虑家中藏书量的大小。

## 定制书柜与空间尺寸的关系

　　在书房的布局中，书柜常被布置在书桌后方，两者之间需要预留出至少 750mm 的间距，这样椅子可以拉开。

---

**椅子后方预留距离**

除了考虑书桌与书柜之间的距离，还可以根据实际使用场景来考虑椅子与书柜之间的距离。

↑椅子与书柜的间距为 450mm，人只能侧身通过。

↑间距为 550mm，人可以正面通过。

↑间距为 900mm，人可以弯下腰活动。

## 定制书柜与收纳尺寸的关系

　　书籍、杂志和文件资料是书房中主要的收纳物品，应根据开本大小和使用频率放在不同区域、不同高度，方便取用。另外，一些日常工作中需要用到的办公用品，如笔、本子等也是书柜收纳应考虑的。这些零碎的小物件不应分散放在柜子里，而应该集中放在笔盒或专门的收纳盒里，然后再放在柜子里。

宽度：
书柜隔板一般采用18~25mm厚的密度板，材料的厚度决定了柜格的最大宽度。
如果使用厚度为18mm的颗粒板或密度板，格位宽度不应大于800mm。
如果使用厚度为25mm的颗粒板或密度板，格位宽度不应大于900mm。
如果使用实木板，极限宽度一般为1200mm。
考虑到实际使用需求和书柜的美观度，建议将书柜的单格宽度控制在400~600mm。

高度：
书柜单格的高度可以参照书籍高度而定，总原则是宜高不宜低，但最高不要超过800mm，一般来说450mm就足够使用。

深度：
一般来说，建议书柜的深度为300mm，最低可压缩到280mm，如果空间宽敞，可以加宽到350mm，超过350mm可能会有些浪费。但是，如果需要做收纳抽屉，400~500mm的深度较为合适。

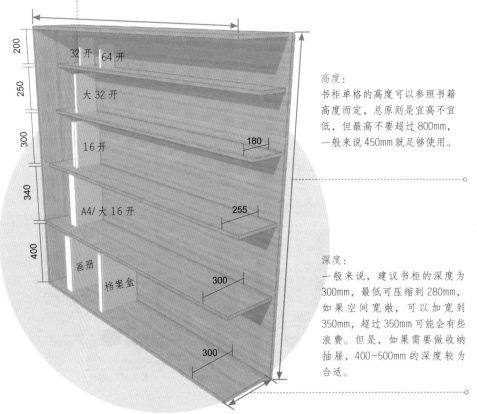

❶ 书籍（B5 国际开本）　❷ 书籍（正 16 开本）　❸ 杂志（大 16 开本）　❹ 文件夹
❺ A4 打印纸　❻ 收纳纸箱

## 定制书柜的常见形态

定制书柜的形态呈多样化特征，但从根本上来说，可以归纳为 L 形、一字形和 U 形三种，在此基础上，可以通过设计不同的内部结构、层板数量及柜门样式，来满足居住者的个性化需求。

### L 形书柜

也叫"转角书柜"，收纳能力强大，但书房空间尺寸需要在 3200mm × 2000mm × 2700mm 以上。

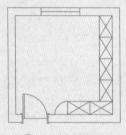

⌃ L 形书柜图示

⌃ L 形书柜实景图

### 一字形书柜

将书桌靠一面墙布置，这样的布局比较简单，适合大部分空间。

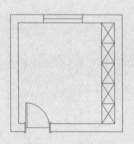

⌃ 一字形书柜图示

⌃ 一字形书柜实景图

## U 形书柜

这种布局可以最大限度地利用空间，但在设计时需要避开窗户。

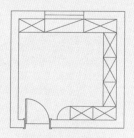

⌃ U 形书柜图示

⌃ U 形书柜实景图

550mm

### 功能更多样化的一体式书桌柜

除了常规的书柜设计，还可以考虑将书桌和书柜相结合，做一体式的组合设计。这种设计比较适合面积小的书房，或者没有独立书房且需要在卧室中加入书房功能的家庭。另外，一体式书桌柜还具有方便拿取的特点。

# ⊞ 案例应用

## （1）能够容纳大量书籍的 L 形定制书柜

屋主诉求

屋主家中的书籍较多，希望可以拥有一个大容量的书柜。在风格上，女主人比较喜欢温暖、质朴的原木风。

### ⚙ 设计要点

①利用书房中两个相邻的墙面打造 L 形书柜，且设计为开放式，可以存放大量书籍，而且拿取也比较方便。柜格的宽度不一，产生了灵动的视觉效果。

②将书柜设计为框架式，没有背板，不仅节省了费用，看起来也更显轻便。

### ⚙ 配色分析

开放式的浅木色 L 形书柜给人清新、自然的视觉感受，点缀的绿植为空间注入了生机。

短边总长 2000mm，收纳量较大。

2500

800

380

书柜中的小抽屉可以收纳一些零碎物品。

长边总长 3290mm，柜格
数量众多，收纳量巨大。

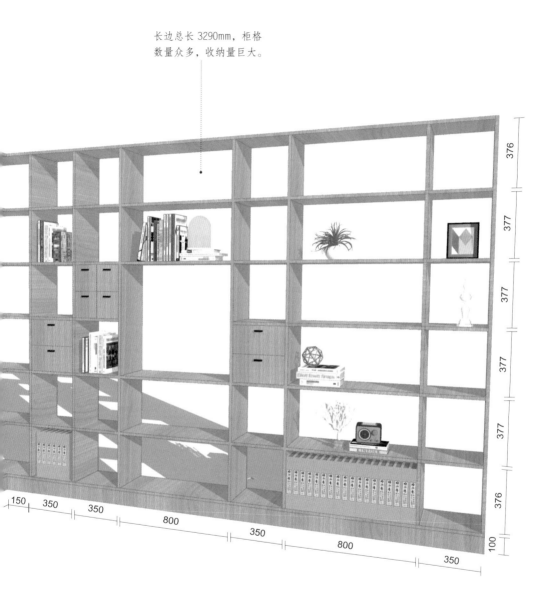

**备注：**
柜体：层板、侧板均采用 20mm 厚颗粒板。

# （2）具有视觉"律动感"的定制书柜

屋主希望书柜不仅可以藏书，还能够收纳一些办公用品。同时，屋主不希望书柜的形式过于沉闷。

## ⚙ 设计要点

①靠墙式书柜采用有藏有露的形式，开放式柜格摆放书籍，封闭式柜格收纳一些零碎的办公用品，屋主可以根据需求灵活使用。

②书柜的上半部分以开放式柜格和带门的柜格穿插出现，且柜格的宽度、色彩不同，呈现出灵动、跳跃的视觉效果。

## ⚙ 配色分析

白色柜体搭配木色门板，虽然配色并不复杂，但具有很好的律动感。

高度为 385mm 和 370mm 的柜格不仅可以放得下大部分书籍，还可以放得下文件夹。

底部带柜门的柜子，可以存放一些较重的物品，如打印纸。

**备注：**
柜体：层板、侧板均采用 34mm 厚密度板，背板采用 9mm 厚中纤板。
柜门：采用 18mm 厚密度板，仿木纹三聚氰胺浸渍胶膜纸饰面。

# （3）整洁、利落的内嵌式定制书柜

屋主夫妻两人均喜欢简单的生活方式，希望定制书柜也能体现出极简格调。

## 设计要点

①白色的书柜造型简单，柜格的设计工整而不失变化，开放式的柜格既可以用来摆放一些需要随时拿取的书籍，也可以用来展示藏品。

②由于空间的层高较高，因此定制书柜没有采用"顶天立地"的形式，而是根据屋主的身高来确定书柜高度。这样的设计方便了书籍的拿取。内嵌式的设计则可以很好地利用墙面，做到书柜和墙面的完美贴合。

顶部柜格的高度为 300mm，可以摆放大部分尺寸的书籍。

**备注：**

柜体：层板、侧板均采用 18mm 厚颗粒板，背板采用 9mm 厚中纤板。

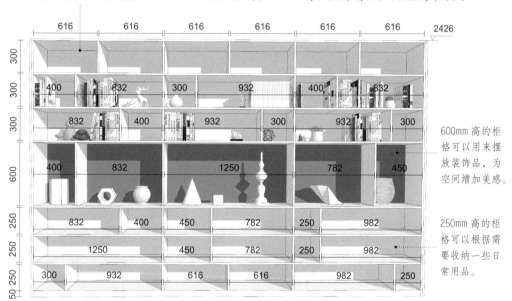

600mm 高的柜格可以用来摆放装饰品，为空间增加美感。

250mm 高的柜格可以根据需要收纳一些日常用品。

## 配色分析

将书柜中间部分的墙面涂成蓝色的，令白色的柜子不再单调。简单的色彩加持使定制书柜成为空间的视觉重点。

# （4）以实用为主要诉求的定制书柜

**屋主诉求**

家中的书房主要是男主人使用，他是一位低调、务实的高中物理老师，不喜欢花哨的设计，力求实用性。

## 设计要点

①按照男主人的需求，书柜的设计以横平竖直的线条为主，且由三部分组成，分别为封闭式柜格、开放式柜格和悬空式书桌。每个区域的功能不同，但都非常实用。

②在柜体中增加灯带设计，夜间拿取书籍也十分方便。

## 配色分析

书柜采用了白色和灰褐色的双色拼接处理，简约又不显单调。

800mm×395mm 的封闭式柜格，可以收纳一些不常用的书籍。

开放式柜格的高度不一,增加视觉变化的同时,也方便根据书籍尺寸进行收纳。

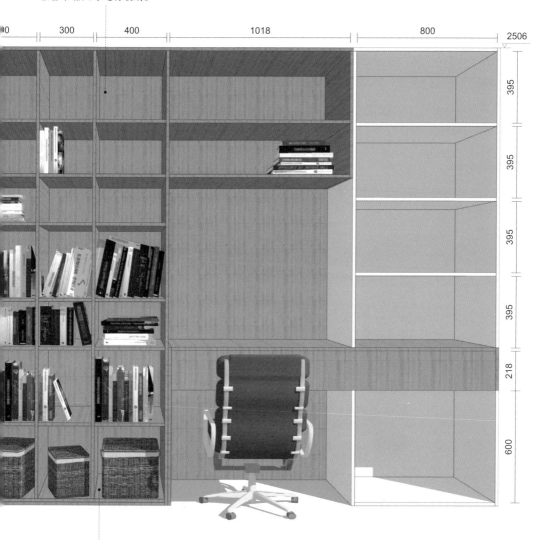

底部高 405mm 的柜格搭配藤编筐使用,可以将一些零碎物品进行隐藏。

**备注:**
柜体:层板、侧板均采用 18mm 厚颗粒板,背板采用 9mm 厚中纤板。
柜门:采用 18mm 厚密度板,白色三聚氰胺浸渍胶膜纸饰面。

## （5）融入"天圆地方"概念的定制书柜

**屋主诉求**

男主人是一位文化领域资深创作者，希望书房定制柜可以传达出文化韵味，但又不喜欢过于厚重的传统中式风格。

○ **设计要点**

①在书柜的造型设计中融入圆形元素，传达出天圆地方的中式思维，同时摆放了一些同样具有中式风格的摆件，令圆形这一元素成为书房的视觉中心。

②圆形柜格周围的柜格宽度约为 300mm，但柜格内隔板的宽度只有 200mm，小于柜格的宽度，这样的设计让整个定制书柜更加独特。

○ **配色分析**

整个定制书柜均采用浅木色，搭配暗藏灯带，营造出雅致的氛围，与中式风格的书房格调相协调。

**备注：**

柜体：层板、侧板均采用 40mm 厚颗粒板，背板采用 9mm 厚中纤板。

460mm 宽的柜格，
适合摆放书籍或
装饰品。

半径为 450mm 的
圆形柜格，体现
出风格特征。

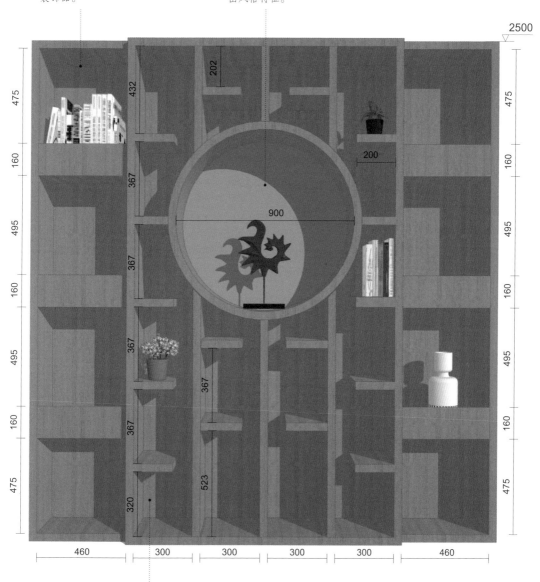

300mm 宽的柜格没有做封闭处理，形成独特的视觉效果。

# 厨房定制柜：破解烹饪乐趣的密码

厨房是家中杂物最多的地方，需要为柴米油盐、瓶罐碗筷及各种物品找到合适的位置。作为厨房中主要的定制柜体，整体厨柜不仅要满足美观度的需求，还应该考虑烹饪时拿取各种物品的便利性与高效性。

## 定制厨柜与空间尺寸的关系

定制厨柜功能区的尺寸设定：厨房的布局是根据食品的储存→准备→清洗→烹调这一操作过程安排的。炉灶、冰箱和水槽这三个主要设备应组成一个三角形布局，因为这三个设备通常要互相配合使用，所以要将它们安排在最合适的位置，以节省时间和人力。三角形布局的三边之和宜为 3.6~6m，不同工作点之间的距离宜为0.9~1.8m，过长或过短都会影响操作。

**厨房最佳动线设置**

厨房中最短、最高效的动线是按照"取→洗→备→炒→盛"的顺序来安排的，即"冰箱→水槽区→备餐区→烹饪区→盛盘区"。如果这个流程中任意两个区域发生变化，厨房中的动线就会发生交叉。

沥水区 ○━━━━━━━━━━━━━━━━━━→ 水槽区 ○

≥ 300mm             600~900mm

 沥水区：从水槽到墙边的空间设置沥水区，并预留适当面积以放置沥水架。这样，在洗完碗盘后，可以将它们放在这里控水，干净卫生。

 水槽区：主要用于清洗食物或碗碟，其尺寸一般根据水槽的类型来设定。如果面积有限，极限尺寸为540mm。

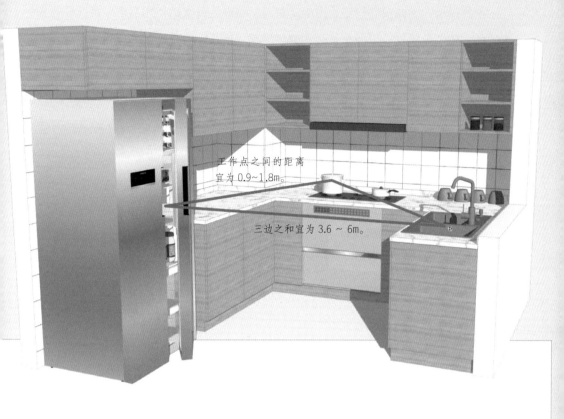

工作点之间的距离
宜为 0.9~1.8m。

三边之和宜为 3.6 ~ 6m。

| 备餐区 | 烹饪区 | 盛盘区 |
|---|---|---|
| 800mm | 600~900mm | ≥ 300mm |

 备餐区：切菜的区域被称为备餐区。烹饪过程中，很多工作需要在这里完成，这里也需要摆放很多东西。若厨房面积不大，要优先保证此区的长度，以 800mm 为佳。

 烹饪区：是一个主要用于烹饪的区域，其尺寸一般根据煤气灶来设定。

盛盘区：从灶台到墙边的位置被称为盛盘区。预留盛盘区的好处是可以在炒完菜后将菜肴先在这里装盘，然后端到餐桌上，十分便捷。

　　定制厨柜的纵向尺寸设定：由于定制厨柜要满足日常的使用需求，因此应考虑合适的人体工学尺寸，以使烹饪过程变得轻松、愉悦。有条件的家庭最好可以做高低落差台面，这样可以满足"洗碗、洗菜不废腰，切菜、炒菜不费力"的需求。可以将水槽区和备餐区设置在高台面上；烹饪区则不宜太高，应设置在低台面上，因为炒菜时需要颠勺、端锅，如果台面太高，胳膊会感到很累。

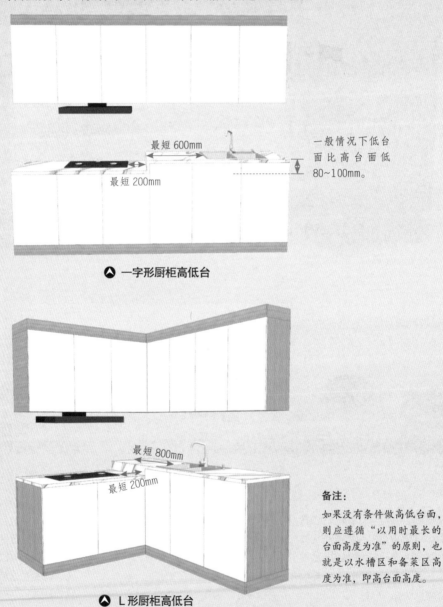

最短 600mm

最短 200mm

一般情况下低台面比高台面低80~100mm。

🔺 一字形厨柜高低台

最短 800mm

最短 200mm

🔺 L形厨柜高低台

**备注：**
如果没有条件做高低台面，则应遵循"以用时最长的台面高度为准"的原则，也就是以水槽区和备菜区高度为准，即高台面高度。

## 水槽区的纵向尺寸

水槽的高度应以使用者站立时手部能够触碰到清洗盆底部为标准进行设置。如果台面设计得过低，使用时可能会令人感到腰酸背痛。一般而言，供女性使用的水池安装高度平均值为 800~850mm；供男性使用的水池安装高度平均值为 850~910mm。

吊柜顶部到地面的距离一般为 2.25m，若高于这个尺寸，使用者不容易够到物品。

吊柜底部到操作台面的距离以 600mm 为佳，但不同的使用区域，尺寸略有不同。

吊柜底部到地面的距离最好为 1.55~1.6m，否则容易碰头。

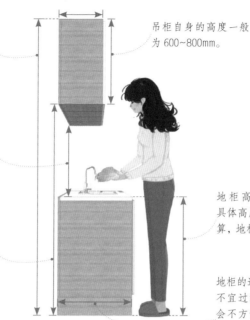

吊柜自身的高度一般为 600~800mm。

地柜高度一般为 800~900mm，具体高度可以根据使用者身高计算，地柜高度 = 身高 /2+5（cm）。

地柜的进深以 600mm 最为常见，不宜过深，否则拿取物品可能会不方便；若厨房空间较小，地柜进深也可以适当缩减。

## 烹饪区的纵向尺寸

由于烹饪区需要安装抽油烟机，因此吊柜到地柜台面的距离应保持在 700mm 以上，具体尺寸可以根据抽油烟机的具体款式来决定。

### 顶吸式抽油烟机

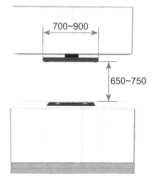

长 × 高宜为（700~900）mm× 500mm；底部距离地柜台面宜为 650~750mm

### 侧吸式抽油烟机

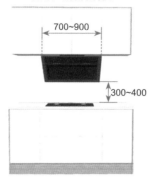

长 × 高宜为（700~900）mm× 500mm；底部距离地柜台面宜为 300~400mm

### 集成灶抽油烟机

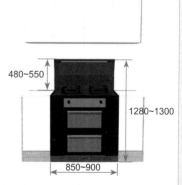

长 × 宽 × 高宜为（850~900）mm× 600mm×（1280~1300）mm；底部距离地柜台面宜为 480~550mm

## 定制厨柜与收纳尺寸的关系

通常情况下，厨柜中承担收纳功能的部分包括：吊柜、地柜和厨柜台面（墙面）。在设计时，应充分考虑不同区域收纳物品的特点。此外，厨房的物品看起来很多，但实际上可以分为三大类：炊具、食材和家电。

中心区：厨柜台面和墙面是厨房中最容易显乱的地方，因为为了拿取方便，日常烹饪中所用的刀具、炒菜铲、汤勺及小家电等都会放在此处。

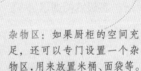

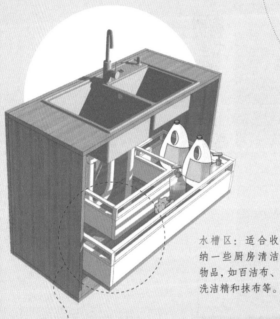

水槽区：适合收纳一些厨房清洁物品，如百洁布、洗洁精和抹布等。

杂物区：如果厨柜的空间充足，还可以专门设置一个杂物区，用来放置米桶、面袋等。

可伸缩置物架

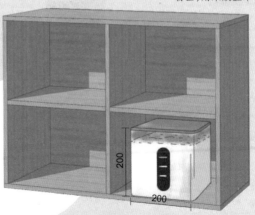

200

200

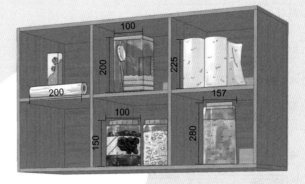

吊柜区：一般可以分为两层，第一层为低频区，用来放置一些备用的厨房纸巾、保鲜膜，以及日常使用频率较低的小家电等；第二层为高频区，可以放置不同尺寸的收纳筐、存放五谷杂粮的收纳盒，以及干货。

烹饪区：适合做推拉抽屉，第一层收纳筷子、刀叉等餐具，第二层收纳碗盘等，第三层则用来收纳锅具。

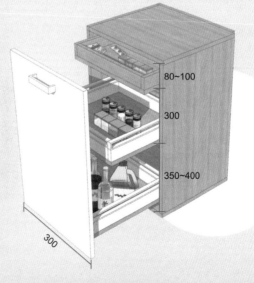

调料区：为了烹饪时使用的便利性，可以在烹饪区附近专门设置一个放调料的抽屉，这样的布局有助于省时省力地完成烹饪工作。在设置时，第一层可以用于收纳，第二层放置使用频繁的调料盒，第三层放置高瓶调味料（如生抽、醋等）。

# 定制厨柜的常见形态

一般来说，厨房的形态在一定程度上决定了定制厨柜的形态。大多数情况下，厨房有四种格局，即一字形、L形、U形和走廊式，对于一些空间较大的家庭，也会选择岛台式厨房。

### 一字形

在厨房一侧布置厨柜等设备。做菜的动线呈一条直线，适合开间较窄的厨房。

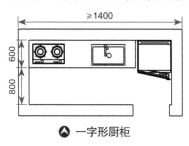

▲ 一字形厨柜

### L 形

在厨房相邻的两面墙设置厨柜及设备，使之相互连接。一般会将水槽设在靠窗台处，而将灶台设在贴墙处，上方挂置抽油烟机。

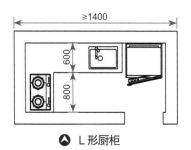

▲ L 形厨柜

### U 形

在厨房相邻三面墙均设置厨柜及设备，相互连接。操作台面长，收纳空间充足。厨柜围合而产生的空间可供使用者站立，左右转身灵活方便。

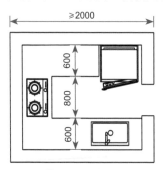

▲ U 形厨柜

**走廊式**

沿厨房两侧较长的墙并列布置厨柜。将水槽、燃气灶、操作台、冰箱设在一边，将配餐台、储藏柜等设在另一边。

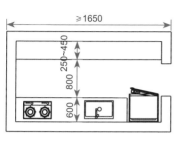

▲ 走廊式厨柜

**岛台式**

空间开阔，使用便捷。需要的空间面积较大，适合大户型。中间设置的岛台具备更多使用功能，建议中岛的长度 ≥ 1m。

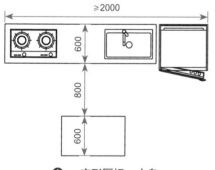

▲ 一字形厨柜 + 中岛

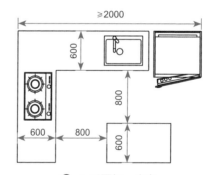

▲ L 形厨柜 + 中岛

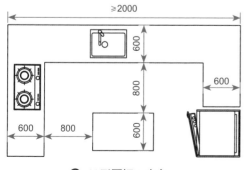

▲ U 形厨柜 + 中岛

# 🔲 案例应用

## （1）结合开放式置物架的一字形定制厨柜

**屋主诉求**

这是一套公寓式住宅，屋主平时独自居住，做饭频率不高，对定制厨柜的需求仅限于具备基本功能。

⚙ **设计要点**

①一字形厨柜不会占用过多空间，水槽区、备餐区和烹饪区在一条直线上，比较紧凑。同时，将抽油烟机隐藏在柜体中，使整个厨柜看起来非常整洁、利落。

②定制厨柜的体量虽然不大，但集功能性与装饰性于一体，封闭区域主要用来收纳厨房用品，右侧的开放式柜格则可以用来摆放书籍、酒类等物品。

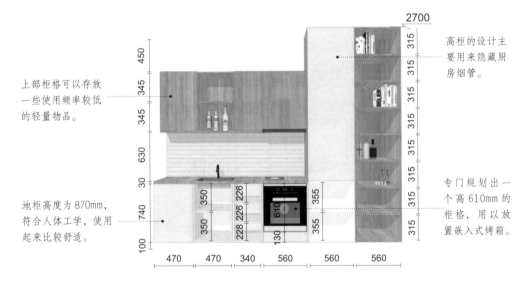

上部柜格可以存放一些使用频率较低的轻量物品。

地柜高度为870mm，符合人体工学，使用起来比较舒适。

高柜的设计主要用来隐藏厨房烟管。

专门规划出一个高610mm的柜格，用以放置嵌入式烤箱。

⚙ **配色分析**

牛油果绿饱和度低，具有优雅、清新的视觉效果，搭配木色，给人纯净、高雅之感。

**备注：**

柜体：层板、侧板均采用20mm厚多层板，背板采用9mm厚中纤板。

柜门：采用20mm厚多层板，仿木纹与牛油果绿PVC覆膜饰面。

# （2）实用、简约的 L 形定制厨柜

**屋主诉求**

屋主对于厨房定制柜的主要诉求就是实用，且能最大限度地收纳日常烹饪用具。

## 设计要点

①由于餐厅的面积有限，因此在定制厨柜时，为冰箱预留出了摆放的位置。同时也满足了拿取、清洗、备餐、烹饪"一条龙"的动线设计需求。

②定制厨柜为简约的 L 形，能够合理利用空间。

## 配色分析

吊柜采用白色，地柜采用木色，上浅下深的配色方式为厨房带来稳定的视觉效果。

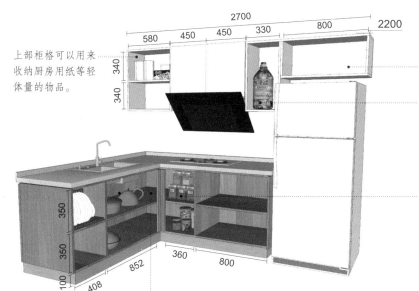

上部柜格可以用来收纳厨房用纸等轻体量的物品。

利用冰箱上部的空余空间定制柜体，可收纳一些不常用的小物件。

抽油烟机旁边的空间没有浪费，根据空间尺寸定制柜格，用来收纳备用厨房用品。

在灶台柜中收纳调料等，方便拿取。

水槽柜不宜做精细划分，用来摆放锅具比较合适。

**备注：**

柜体：层板、侧板均采用 18mm 厚颗粒板，背板采用 9mm 厚中纤板。

柜门：采用 18mm 厚颗粒板，仿木纹与白色三聚氰胺浸渍胶膜纸饰面。

# （3）充满活力的个性化折线形定制厨柜

**屋主诉求**

屋主夫妻是一对非常有活力的年轻人，喜欢小资的生活方式。希望定制厨柜不仅可以满足烹饪需求，还能够带有吧台功能，方便他们在这里喝咖啡、品酒等。

## ◎ 设计要点

①与传统厨柜的规整造型不同，定制厨柜采用折线形式，并将吧台巧妙融入其中，给人带来视觉上的动态美感，也满足了屋主需求。

②吊柜不仅有带柜门的形式，还有开放的形式，具有丰富的视觉变化，可以满足更加多样化的储物需求。

③地柜的设计具有高低差，更加人性化，850mm 的高度适合身高为 160cm 的女主人使用。同时，洗碗机和蒸烤箱采用嵌入式设计，令空间看起来更加整洁、美观。

## ◎ 配色分析

橙红色的吊柜洋溢着无限热情，白色的地柜则干净、素雅，红白色彩搭配为空间注入活力的同时，也不会显得过于刺眼。

吧台区的台面宽大，可轻松收纳小家电，下部还留出放腿空间，使用起来比较舒适。

200mm 高的开放式柜格用来放置咖啡豆和各类酒杯均非常合适，且方便取用。

**备注：**

柜体：层板、侧板均采用 20mm 厚密度板，背板采用 9mm 厚中纤板。

柜门：采用 20mm 厚密度板，模压造型，爱马仕橙与白色 PVC 覆膜饰面。

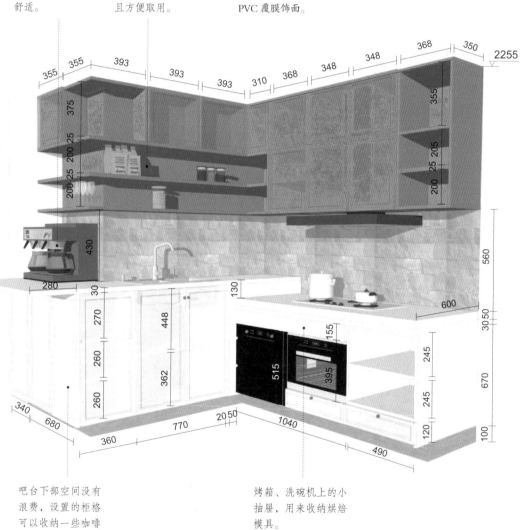

吧台下部空间没有浪费，设置的柜格可以收纳一些咖啡杯等物品。

烤箱、洗碗机上的小抽屉，用来收纳烘焙模具。

## （4）带吧台的 U 形定制厨柜

**屋主诉求**

这是一个二孩家庭，女主人为全职太太，日常喜欢给孩子做各种餐食，对定制厨柜的收纳需求较高。

### 设计要点

①定制厨柜的容量很大，且分区精细，尺寸不一的柜格可以满足不同物品的收纳需求，烤箱、洗碗机等比较大型的设备可叠放在高柜中，方便使用。

②定制厨柜融入了吧台设计，不仅具有餐桌功能，还可以作为孩子日常写作业、画画的地方，而女主人则可以边做饭，边照看孩子。另外，吧台与厨柜围合呈 U 形，这样厨房围合感更强、动线更顺畅。

侧边柜格为开放式，用来放置一些使用频率较高的物品。

开放式柜格用来摆放日常用的餐碗。

吧台下面的空间也没有浪费，开门方向朝向外侧，使用起来非常方便。

## ◆ 配色分析

定制厨柜的色彩丰富，白色显得干净，木色呈现自然质感，墨绿色带来生机活力，灰色表达高级感，四种颜色的搭配引人注目。

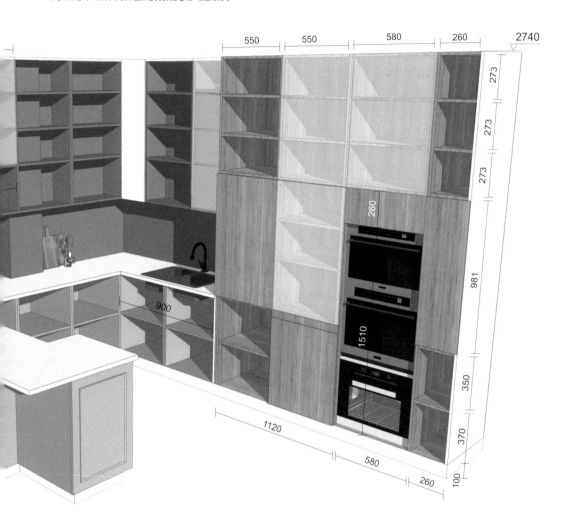

**备注：**

柜体：层板、侧板均采用 20mm 厚多层板，背板采用 9mm 厚中纤板。

柜门：①采用 20mm 厚多层板，白色混油饰面。②采用 20mm 厚多层板，木饰面涂刷清漆。

## （5）整合不规则空间的定制厨柜

**屋主诉求**

屋主希望厨房的功能完备，不仅有中厨，最好也可以融入西厨的功能。另外，屋主希望采用开放式厨房设计，色彩以清爽、干净为宜。

### ⚙ 设计要点

①原户型中厨房位于一个不规则的多边形空间中，在定制厨柜时，根据空间平面形状来规划 U 形厨柜的造型，利用大体量的定制厨柜矫正空间，最终得到规整空间。

②定制厨柜分区细致，不仅有厨房必备的水槽区、备餐区和烹饪区，还设计了吧台区和大型储物区，并巧妙融入飘窗卡座，令空间的整体性更强。

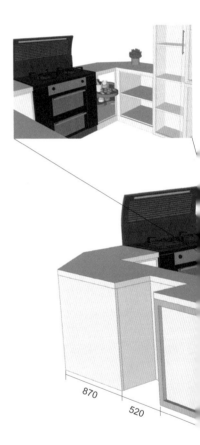

**备注：**
柜体：层板、侧板均采用 20mm 厚密度板，背板采用 9mm 厚中纤板。
柜门：采用 20mm 厚密度板，白色烤漆饰面。

## 配色分析

定制厨柜将干净的白色和木色作为主要配色，再搭配少量黑色进行调剂，大幅提升了空间的通透感，同时加强了开放式空间与整体空间的融合度。

在转角区设置拉篮，
充分利用畸零空间。

带有透明玻璃门的柜体区域，适合摆放有调性的装饰品。

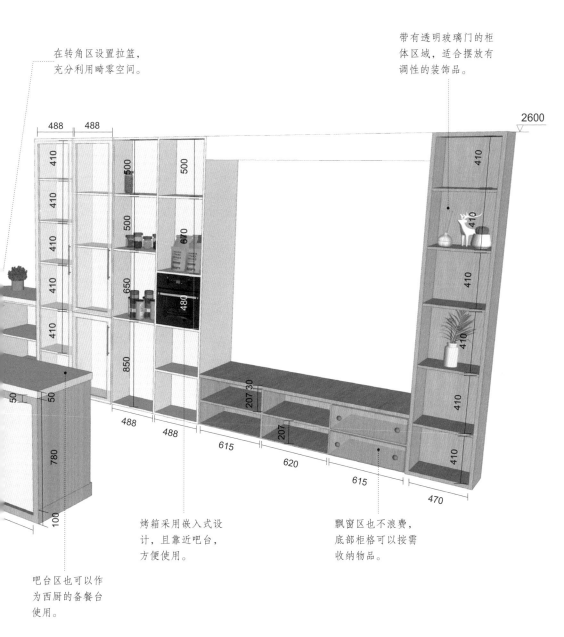

烤箱采用嵌入式设计，且靠近吧台，方便使用。

飘窗区也不浪费，底部柜格可以按需收纳物品。

吧台区也可以作为西厨的备餐台使用。

# 卫浴定制柜：实用比颜值更重要

　　卫浴柜是卫生间中最主要的定制柜体，也是卫生间内的收纳主体，尤其是对于小面积的卫生间来说，卫浴柜设计的合理性关系到卫生间使用的便捷性和舒适度。与成品卫浴柜相比，定制卫浴柜更能满足个性化的使用需求，同时外观也更易于与整体家装达到统一。

## 卫浴定制柜与空间尺寸的关系

　　在定制卫浴柜时，应考虑使用者活动的适宜尺寸。一般情况下，卫浴柜后方应至少预留出600mm的距离，以便满足弯腰洗漱的需求。另外，卫浴柜本身的尺寸应该结合空间面积和使用者需求来调整。

镜箱距离台面高度为350~400mm。

卫浴柜地柜的标准宽度为800~1000mm。若卫生间面积较小，只放台盆，则宽度约为500mm。

卫浴柜后方至少应预留600mm的距离。

### 卫浴定制柜高度的确定方法

一般情况下，供成年人使用的洗脸台的高度为800~850mm。尽管卫浴定制柜的参考高度具有一定的普适性，但并不适合所有人，具体定制时应根据自己的习惯选择，可以参考如下卫浴定制柜的台面高度计算方法，即台面高度 = 身高/2+5（cm）。

供成年人使用的卫浴柜参考高度为800~850mm。

镜箱的深度通常为 120~150mm，可收纳牙膏、牙刷、剃须刀等轻小型物品。

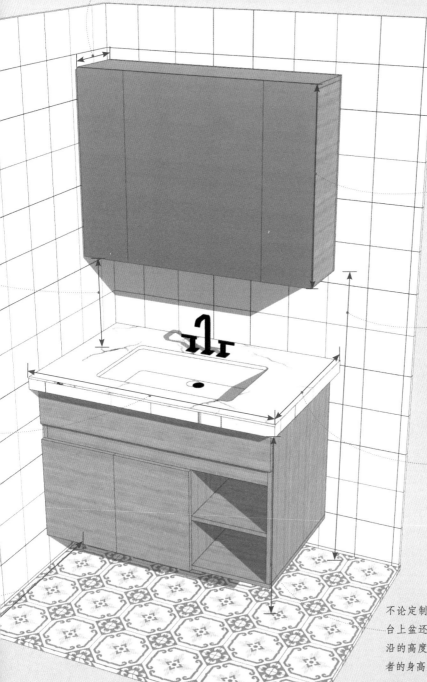

镜箱的高度大多为 600~700mm。

镜箱与地面之间的距离一般为 1000~1100mm，以确保人站立在镜子前时能照到上半身，且儿童和坐姿操作时也能照到，这样的尺寸设置也比较方便物品的拿取。

卫浴柜地柜的进深取决于面盆尺寸，面盆常见进深为 480~620mm。卫浴柜则依照面盆大小向四周延伸，进深一般不会超过 650mm。

不论定制柜中使用的是台上盆还是台下盆，盆沿的高度都应根据使用者的身高来调整。

## 卫浴定制柜与收纳尺寸的关系

　　卫浴柜涉及的收纳用品常见如下4类。①盥洗及护肤用品：如牙刷、牙膏、洗面奶、水乳等，以及与盥洗相关的小电器，如吹风机、剃须刀等。②沐浴用品：如洗发水、护发素、沐浴液等。③洗涤用品：如洗衣液、消毒液、肥皂等，以及晾衣架、洗衣袋等。④如厕卫生用品：如卫生纸、卫生棉等。

低频使用区：适合存放一些备用品。

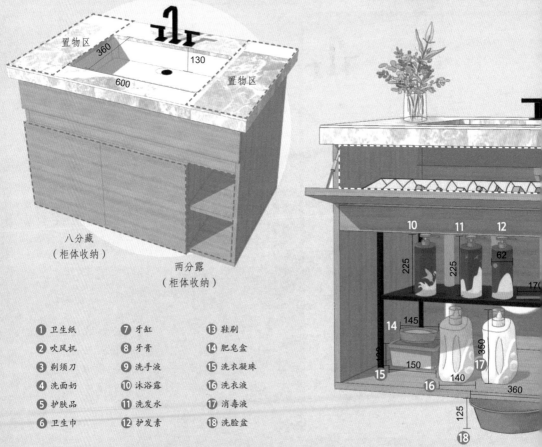

置物区

置物区

八分藏
（柜体收纳）

两分露
（柜体收纳）

| ❶ 卫生纸 | ❼ 牙缸 | ❸ 鞋刷 |
| --- | --- | --- |
| ❷ 吹风机 | ❽ 牙膏 | ⓮ 肥皂盒 |
| ❸ 剃须刀 | ❾ 洗手液 | ⓯ 洗衣凝珠 |
| ❹ 洗面奶 | ❿ 沐浴露 | ⓰ 洗衣液 |
| ❺ 护肤品 | ⓫ 洗发水 | ⓱ 消毒液 |
| ❻ 卫生巾 | ⓬ 护发素 | ⓲ 洗脸盆 |

高频使用区:
适合收纳一些
日常用品。

台面盆周围的空间也应该
被充分利用,可以摆放洗手
液、装饰花瓶等。

翻板收纳区非
常适合收纳彩
妆用品。

开放式收纳
区,可以用来
存放晾晒干的
浴巾和毛巾。

**镜箱内部布局参考**

若需要收纳较多的化妆品,卫浴柜镜箱的内部结构可以根
据需要设计为高低错落的分区形式,然后再根据收纳物品
的尺寸来确定隔板之间的距离。

可考虑局部做错落式层板设计。

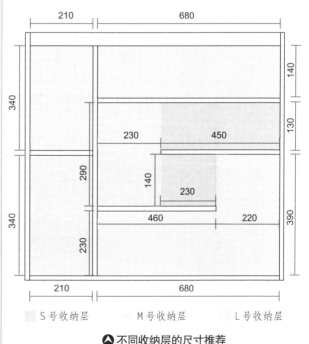

■ S 号收纳层    ■ M 号收纳层    ■ L 号收纳层

🔼 **不同收纳层的尺寸推荐**

## 卫浴定制柜的常见形态

卫浴柜虽然属于小体量的定制柜体，但其形态非常丰富多样。从安装方式上来说，大致可以分为落地式和悬挂式。

落地式卫浴柜：直接坐落于地面，是比较传统的卫浴柜形式，适用于干湿分离的卫浴空间。

▲ 落地式卫浴柜实景图

悬挂式卫浴柜：被固定在墙面上，底部与地面之间有一定的距离，便于清扫，没有卫生死角。

▲ 悬挂式卫浴柜实景图

# 🔠 案例应用

## （1）用色彩体现格调的卫浴定制柜

屋主诉求

屋主希望卫生间采用干湿分区设计，其中干区的风格应与整体空间的调性保持一致。在色彩搭配上，希望能够具有一定的活力。

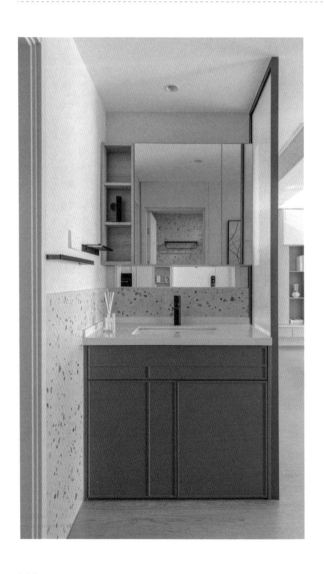

### ● 设计要点

①两段式卫浴柜的线条简洁、利落，为了避免单调，柜门用同样利落的线条进行几何分割，既不会破坏柜体的整体格调，又具有视觉变化。

②卫浴柜采用落地式设计，底部不容易藏灰，这对于平时工作繁忙的屋主来说十分友好，可以降低打扫的难度。

### ● 配色分析

灰橙色的卫浴柜既保留了橙色的活力，又融入了浊色调带有的高级感。墙面搭配的彩色花砖则为空间注入了一丝俏皮感。

**备注:**

柜体: 层板、侧板均采用 18mm 厚密度板,背板采用 9mm 厚中纤板。

柜门: 采用 20mm 厚密度板,模压造型,灰橙色 PVC 覆膜饰面。

台面: 采用白色人造石。

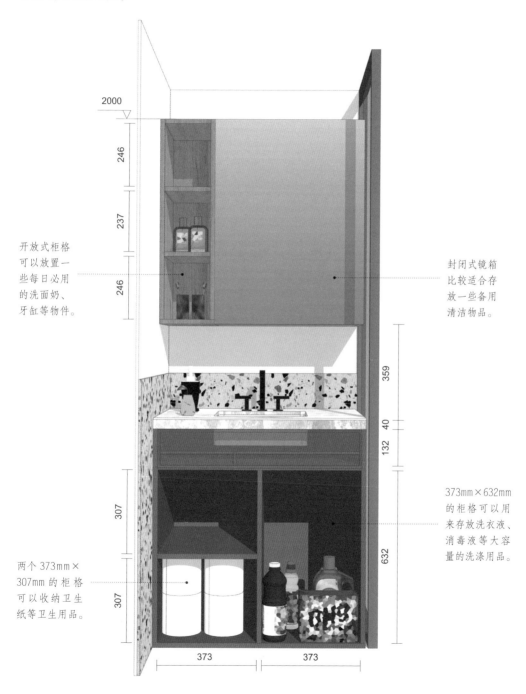

开放式柜格可以放置一些每日必用的洗面奶、牙缸等物件。

封闭式镜箱比较适合存放一些备用清洁物品。

373mm×632mm 的柜格可以用来存放洗衣液、消毒液等大容量的洗涤用品。

两个 373mm×307mm 的柜格可以收纳卫生纸等卫生用品。

# （2）将滚筒洗衣机融入设计的卫浴定制柜

屋主希望将洗衣机放置在卫生间中，方便日常使用。在风格设计上，屋主比较喜欢具有现代感的理性风格。

## ⚙ 设计要点

①卫浴定制柜的设计包括镜箱、隔板、地柜及洗衣机放置区四部分。每部分的尺寸都经过了细致测量，以保证屋主使用的便捷性。为了消除元素过于分散而带来的凌乱感，墙面用仿古文化木瓷砖进行铺贴，与台面和隔板在色调上形成呼应。

②将滚筒洗衣机嵌入卫浴柜中，合理利用空间。洗衣机的台面与洗手池齐平，既保证了柜体的整体性，也可以作为临时收纳平台使用。

## ⚙ 配色分析

黑色的卫浴柜和洗衣机呈现出低调、沉稳的气质，为了避免空间的色彩过于厚重，采用木色进行调剂。

隔板用来摆放常用的洗漱用品，方便拿取；也可以放置香薰瓶，改善卫生间的空气质量。

大容量的柜格可以放置较重的洗衣液、消毒液等清洁用品。

**备注：**

柜体：层板、侧板均采用18mm厚颗粒板，背板采用9mm厚中纤板。

柜门：采用18mm厚颗粒板，黑色木纹PVC覆膜饰面。

台面：采用40mm厚仿木纹石英石台面。

# （3）带有梳妆功能的卫浴定制柜

**屋主诉求**

女主人希望在卫生间中加入梳妆功能，这样每次洗漱、沐浴前后可以直接在这里卸妆或上妆，十分便捷。

## ◎ 设计要点

①定制梳妆柜时，为了方便女主人拿取物品，根据女主人的身高来确定柜体的高度，虽然顶部空间有所浪费，但更加人性化。

②由于女主人对空间的品质要求较高，因此在柜门上做了简约的模压造型，结合圆润的银色拉手，大幅提升了空间的精致感。

## ◎ 配色分析

干净的白色与大镜面相结合，可以起到放大空间的作用。爵士白大理石台面作为上下柜体衔接的部分，通过色彩的变化，为空间带来层次感。

**备注：**

柜体：层板、侧板均采用 18mm 厚多层板，背板采用 9mm 厚中纤板。

柜门：采用 18mm 厚密度板，简约造型，白色烤漆饰面。

台面：采用 50mm 厚爵士白大理石。

高柜区被分为 3 部分，可以分门别类地存放女主人的美妆用品，或者备用的洗护用品。

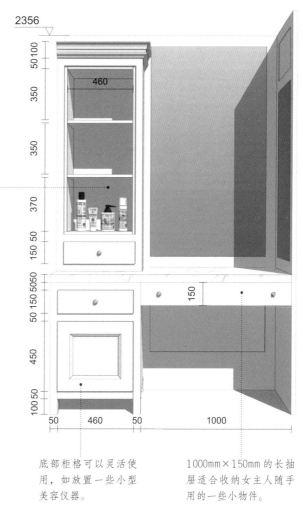

底部柜格可以灵活使用，如放置一些小型美容仪器。

1000mm×150mm 的长抽屉适合收纳女主人随手用的一些小物件。

# （4）储物功能强大的 L 形卫浴定制柜

**屋主诉求**

屋主希望卫生间具备强大的收纳能力，并能够结合家政间的功能。在色彩上，屋主比较喜欢干净、清爽的色调。

**⚙ 设计要点**

①根据屋主的诉求，卫生间的干区设计了大容量的卫浴柜。L 形的柜体与大尺寸的镜箱相结合，保证了足够的收纳空间。

②卫浴柜底部做了悬空处理，以便放置脸盆、婴儿洗澡盆等物品。

**⚙ 配色分析**

清新的蓝白色调，以及以直线条为主的造型，展现出现代简约风格简洁、实用的特点，细节处的线条和拉手的使用，又流露出独特的细节美感。

高柜区可以用来收纳一些
备用的清洁物品。

镜箱中适合按需收纳
日常的洗漱用具。

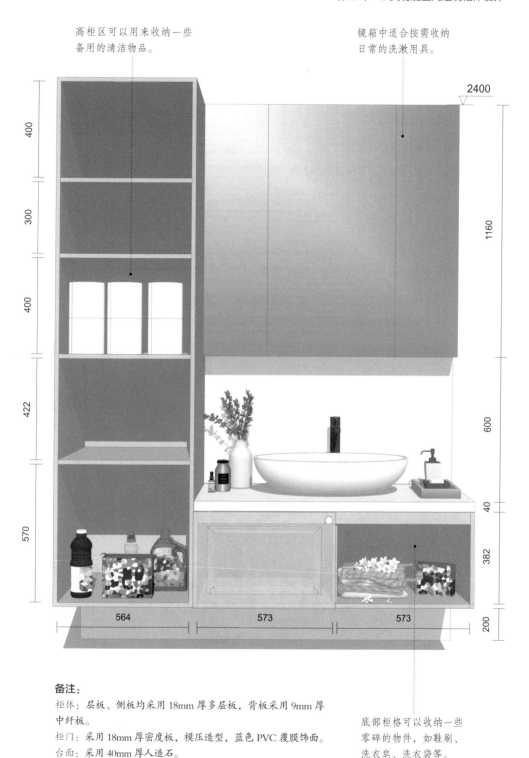

**备注：**

柜体：层板、侧板均采用 18mm 厚多层板，背板采用 9mm 厚
中纤板。

柜门：采用 18mm 厚密度板，模压造型，蓝色 PVC 覆膜饰面。

台面：采用 40mm 厚人造石。

底部柜格可以收纳一些
零碎的物件，如鞋刷、
洗衣皂、洗衣袋等。

# （5）采用对称设计的双台面卫浴定制柜

**屋主诉求**

屋主夫妻二人的上班时间比较接近，为了避免洗漱时台面不够用的问题，他们希望可以设置双人洗面池。

## 设计要点

①卫浴柜的形态采用了具有平衡感的对称设计，呈现出舒适的视觉效果，可以满足屋主二人同时使用的诉求。

②由于地柜的收纳空间充足，因此没有做镜箱设计，带有圆润线条的镜面打破了空间方正的布局，带来富有变化的视觉效果。

③台面空间充裕，可以搭配藤编篮筐放置日常使用的洗漱用品，也可以摆放一些装饰小物，提升空间的品质。

## 配色分析

白色混油饰面的卫浴柜搭配金色拉手，简洁中不乏品质感，令人一见倾心。

数量充足的抽屉比柜格更适合收纳零碎小物，可以将物品进行细化收纳。

大体量的柜体
没有做格子分
区，可以更加
灵活地使用。

开放式柜格可以
放置收纳筐，进
行辅助收纳。

**备注：**
柜体：层板、侧板均采用 18mm 厚多层板，背板采用
9mm 厚中纤板。
柜门：采用 18mm 厚多层板，简单造型，白色烤漆饰面。
台面：采用 60mm 厚人造石。

# 阳台定制柜：多出来的家政间

阳台的主要功能包括两个方面。一方面，它可以作为享受生活的休闲之地；另一方面，它是满足家中某种功能需求的实用之地。一些拥有双阳台的家庭往往会选择其中一个阳台作为家务区，在这个空间中洗衣、晾衣和收纳清洁工具等，从而大大缩短家务时间。在家务阳台中，主要的定制家具为阳台柜。

## 阳台定制柜与空间尺寸的关系

为了充分发挥阳台定制柜的功能，需要提前规划好相关物体的放置尺寸。其中洗衣机和烘干机的预留尺寸是关键。一般情况下，滚筒洗衣机和烘干机的标准尺寸为60cm（长）×60cm（宽）×85cm（高）。在规划预留尺寸时，需要考虑预留安装空隙和叠放连接架的位置。

**优点：**
◎可以节省出大量空间做收纳

**优点：**
◎台面操作面积增大

**缺点：**
◎下方缺少储物空间

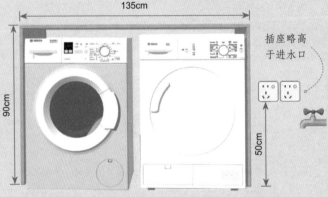

◆ 滚筒洗衣机和烘干机并排放置的预留尺寸

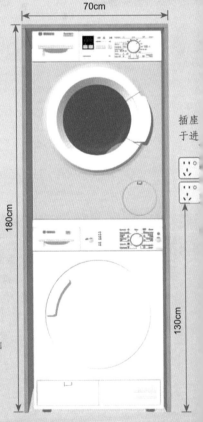

◆ 滚筒洗衣机和烘干机叠放的预留尺寸

需提前预留水龙头和插座的安装位置

如果阳台定制柜兼具其他家务功能，如存放拖把、抹布等清洁用具，那么最好多预留一个水龙头，或者安装一个拖把池，这样方便做家务。安排插座位置也是同样的道理，需要做预留，不仅应考虑洗衣机的插座安装位置，同时还要兼顾电动晾衣架、装饰灯具的插座安装位置。

**备注：**

在阳台上安装插座时，不能直接安装在地上，也不能距离地面太近，否则会有漏电的风险，同时要注意给插座装上防护罩。

洗衣机位置确定后，可以考虑将排水管嵌入墙内，电源插座不应安装在洗衣机正后方，而应安装在水槽下方。

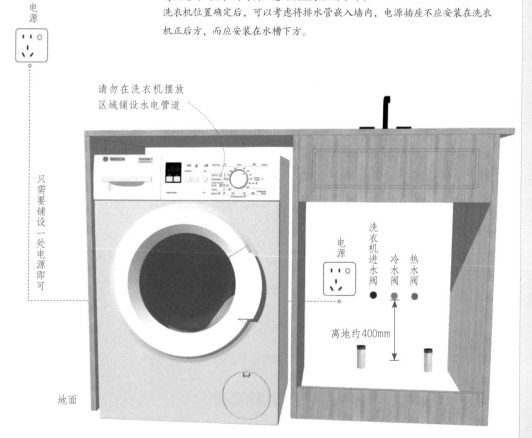

# 阳台定制柜与收纳尺寸的关系

一个完整的阳台定制柜一般包括吊柜、地柜、水槽区等。阳台定制柜不仅要满足洗衣机和烘干机的收纳需求，同时还要为衣架、洗衣液、肥皂等清洁用品提供合适的存放位置。另外，如果需要在阳台放置一些家务用具，还应考虑做一个加长的侧边柜。

## 将阳台定制柜与宠物房相结合

如今，养宠家庭越来越多，可以考虑将阳台定制柜与宠物房相结合，因为阳台是家中通风和采光较好的地方。需要注意的是，虽然阳台的通风效果较好，但仍然要注意该区域的气味与卫生问题。居住者可配置气味隔绝系统，或者在阳台与室内空间之间设置活动拉门，这样既可以有效阻隔宠物的气味，又方便就近照顾宠物。

可预留备用品放置区

可放家政用的杂物

可放猫粮或猫罐头

可放家务用具

可放零碎的杂物

❶ 洗衣液
❷ 消毒液
❸ 内衣洗衣机
❹ 电熨斗
❺ 洗地机
❻ 扫帚
❼ 簸箕

## 阳台定制柜的常见形态

阳台定制柜的形态一般以方正为主，主要通过洗衣机、烘干机和水槽的组合来调整柜体形态。另外，阳台墙面的长度也影响柜体的组合形态。

### 阳台宽度为 1~1.2m

对于宽度为 1~1.2m 的窄阳台，洗衣机侧面可以做通顶式定制柜，也可以做洗手池，但此时的洗手池宽度为 350~400mm，若洗手池宽度小于 400mm，基本只能接放水，储物功能不足。

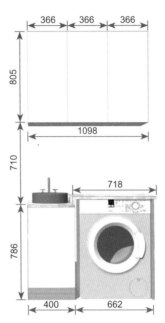

❯ 洗衣机＋水槽的组合

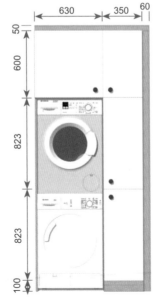

❯ 洗衣机＋烘干机＋收纳柜的组合

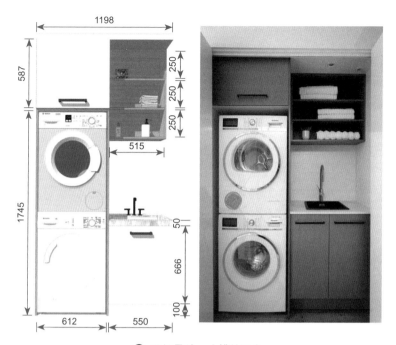

● 双机叠放 + 水槽的组合

## 阳台宽度为 1.3m 以上

　　若阳台宽度超过 1.3m，除了台盆，还可以挤出一个 250mm 宽的极窄高柜，用来收纳吸尘器等清洁工具和洗衣用品。

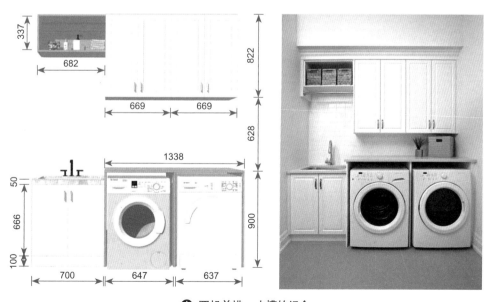

● 双机并排 + 水槽的组合

# 案例应用

## （1）可供猫咪休息、玩耍的阳台定制柜

**屋主诉求**

屋主家中养了一只猫咪，希望阳台定制柜可以在一定程度上满足猫咪玩耍的需求。同时，具备一些收纳功能。

○ **设计要点**

①阳台定制柜虽然面积不大，但结合了收纳、洗衣及猫咪玩耍的功能，尽可能多地满足了屋主的使用诉求。

②阳台定制柜的造型和线条比较简单，却不失细节。白色木门搭配皮质拉手，不仅具有实用性，还大幅提升了阳台定制柜的品质感。

○ **配色分析**

米白色的阳台柜呈现出干净、整洁的外观，与之搭配的电器和猫咪用品的颜色都属于同色系，从而保证了整体空间调性的一致。

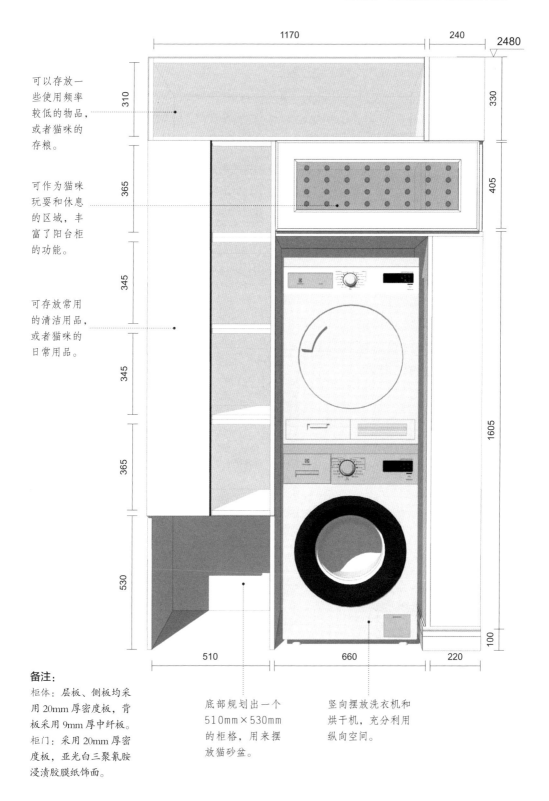

可以存放一些使用频率较低的物品，或者猫咪的存粮。

可作为猫咪玩耍和休息的区域，丰富了阳台柜的功能。

可存放常用的清洁用品，或者猫咪的日常用品。

**备注：**
柜体：层板、侧板均采用 20mm 厚密度板，背板采用 9mm 厚中纤板。
柜门：采用 20mm 厚密度板，亚光白三聚氰胺浸渍胶膜纸饰面。

底部规划出一个 510mm×530mm 的柜格，用来摆放猫砂盆。

竖向摆放洗衣机和烘干机，充分利用纵向空间。

## （2）集养宠空间与收纳空间于一体的阳台定制柜

**屋主诉求**

屋主希望在阳台定制柜中加入狗狗居住的功能，同时将这里作为家政间来使用。

### 配色分析

灰色系的阳台定制柜与同色系的洗衣机和烘干机相搭配，整体色调非常协调。白色的台面则有效调剂了略显单一的配色效果，增强了空间的透气性。

**备注：**

柜体：层板、侧板均采用 18mm 厚密度板，背板采用 9mm 厚中纤板。
柜门：采用 18mm 厚密度板，模压造型，灰色 PVC 覆膜饰面。
台面：采用 30mm 厚人造石。

### 设计要点

①为了满足屋主的使用需求，阳台区域尽可能规划出更多的收纳柜体。这些柜体可以用来收纳清洁用品，也可以存放狗狗的零食、玩具等。

②在阳台定制柜的旁边专门规划出一个拖把池，方便日常打扫完卫生后在此清洁拖把。此外，阳台定制柜还融入了洗衣功能，将家政中的用水区域做了整合。

可以用来收纳一些宠物狗的日常用品。

这是一个不方便拿取物品的区域，适合存放一些使用频率较低的物品。

专门规划出摆放洗衣机和烘干机的空间，方便日常使用。

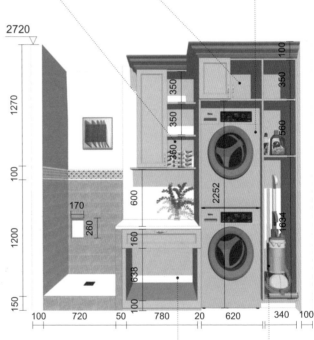

结合抽屉的形式，为宠物狗规划出专门的休息区域。

右侧柜体被分为两部分，上面可以摆放用于清洁的零碎物品，下面的长柜体则可以放置吸尘器。

# （3）令清洁工具可以合理安放的阳台定制柜

**屋主诉求**

屋主想将阳台打造成家政间，方便洗完衣服后直接悬挂在阳台上晾晒。同时，屋主也希望家中的清洁工具和清洁用品可以集中收纳在阳台定制柜中。

## 设计要点

利用阳台一侧的墙面定制了一个"顶天立地"式的收纳柜，有藏有露的柜体形态更具趣味性。在设计柜格尺寸时，充分考虑了屋主需要收纳的物品类型，打造出"量身定制"的柜格。

## 配色分析

深木色的阳台定制柜低调、沉稳，与白色的电器相搭配，稳中有变，丰富了阳台这个小空间的配色层次。

**备注：**
柜体：层板、侧板均采用 20mm 厚颗粒板，背板采用 9mm 厚中纤板。
柜门：采用 20mm 厚颗粒板，仿木纹三聚氰胺浸渍胶膜纸饰面。

两个高 395mm 的柜格，可以用来存放一些不常用的物品。

右侧柜体分为上下两部分，且设置大量隔板，可以根据需要来分门别类地储存物品。

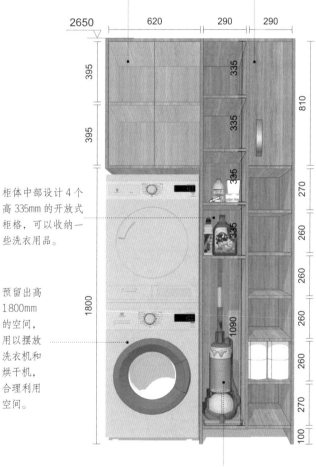

柜体中部设计 4 个高 335mm 的开放式柜格，可以收纳一些洗衣用品。

预留出高 1800mm 的空间，用以摆放洗衣机和烘干机，合理利用空间。

下部高 1090mm 的柜格，可以放置吸尘器。

# （4）合理分区的储物型阳台定制柜

**屋主诉求**

屋主喜欢温柔、干净的居家环境，在阳台定制柜的设计上也遵循这一理念，希望柜体的体量无须过大，只要满足基本的收纳需求即可。

## ◎ 设计要点

阳台定制柜的造型非常简洁，配色干净，呈现出屋主喜欢的简约风格。另外，阳台柜右侧进行了统一规划，安装了柜门，且没有任何五金和造型装饰，打造出整洁、利落的视觉效果。

## ◎ 配色分析

白色的阳台定制柜与轻暖色调的空间融合度很高，同时可以起到放大空间的作用。

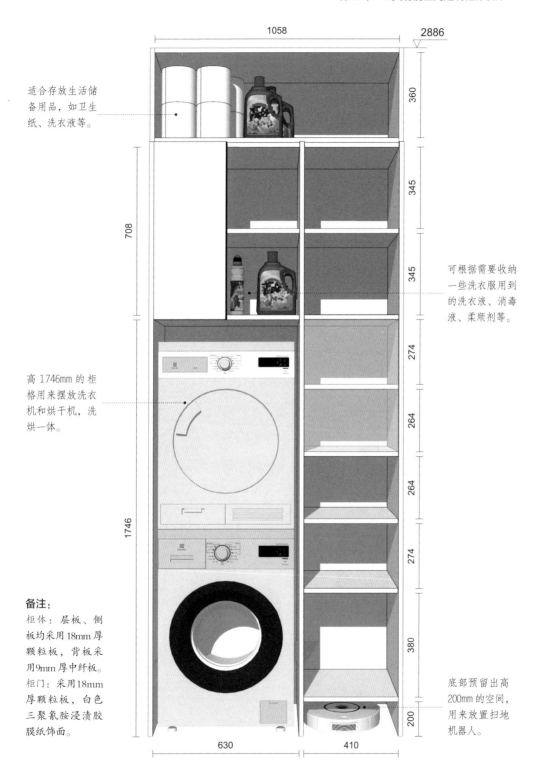

适合存放生活储
备用品，如卫生
纸、洗衣液等。

高 1746mm 的柜
格用来摆放洗衣
机和烘干机，洗
烘一体。

可根据需要收纳
一些洗衣服用到
的洗衣液、消毒
液、柔顺剂等。

底部预留出高
200mm 的空间，
用来放置扫地
机器人。

**备注：**
柜体：层板、侧
板均采用18mm厚
颗粒板，背板采
用9mm厚中纤板。
柜门：采用18mm
厚颗粒板，白色
三聚氰胺浸渍胶
膜纸饰面。

1058　2886
360　708　345　345　274　264　264　274　380　200
1746　630　410

## （5）有藏有露的阳台定制柜

### 屋主诉求

屋主对阳台定制柜的主要需求为洗衣功能，希望阳台可以放得下洗衣机、烘干机。

### 配色分析

白色系的阳台定制柜结合开放式柜格的形态，给人带来良好的视觉体验。为了避免空间显得杂乱，设置了同色系的折叠门，开启和关闭均十分便捷。

**备注**：

柜体：层板、侧板均采用18mm厚颗粒板，背板采用9mm厚中纤板。

柜门：采用18mm厚颗粒板，白色三聚氰胺浸渍胶膜纸饰面。

台面：采用30mm厚人造石。

### 设计要点

阳台定制柜采用两段式设计，上半部分为开放式柜格，下半部分为封闭柜体与开放式洗衣机柜格。柜体中间预留出高600mm的空间，并在此设置洗手盆，丰富了阳台柜的使用功能。

开放式柜格结合收纳筐，既实用，又能给人带来整洁的视觉观感。

专门规划出烘干机的位置，且高度符合人体工学，使用起来非常方便。

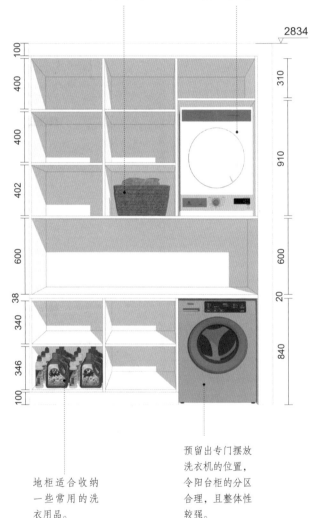

地柜适合收纳一些常用的洗衣用品。

预留出专门摆放洗衣机的位置，令阳台柜的分区合理，且整体性较强。

# 第4章
## 全屋定制柜体应用案例解析

除了定制单一柜体，将定制理念运用到全屋设计中，变得越来越主流。这样的设计使得住宅整体性更强，空间利用率也得到大幅提升。在进行全屋定制时，应考虑柜体的形态和配色的统一。另外，并非每个空间都需要进行柜体定制，而应结合居住者的使用需求来考虑。

# 案例 1: 将大容量收纳柜融入点滴设计，保证居住生活的秩序性

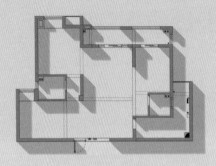

**设计公司:** 武汉刘思彤设计工作室

**原始房型:** 三室两厅两卫

**户型面积:** 111m²

**成员构成:** 三口之家

**屋主诉求:** 女主人喜欢整洁、利落的居家环境，因此希望家中可以拥有足够的收纳空间。另外，夫妻两人均不喜欢一成不变的传统客厅，对电视背景墙的需求也不大。在空间调性上，两人则喜欢简约的日式意境，认为这种风格比较有温度，可以感受到家的温馨。

△ 原始平面图

## 设计关键点 1: 改造分析

改造时没有对格局进行大幅调整，基本保留了原户型的格局，只是新建了部分墙体，以此更加清晰地划分空间的功能区域。

结合顶部的横梁，重新规划了次卫的使用空间，做了干湿分离的设计，使用更加便捷，同时也拉平了空间轴线，整合了空间。

原本主卧中的门洞开口正对入户门，导致睡眠区缺乏私密性。改造时，将门洞封死，增加临近空间的使用面积，并重新设定主卧入口。

拆除原本的窗户，并将其改成推拉门，增加了一处储物空间，也令原本比例失调的厨房得到了更合理的使用空间。

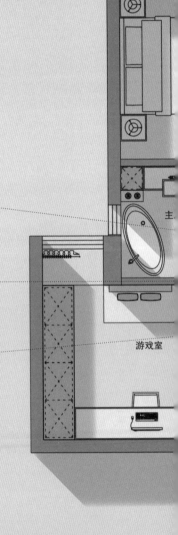

主

游戏室

### 🎯 设计关键点 2：配色分析

将温柔的木色作为家具的主要色彩，再搭配同色系的地板，以实现空间的平衡。白色的顶面和墙面则增添了空间的留白感，营造出柔和的空间氛围。

拆除原本的推拉门，将阳台并入客厅，以此来扩大空间，并使采光更加通畅。另外，从玄关到一体式客餐厅，设计了洄游动线，弱化了过道感，也整合了分散的动线，令居住者在家中的生活更加便捷。

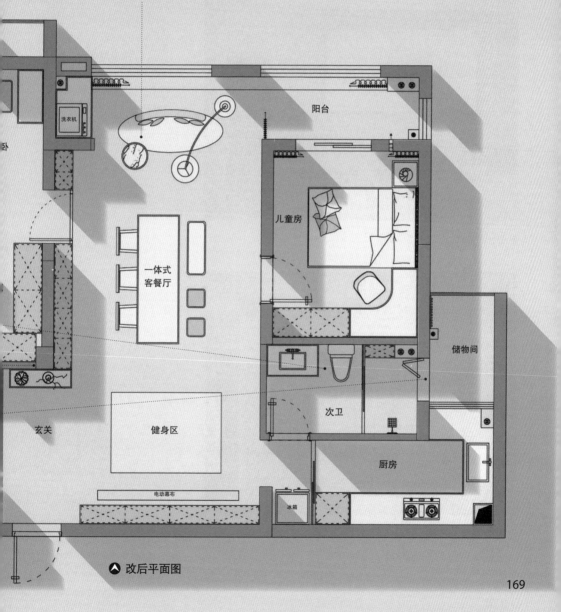

洗衣机

阳台

儿童房

储物间

一体式客餐厅

次卫

玄关

健身区

厨房

冰箱

电动幕布

🔺 改后平面图

## 空间设计解析

### 玄关：入门处即满足屋主的收纳需求

在玄关处，沿墙定制了整面墙的收纳柜，入门处即满足屋主的收纳需求。另外，在配色上，采用温润的木色，给人以恰到好处的沉静感。

柜门材质：
18mm 厚颗粒板，仿木纹三聚氰胺浸渍胶膜纸饰面。

柜门材质：
白玻璃+18mm 厚颗粒板边框。

**备注：**
柜体层板和侧板均采用 18mm 厚颗粒板，背板采用 9mm 厚中纤板。

↑ 设置升降幕布，满足观影需求。

↑ 原木色成品小鞋柜，不仅可以存放经常穿的鞋子，还可以作为入户的展示区。

▨ 手办展示区
▨ 换季物品收纳区
▨ 外出常穿衣物存放区
▨ 换季鞋收纳区
▨ 常穿鞋收纳区
▨ 拖鞋收纳区
▨ 音响收纳区
▨ 影音周边设备收纳区

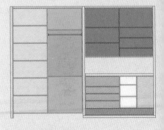

◆ 玄关定制柜内部分区图

⌃ 玄关定制柜外立面实景图

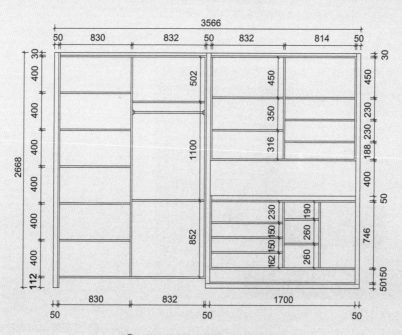

⌃ 玄关定制柜内部分区尺寸图

### 客厅：打破传统的去客厅化设计

将客厅、餐厅融为一体，这种去客厅化的设计非常实用。台面宽阔的餐桌也可以作为书桌使用，屋主可以在这里工作、阅读，孩子则可以在此画画、写作业。餐桌背后设计了整面墙的收纳柜，既可以收纳书籍、展示品，也可以收纳孩子的玩具。

柜门材质：
白玻璃 +18mm 厚颗粒板边框。

↑ 木色的餐椅搭配米白色的餐桌布，轻浅的色调相互映衬，展现出家中素雅的氛围。

**备注：**
柜体层板和侧板均采用 18mm 厚颗粒板，背板采用 9mm 厚中纤板。

↑ 临窗处的双人位沙发背靠温暖的阳光，让人在室内即可享受被自然环抱的乐趣。

工艺品或书籍收纳区
进入主卧的平开门
手办展示区

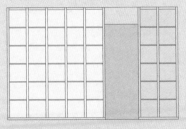

▲ 客厅定制柜内部分区图

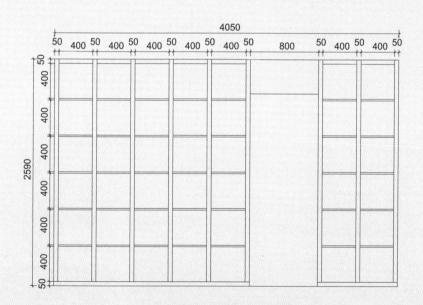

客厅定制柜外立面实景图

客厅定制柜内部分区尺寸图

## 儿童房：一体化定制柜，令空间整体性更强

将儿童房中的衣柜和书桌柜做一体化设计，令空间整体性更强，视觉上不会产生强烈的分割感。柔和的色调搭配也非常适合孩子在此休憩、学习。

柜门材质：
18mm 厚颗粒板，仿木纹三聚氰胺浸渍胶膜纸饰面。

备注：
柜体层板和侧板均采用 18mm 厚颗粒板，背板采用 9mm 厚中纤板。

⌃ 儿童房定制衣柜外立面实景图

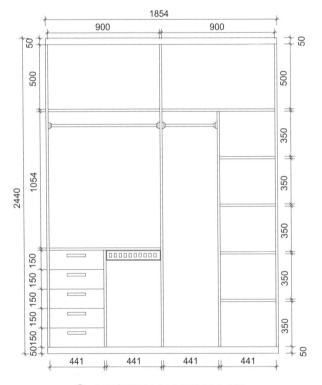

■ 换季衣物存放区
■ 短衣服悬挂区
■ 玩具收纳区
■ 长衣服悬挂区（下部可结合收纳箱收纳玩具）
■ 衣物叠放区

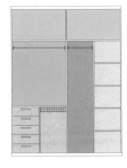

⌃ 儿童房定制衣柜内部分区尺寸图        ⌃ 儿童房定制衣柜内部分区图

### 主卧：悠享静谧的桃源之地

主卧延续公区格调，被清爽的原木调温柔包围，令人放下心中疲惫，投入家的怀抱，惬意甜睡。木色给人以宁静的力量，大量的白色则将繁杂与喧嚣隔绝在外。主卧采用简洁的色彩搭配方式，为居住者带来一处悠享静谧的桃源之地。

### 主卫：超大浴缸缓解工作带来的疲惫感

白色坐便器、靠窗的白色浴缸与浅灰色的墙面互相呼应，彰显出空间的精致和质感。为有泡澡需求的居住者量身打造了超大浴缸，以舒缓工作带来的疲惫感。

### 厨房：U 形布局使下厨更轻松

厨房的 U 形布局使下厨更轻松。丰富的柜体设计隐藏了各种蒸烤家电，令厨房的功能更加多元。在材质和色彩的选择上，经典的黑白色方砖赋予了厨房高级感，而木色厨柜的加入则为空间带来治愈感。

# 案例2: 巧妙整合布局，增加收纳和活动空间，赚出"一间房"

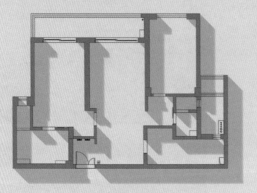

⌃ 原始平面图

设计公司：武汉刘思彤设计工作室

原始房型：两室两厅两卫

户型面积：108m²

成员构成：四口之家

屋主诉求：对于未来的家，屋主有4个明确的需求：①将原户型中自带的两间卧室改成三间，并且两间儿童房后期应方便改成一间；②入户处应有挂衣区和能够容纳大量鞋子的空间；③需要亲子互动区及更大的餐厅；④希望家的风格为原木风与现代简约风的结合。

## 设计关键点1：改造分析

此户型在空间配置上做了重组，以满足居住者的个性化需求。主要做法为将原本利用率较低的大空间拆分成两个功能性更加明确的小空间。

拆除正对入户门的主卧隔墙，用三面收纳柜来代替隔墙，以增加空间的储物能力。

拆除厨房的隔墙，将小阳台打通并改造成开放式厨房，扩大厨房的使用空间。

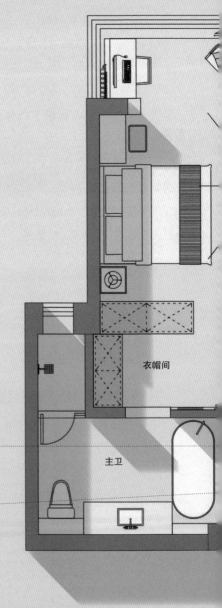

衣帽间

主卫

## 设计关键点2：配色分析

全屋以白色和木色为主色调，同时结合适度的色彩配比，打造出一个温馨、清爽的居家环境。

将朝南的公共阳台一分为二，一部分归入主卧，一部分归入客厅，并打造出亲子空间。

儿童房由原来的次卧改造而来，将其一分为二。将南向卧室规划为女孩房，北向卧室规划为男孩房，当其中一个孩子住校时，其所在的房间也可灵活转变为更加宽阔的休息空间。

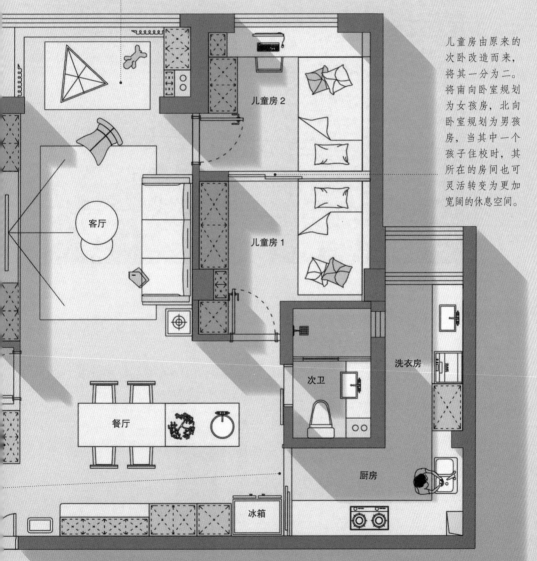

客厅

儿童房2

儿童房1

次卫

洗衣房

餐厅

厨房

冰箱

**△ 改后平面图**

◎ 空间设计解析

### 玄关：转角式收纳柜，完美还原家的整洁面貌

进门处预留出 1m 的宽度，在门对面定制收纳柜。与传统的单面收纳柜不同，这个收纳柜为转角式柜体，且做了通顶式设计，大幅提升了空间的收纳能力。此外，玄关一侧还定制了一个童趣穿衣镜，既不占用过多过道空间，又奠定了温馨的亲子居家氛围。

玄关定制柜外立面实景图

柜门材质：
18mm 厚颗粒板，亚光白三聚氰胺浸渍胶膜纸饰面。

**备注：**
柜体层板和侧板均采用 18mm 厚颗粒板，背板采用 9mm 厚中纤板。

◎ 玄关定制柜内部分区尺寸图

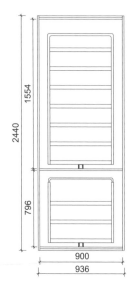

◎ 玄关定制柜内部分区图

■ 旋转鞋架（可收纳不常穿的鞋子）

▨ 旋转鞋架（可收纳常穿的鞋子）

## 客厅阳台：有藏有露的家政柜，集实用与美观于一体

在阳台的一侧做了家政柜，其中一边为封闭式柜体，可以收纳零碎物品，另一边为开放式柜格，用来放置常用物品。柜体采用干净的白色，使这个小空间既有收纳功能，又不乏高颜值的魅力。

**⚫ 阳台定制柜外立面实景图**

**⚫ 阳台定制柜内部分区尺寸图**

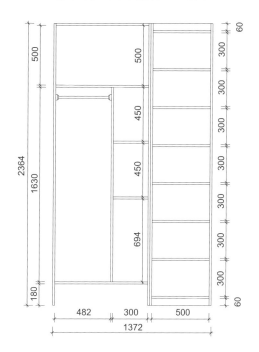

柜门材质：
18mm 厚颗粒板，亚光白三聚氰胺浸渍胶膜纸饰面。

**备注：**
柜体层板和侧板均采用 18mm 厚颗粒板，背板采用 9mm 厚中纤板。

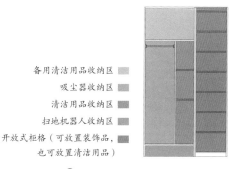

备用清洁用品收纳区 ▨
吸尘器收纳区 ▨
清洁用品收纳区 ▨
扫地机器人收纳区 ▨
开放式柜格（可放置装饰品，
也可放置清洁用品）▨

**▲ 阳台定制柜内部分区图**

## 客厅：隐藏式收纳可扩大客厅视觉面积

拆除了阳台移门，减少客厅与阳台之间的阻碍，使空间更显开阔、通透。从餐厅到客厅，再到阳台，整个地面都铺设了木色实木复合地板，增强空间的整体性。另外，由于二孩家庭需要收纳的东西较多，因此打造了一整面电视柜，电视柜与玄关柜相接，呈现浑然一体的结构，流畅利落的线条使空间看起来整洁、清爽。

↑ 客厅取消茶几，铺设大地毯，方便小朋友活动、玩耍。

进入女孩房的隔栅隐形门

↑ 米色的石膏板背景墙搭配隔栅隐形门，既营造出温馨的氛围，又增强了墙面的层次感。

**备注：**
柜体层板和侧板均采用 18mm 厚颗粒板，背板采用 9mm 厚中纤板。

柜门材质：
18mm 厚颗粒板，亚光白三聚氰胺浸渍胶膜纸饰面。

抽屉材质：
18mm 厚颗粒板，仿木纹三聚氰胺浸渍胶膜纸饰面。

文件收纳区（孩子的日常画作、手工制作等）
文件收纳区（屋主使用）
说明书收纳区
票据收纳区
药箱收纳区
日常零碎物品收纳区
抽屉区（可收纳两个孩子的日常玩具）

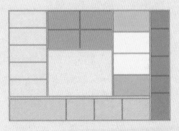

⬆ 客厅定制电视柜内部分区图

⌃ 客厅定制电视柜外立面实景图

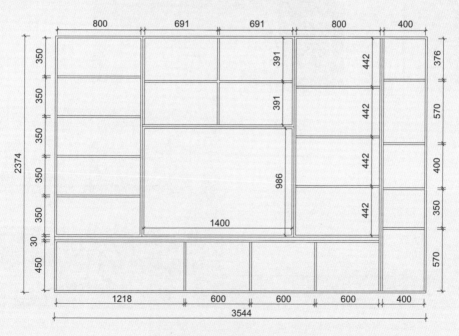

⌃ 客厅定制电视柜内部分区尺寸图

### 一体式厨餐厅：通过岛台串联餐厅和厨房，使用功能更强大

原户型中餐厅过小，厨房为封闭式，拆除厨房隔墙后，餐厨空间得以重新规划，并与设备平台相连，形成一个更加开阔的 L 形厨房，相较于原有空间，新的动线更加合理。

↑ 在吧台处增加水槽，赋予吧台西厨和清洁功能，这样无须进出厨房就能清洗水果、水杯等，使用起来更加方便。

⬆ 在靠墙区域安装整排厨柜，将厨房家电收纳在此，同时巧妙规划出水吧区域。此外，白色的厨柜搭配隐藏拉手的设计，呈现出清爽的视觉效果。

⬆ 在吧台侧面安装滑轨插座，无论办公还是烹煮火锅，都能避免电线缠绕对走动造成的影响。此外，插座与吧台同色，更显简洁。

### 主卧：集中使用功能，缩短动线，提高居住生活的便捷性

主卧为套间格局，包含卧室、卫生间、衣帽间和阳台。定制衣柜围合出步入式衣帽间，巧妙地解决了卫生间门正对着床的问题。在色彩搭配上，以温润的木色与干净的白色为空间主色，形成清爽的空间格调。

↑衣柜与背景墙同色，减少视觉上的割裂感，使整体观感更加清爽大气。

↑床头摆放的一体式梳妆柜，兼具梳妆台与床头柜的功能，充分利用了这一角落。阳台则被打造为读书、休闲的专属区域，明媚的阳光透过纱帘洒落在地板上，仿佛给整个空间加上了柔焦滤镜，显得唯美、空灵。

## 主卫：划分干湿区域，方便清洁，更省力

卫生间延续整体空间的风格，设置淋浴区、泡澡区、洗漱台等区域，采用干湿分离的布局，优化了行走动线，提高了空间利用率。

↑悬空式洗手台＋台下盆的设计，清爽简约且不易形成卫生死角。

↑泡澡区采用无主灯设计，暖色灯光映射在白色的大理石墙面上，营造出流光溢彩的视觉效果。同时，在泡澡区一侧设计了一个壁龛，既解决了收纳问题，也增强了墙面的层次感。

### 男孩房：小空间中暗藏大功能

男孩房的空间不大，但功能齐全，储物区和睡眠区分区明确，使用起来无压力。同时，与女孩房之间采用三联磨砂玻璃移门做分割，关闭移门后，两间儿童房各自独立。

↑ 男孩房选择了一张可拉伸床，以满足小朋友从幼儿到青少年的成长过渡需求。床侧铺设柔软的地毯，提供一个可以席地而坐玩耍的空间。

↑ 男孩房进门处的一侧墙面安装了一块充满童趣的磁吸黑板，为家里的两位小朋友提供一个可以随意涂写、画画的区域。而内嵌式的设计则保证了墙面的整体性。

## 女孩房：布局紧凑的功能型空间

女孩房的布局紧凑，儿童床靠墙摆放，既不会阻碍两间儿童房的行走动线，也不会影响光线的照射。

← 背景墙采用木饰面半墙的设计，包裹感十足，温暖的原木色增添了温馨气息。

← 靠窗区域安装定制书桌，悬空式的设计不影响室内采光，同时可以将椅子轻松收纳在桌子下方，为卧室腾出更多活动空间。

# ⭐ 案例 3: 将收纳与展示相结合，打造出独具个性的家

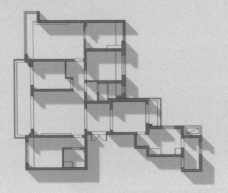

🔺 原始平面图

设计公司：武汉刘思彤设计工作室

原始房型：四室两厅三卫

户型面积：182m²

成员构成：新婚夫妻

屋主诉求：夫妻两人是典型的"95"后，非常注重个性化空间呈现，对家的定位很明确，"好打理、够酷、够舒服，能把自己的收藏都装进这个家"。男主人喜欢收藏和动漫，而女主人则充分尊重他的喜好，希望能把这些元素融入家居设计中。

## 🎯 设计关键点 1：改造分析

此户型的改造围绕"自我"展开，根据居住者的需求及原始布局，通过走廊将动区和静区进行完整划分。当动线被合理规划后，建构墙体和梁柱也被巧妙利用，空间之间既独立又保持联系，随着动线与空间的流畅对话，各个空间汇集成一种难以察觉的"大合体"。

拆除阳台推拉门，打造开放式客厅，扩大使用面积。

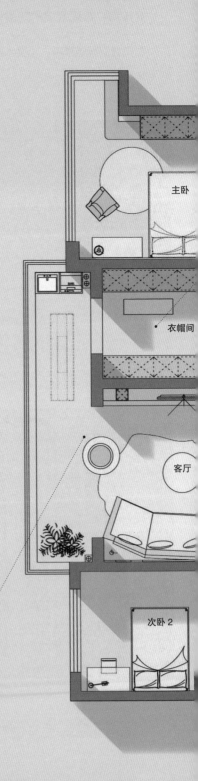

主卧

衣帽间

客厅

次卧 2

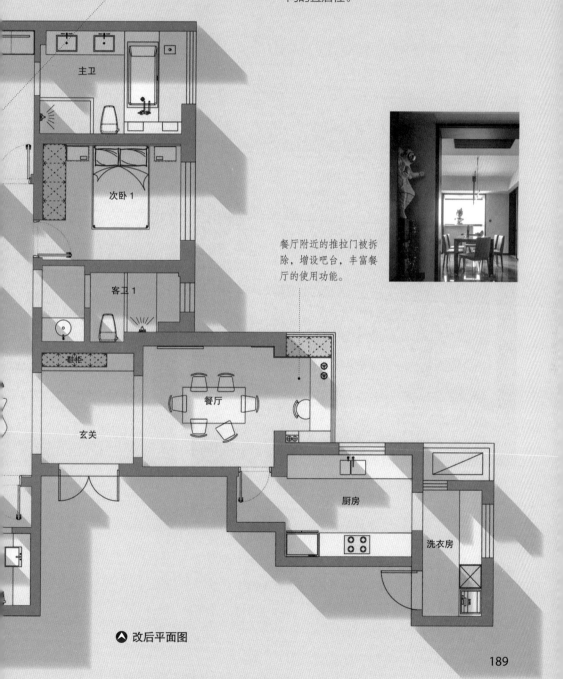

将临近客厅的一间房规划为衣帽间，在不改变整体结构的情况下，将空间形态调整得更加方正。

## 🎯 设计关键点2：配色分析

配色以暗黑色系为主，表达出一种不落俗的态度。但空间配色也不应一味追求"曲高和寡"，而应通过亮色点缀、白色辅助等手法来增强空间的宜居性。

餐厅附近的推拉门被拆除，增设吧台，丰富餐厅的使用功能。

主卫

次卧1

客卫1

餐柜

餐厅

玄关

厨房

洗衣房

🔼 改后平面图

189

▲ 玄关定制柜实景图

柜门材质：
18mm 厚指接板，深色磨砂实木贴皮。

**备注：**
柜体层板和侧板均采用 18mm 厚指接板，背板采用 9mm 厚中纤板。

◎ 空间设计解析

**玄关：悬浮式设计营造出外太空的即视感**

玄关会给人留下进入家中的第一印象。在进行玄关设计时，力求体现屋主的喜好。虽然定制柜体在造型上简洁、利落，但悬空式的设计仿佛与太空人摆件形成了共鸣，给人一种来自外太空的飘浮感。

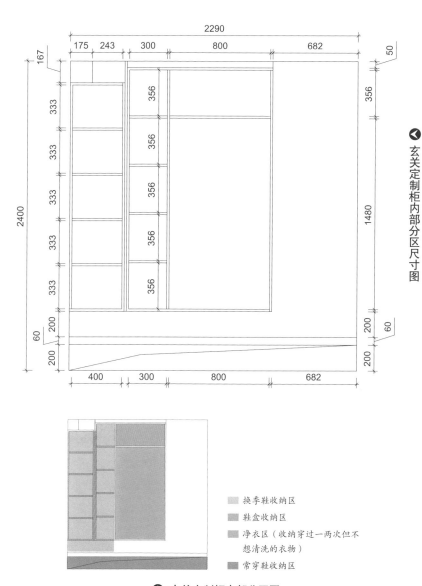

◀ 玄关定制柜内部分区尺寸图

■ 换季鞋收纳区

■ 鞋盒收纳区

■ 净衣区（收纳穿过一两次但不想清洗的衣物）

■ 常穿鞋收纳区

▲ 玄关定制柜内部分区图

## 客厅：将"奢"和"潮"作为整体空间基调的关键词

客厅以"奢"和"潮"为基调，在格局上开放、洒脱，没有使用特别的颜色来突显情绪，大面积的黑色营造出疏离感，再搭配金色系，碰撞出专属的氛围。电视背景墙上设置了几个开放式柜格，用以摆放潮玩收藏品，这样不仅丰富了空间层次，还为之后贯穿整个空间的调性埋下了伏笔。

卧室的隐框门与墙体融为一体，最大限度地保证空间整洁度

↑松软的灰色沙发与金铜色小茶几的搭配恰到好处，缓慢流淌出贵族气息，再搭配风格前卫的软装饰品，使家里充满了前卫和潮流感。

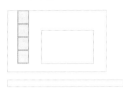

🔺 客厅嵌入柜外立面实景图　　　🔺 客厅嵌入柜内部分区图

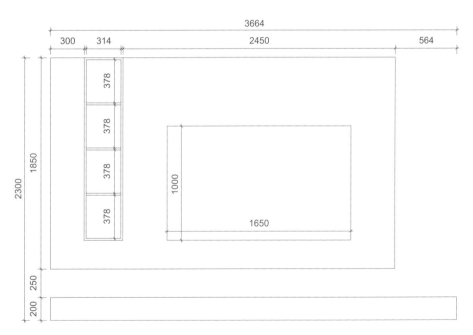

🔺 客厅嵌入柜内部分区尺寸图

### 餐厅：用点睛装饰提升空间的潮流氛围

餐厅以灰色的长形餐桌为视觉中心，展现出精致考究的家居品质，同时也传递出随性不羁的生活态度。搭配不远处吧台的设计，方便屋主在此品酒。

➡ 流线型的灯具将公共区域的互动本质向上延伸，使得人与人、人与空间的连接更加紧密。彩色抽象画则利用充满活力的色彩强化了前卫潮流的氛围。

### 客厅阳台：提供更多元的场景体验

与客厅相连的独立阳台在设计时融入了更多的功能。一侧空间作为展示区，大型的手办模型非常引人注目。另一侧空间则被赋予实用功能，设计成了洗衣区。一侧墙体采用"破裂"式设计，大胆、前卫，赋予空间独特的暴力美学。

柜门材质：
18mm 厚颗粒板，深灰色三聚氰胺浸渍胶膜纸饰面。

备注：
柜体层板和侧板均采用 18mm 厚颗粒板，背板采用 9mm 厚中纤板。

🔺 阳台定制柜外立面实景图

↑1:1还原的樱木花道手办，给人一种近乎真实的视觉体验。

■ 日常清洁用品收纳区
■ 备用清洁用品收纳区
■ 洗烘一体机

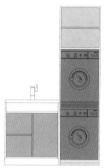

◀ 阳台定制柜内部分区图

◀ 阳台定制柜内部分区尺寸图

## 主卧：将爱好作为装饰品展示，赋予空间独特魅力

主卧以黑灰色为主色调，通过空间中形状、虚实、远近的合理配置，强调质感，既展现出时尚新颖的视觉效果，又为空间增添动感活力。此外，主卧减少了多余的缀饰，用色彩和材质的碰撞来表达空间语言。

← 日光透过白色纱帘映照在卧室中，为简约的空间增添变化。在灰色调的基础上加入黑色调作为背景，让整个空间更富有深意。

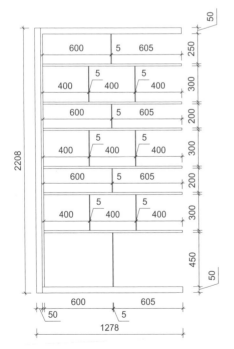

⬆ 转角柜内部分区尺寸图（正面）

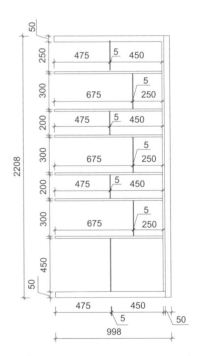

⬆ 转角柜内部分区尺寸图（侧面）

**备注：**
柜体层板和侧板均采用 18mm 厚颗粒板，背板采用 9mm 厚中纤板。

◀ 转角柜内部分区图（正面）

◀ 转角柜内部分区图（侧面）

▨ 潮玩收纳区

🔺 转角柜实景图

### 衣帽间：利用超大容量满足衣物的合理收纳需求

步入式衣帽间的柜体排列在两侧，提供直线形的行走线，使用起来非常方便。另外，用透明玻璃门代替实木柜门，有放大空间的作用。

➡ 在过道中间摆放了一个钢架式换衣凳，不仅方便换衣时使用，其特殊的材质和造型也成为空间的装饰。

### 主卫：可以满足两人同时使用的需求

主卫背景墙的纹理完美还原了大自然奇景，包括延绵不断的山脉、奔流不息的河流等，这些元素汲取了自然之美，令原本有些严肃的主卫变得生动起来。

⬆ 以朗基奴斯枪为武器的初号机手办，足以让所有 EV 爱好者瞬间热血沸腾，通过辅助以特定造型的摆放，整个沐浴体验变得神圣起来。

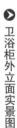
卫浴柜外立面实景图

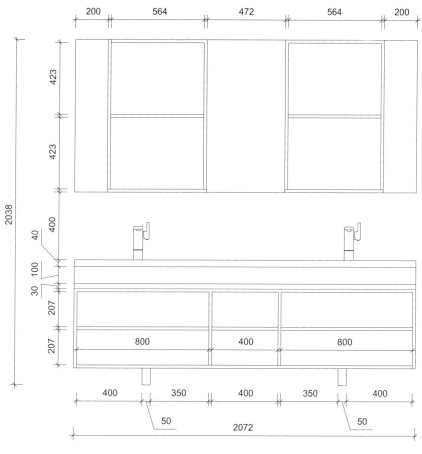

▲ 卫浴柜内部分区尺寸图

**备注:**
柜体层板和侧板均采用 18mm 厚颗粒板，背板采用 9mm 厚中纤板。

柜门材质:
18mm 厚颗粒板，深灰色三聚氰胺浸渍胶膜纸饰面。

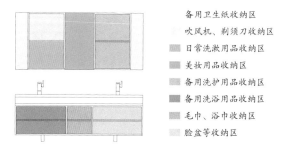

备用卫生纸收纳区

吹风机、剃须刀收纳区

日常洗漱用品收纳区

美妆用品收纳区

备用洗护用品收纳区

备用洗浴用品收纳区

毛巾、浴巾收纳区

脸盆等收纳区

▲ 卫浴柜内部分区图

# 📑 案例 4: 40m² 的 Loft 格局，巧妙定制楼梯空间，将童趣乐园搬回家

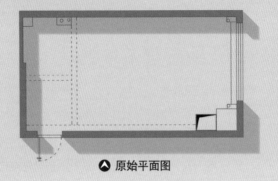

⬆ 原始平面图

设计公司：武汉刘思彤设计工作室
原始房型：Loft
户型面积：40m²
成员构成：三口之家
屋主诉求：屋主是一对年轻的"90"后夫妻，他们有一个可爱的女儿，希望空间能呈现出焕然一新的面貌，并创造出多元且有趣的亲子陪伴空间。

将一楼规划为环绕型，洄游动线使用起来非常便捷。

## 🎯 设计关键点 1：改造分析

此户型的面积很小，只有 40m²，但层高达到了 4.6m，适合改造为 Loft 格局。在进行格局规划时，将一楼作为生活娱乐空间，包括开放式厨房、客厅、餐厅，还利用楼梯做了一个小玄关。二楼则为居住空间，为一家人提供安静的休憩之地。

## 🎯 设计关键点 2：配色分析

将白色作为主色，打造出干净的北欧风格，再融入几何美学处理，使整个空间充满干净又不失独特的视觉效果。

除了进行格局上的整合、分区，二楼还加入了大量采光设计，确保每一处空间都能得到光线的照耀。

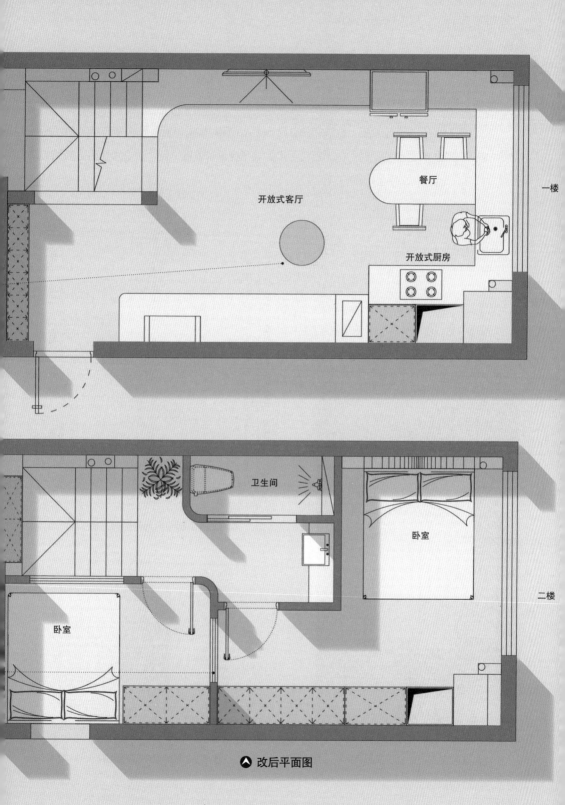

开放式客厅

餐厅

一楼

开放式厨房

卫生间

卧室

二楼

卧室

▲ 改后平面图

201

## ⊙ 空间设计解析

### 玄关：通顶式玄关柜满足一家人的储物需求

入门处的大容量玄关定制柜，能够充分满足一家人的储物需求。柜体下方留出150mm高的空间，在增强视觉穿透感的同时，也为日常更换的鞋子提供了放置之处，让空间显得更加简洁、有序。

**备注：**
柜体层板和侧板均采用18mm厚颗粒板，背板采用9mm厚中纤板。

柜门材质：
18mm厚颗粒板，白色三聚氰胺浸渍胶膜纸饰面。

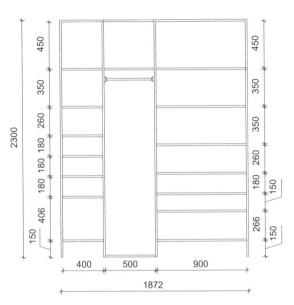

▲ 玄关定制柜内部分区尺寸图

▲ 玄关定制柜外立面实景图

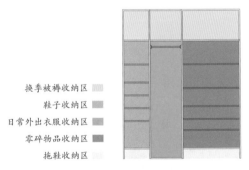

换季被褥收纳区 ▨
鞋子收纳区 ▨
日常外出衣服收纳区 ▨
零碎物品收纳区 ▨
拖鞋收纳区

▲ 玄关定制柜内部分区图

## 客厅：**大量留白在视觉上保持舒适感**

大量留白使客厅的空间感得到了提升，在视觉上保持舒适感。加之自然的木色系装饰，与北欧风格"回归自然"的设计理念相呼应。

← 吊顶为不规则形态，让原有的白色空间不再单调，给人一种身在艺术美学馆的感觉。

← 沙发是现场就地取材砌筑而成的，铺上一块棉麻质地的地毯后，为室内增添了不少温馨气息。

## 一体式餐厨：小空间承载大需求

一体式餐厨中，色彩设计以白色调为主，延续了整个空间的色调。但原木色的餐桌和透明的亚克力餐椅，使空间从固化的简白气息中跳脱出来，增添了一丝柔和感与灵动感，使整个空间变得简约而不简单。此外，厨房布局呈 U 形，台面操作区域比较大，使用起来非常舒适。

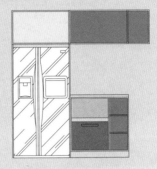

□ 厨房纸巾收纳区
■ 杂物收纳区
■ 抽屉区
■ 消毒柜

▲ 厨房厨柜内部分区图（左）

■ 干货收纳区
■ 备用碗盘收纳区
□ 米面收纳区
■ 一体式蒸烤箱
　常用碗盘收纳区

← 一体式集成灶不仅不占用过多空间，使用起来还更加方便，同时加入了消毒柜的功能。

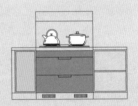

▲ 厨房厨柜内部分区图（右）

■ 锅具收纳区
■ 清洁用品收纳区

← 选用内嵌式烤箱，并为冰箱预留出摆放空间。

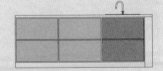

▲ 厨房厨柜内部分区图（中）

柜门材质:
18mm 厚颗粒板,白色三聚氰胺浸渍胶膜纸饰面。

台面材质:
40mm 厚防火板。

**备注:**
柜体层板和侧板均采用 18mm 厚颗粒板,背板采用 9mm 厚中纤板。

❖ 厨房实景图

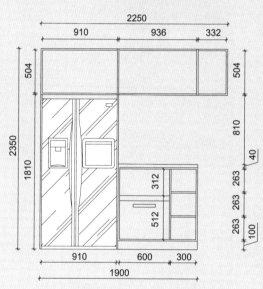

❖ 厨房厨柜内部分区尺寸图(左)

❖ 厨房厨柜内部分区尺寸图(右)

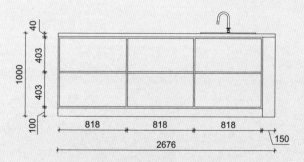

❖ 厨房厨柜内部分区尺寸图(中)

## 楼梯：把"游乐场"轻松搬进家

在原户型中，楼梯的位置属于卫生间区域，改造时做了功能性的调整。重新打造的楼梯造型优美，它不仅是上下楼的工具，更是居室内精美的装饰品，丰富了空间环境，给人以美的享受。

↑地面区域的造型设计在细节处与整体空间相吻合。

⬆ 利用原户型中天然下沉的特点，在这里放了一些海洋球，轻松地将"游乐场"搬进家。

⬆ 为了使空间显得更加通透，圆拱造型反复出现，形成了视觉流动性，也令楼梯看起来像个小小的城堡。

⬆ 在利用率较低的楼梯拐角处加上经过专业处理的石膏台，便打造出公共空间中的落座处，加上开放式柜格的设计，令这一处小空间的功能定位从楼梯转化为家庭互动。

## 主卧：藏露有度，让空间更具呼吸感

主卧空间的线条与客厅的相互呼应，将直线与弧线的处理手法延续到卧室，能增强灵动性，让空间变得活跃起来。另外，通过流畅的石膏线条、棉麻布艺及艺术家具来表达空间的精致感，营造出既简约又格调十足的空间氛围。

← 大面积的落地窗保证了室内光线充足，让每一个被阳光唤醒的早晨都充满幸福感。

← 入门过道一侧设计为储物区，日常衣物可直接悬挂于衣杆上，上下方的储物柜则可以用于收纳过季衣物、袜子、生活小工具等物品。

## 卫生间：干湿分区合理的功能性空间

卫生间的布局充分体现了合理性，不仅实现了干湿分区，还满足了洗漱、淋浴、坐便等多功能区域的使用需求。

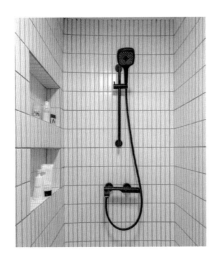

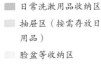

■ 日常洗漱用品收纳区
■ 抽屉区（按需存放日
　用品）
■ 脸盆等收纳区

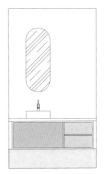

◀ 卫浴柜内部分区图

◀ 淋浴区的墙上设计了两个壁龛，用于放置洗漱用品，这种简单的设计方式满足了便捷的生活需求。

柜门材质：
18mm厚颗粒板，白色三聚氰胺浸渍胶膜纸饰面。

台面材质：
40mm厚芝麻白人造石。

▶ 卫浴柜外立面实景图

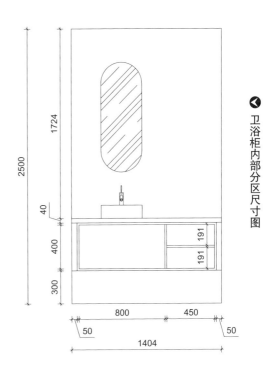

◀ 卫浴柜内部分区尺寸图

**备注：**
柜体层板和侧板均采用18mm厚颗粒板，背板采用9mm厚中纤板。

## 女儿房：过渡房间的收纳设计也不容小觑

由于屋主女儿的年龄较小，因此女儿房目前作为屋主父母来小住时的房间。该房间面积不大，但使用功能齐全，除了可以满足基本的休憩功能，定制衣柜的简洁造型还不会过多占用空间，同时容量也足够使用。

↑睡床的长度与空间的长度吻合，空间利用率非常高。

↑在床尾处设置推拉窗，方便通风和采光。

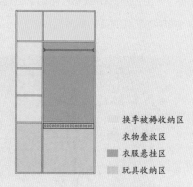

换季被褥收纳区
衣物叠放区
衣服悬挂区
玩具收纳区

◆ 女儿房衣柜内部分区图

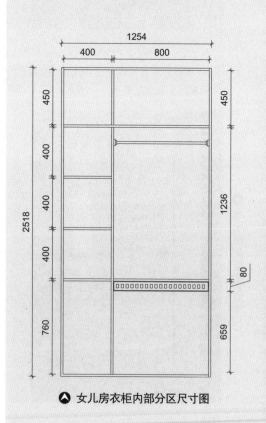

◆ 女儿房衣柜内部分区尺寸图

柜门材质：
18mm 厚颗粒
板，白色三
聚氰胺浸渍
胶膜纸饰面。

**备注：**
柜体层板和
侧板均采用
18mm 厚颗
粒板，背板
采用 9mm
厚中纤板。

⚠ **女儿房衣柜外立面实景图**

# ✪ 案例 5：整墙式 L 形定制柜，打造收纳能力满分的小复式住宅

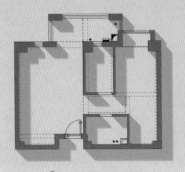

⬆ 一楼原始平面图

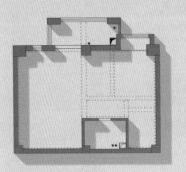

⬆ 二楼原始平面图

**设计公司：** 武汉刘思彤设计工作室
**原始房型：** 复式
**户型面积：** 112m²
**成员构成：** 单身女性
**屋主诉求：** 由于屋主是一个人居住，因此非常注重空间使用的舒适性。屋主喜欢开阔、干净的空间环境，希望家中不要显得封闭、局促。另外，屋主非常喜欢小动物，家中养有一猫一狗，因此设计时除了需要考虑屋主的生活方式和收纳需求，还要将宠物的活动空间及物品收纳结合到空间的设计规划之中。

拆除客卧，打造开放式客餐厅，客餐厅与厨房相连。不仅形成了开阔的视野，使用起来也十分方便。

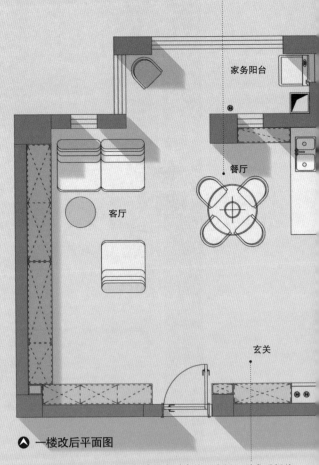

家务阳台

餐厅

客厅

玄关

⬆ 一楼改后平面图

拆除原户型中的卫生间，形成开阔的玄关区域，空间显得更加通透。

## 🎯 设计关键点 1：改造分析

改造时重新明确了不同楼层的使用功能。一楼主要用来满足基础的生活功能，同时增加储物空间。为了确保一楼在日常生活中保持整洁，并增加活动空间和拓宽视野，拆除了原有的卫生间和客卧，打造出无阻隔的空间，令屋主可以更好地和宠物互动。二楼则被规划为睡眠区、办公区、衣帽间和卫生间。一个人在家时可以宅在二楼，享受悠闲时光。

## 🎯 设计关键点 2：配色分析

干净的白色使空间看起来更加通透，搭配木色，增强了空间的温馨感。这两种色彩搭配起来非常治愈。其间点缀低饱和度的米黄色，为空间注入了一抹温柔。

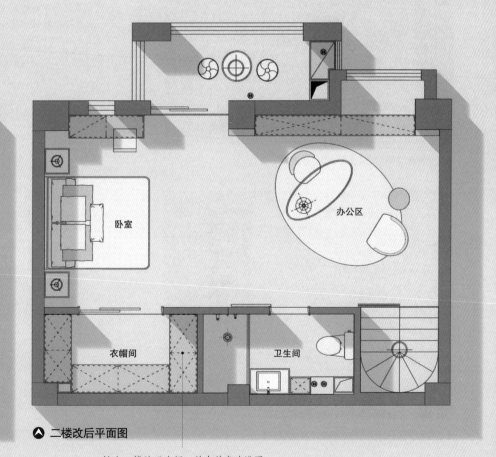

🔺 二楼改后平面图

扩大二楼的卫生间，并在其旁边设置了衣帽间，空间使用更加合理。

全屋定制家居设计：尺寸 + 空间 + 应用

### 🎯 空间设计解析

#### 玄关：两面大柜体定义便捷生活方式

进门两侧均定制了玄关柜，尽可能增加储物空间，同时也方便居住者下班回家后流畅地完成换鞋、换衣、放置物品等动作。

柜门材质：
18mm 厚颗粒板，白色三聚氰胺浸渍胶膜纸饰面。

↑ 定制柜体的圆弧造型丰富了柜体形态。

**备注：**
柜体层板和侧板均采用18mm 厚颗粒板，背板采用 9mm 厚中纤板。

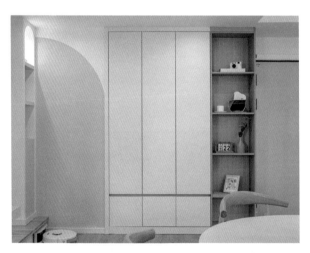

↑ 定制柜体中设计了开放式柜格，具有装饰性。

▨ 包包收纳区
▨ 换季物品收纳区
▨ 外出衣物收纳区
▨ 外出鞋子收纳区
▨ 鞋子收纳区

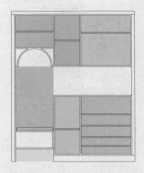

❂ 玄关定制柜内部分区图

⌃ 玄关定制柜外立面实景图

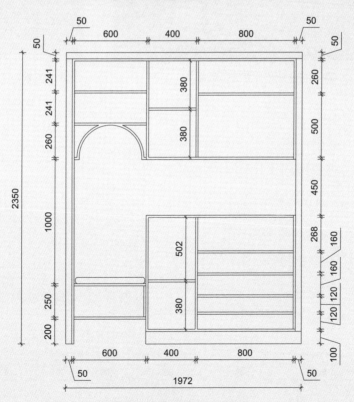

⌃ 玄关定制柜内部分区尺寸图

## 客餐厅：开放式设计带来舒适的居住体验

开放式客餐厅充分体现了屋主喜爱的原木风，干净的白色和治愈的木色的搭配恰到好处；小型木质家具清新又自然，柔和的线条给人一种温柔的感觉。此外，空间采用无主灯设计，清爽、简洁。防眩光射灯作为主要照明，可以突显平立面肌理的质感。

**柜门材质：**
18mm 厚颗粒板，白色三聚氰胺浸渍胶膜纸饰面。

**备注：**
柜体层板和侧板均采用 18mm 厚颗粒板，背板采用 9mm 厚中纤板。

❤ 客厅定制柜外立面实景图

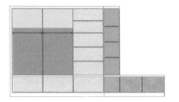

▨ 换季被褥收纳区
▨ 衣物悬挂区
▨ 衣物叠放区
▨ 绘画用具收纳区
▨ 工艺品和书籍展示区
▨ 宠物用品收纳区

❤ 客厅定制柜内部分区图

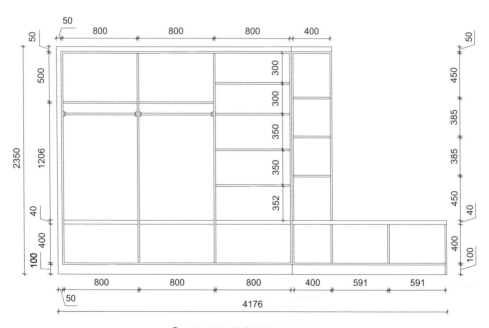

❤ 客厅定制柜内部分区尺寸图

## 厨房：**巧借飘窗增加收纳空间**

　　白色系的开放式厨房使一楼空间看上去更显敞亮。厨房区域原本是一个卧室，在设计时利用飘窗做了抽屉区，既增加了台面的操作空间，也增加了收纳空间。

## 楼梯：**柔和而治愈，同时不乏实用价值**

　　楼梯一侧的小空间定制了一个圆拱形的开放式柜格，摆放上装饰品后，大幅提升了空间格调。温柔的浅黄色搭配柔和的灯光，营造出温馨而治愈的小空间氛围。此外，楼梯区域特意做了一点抬高，这样可以放得下扫地机器人，充分利用了空间。

### 工作区：集工作与养宠于一体

二楼一上来，是一个视野开阔的工作区域，这里的杂志收纳架、隔板上的小装饰等都体现出生活中的仪式感。此外，书桌后面的飘窗也没有被浪费，打印机、宠物的饮水机、小窝等都被放置在此。飘窗下方还定制了收纳柜，其中的开放式柜格可以作为家中狗狗的小窝。

### 卧室：小空间也不乏精致、美丽

卧室区域的布置简单，但家具及床品的色彩均非常柔和，令整个睡眠区域的氛围显得非常温馨。一盏带有花纹装饰的玻璃吊灯成为小空间中的绝佳装饰，当打开灯时，曼妙的光影投射在墙面上，异常美丽。